競爭不敗

디자이너로 성공하기 위한
경쟁설계 즐기기

경·쟁·불·패

조지형·최혜선 지음

경쟁불패(競爭不敗)

2013년 3월 12일 _ 1판 1쇄 발행
저자 _ 조지형
cjh-pb@hanmail.net

발행인 _ 김기현
발행처 _ 시공문화사
북 디자인 & 책임편집 _ 심현일
design.hyun@hanmail.net

등록 _ 1993년 3월 12일
주소 _ 서울시 서대문구 독립문공원길 17 극동프라자 5층

Tel. 02) 3147-1212, 2323 Fax. 02) 3147-2626

ISBN 978-89-5592-257-8

http://www.spacetime.co.kr
spacetime@korea.com

정가 18,000원

競爭不敗

경쟁, 일상의 삶에서 경험되는 숨은 이야기

경쟁불패! 저자는 청춘불패에서 아이디어를 구해 제목을 정한 것 같은데, 정말 제목만 봐서는 무언가 머리를 한 대 맞은 느낌이다. 정말 모두들 경쟁을 하여야 하는가, 모든 경쟁에서 패하지 않고 이길 수 있을까하는 생각도 들고, 청춘과 같은 패기로 이 책이 써진 것이 아닌가 하는 생각 등. 그리고 과연 저자는 경쟁불패를 자신 있게 얘기할 수 있을까 하는 생각도 든다.

내가 아는 저자, 조지형! 저자와 인연을 맺은 지 어언 16년이 된다. 저자가 대학교 2학년 때 처음 만났다. 설계에 의욕도 넘치고, 미숙하지만 생각을 펼쳐오고 발표를 해 그 당시 설계 및 형태구성 등의 수업시간이 정말 즐거웠다. 졸업 후 간간이 만날 때마다 그 동안 자신이 해왔던 건축을 이야기하고 또 연말에 카드를 직접 만들어 그 카드에 자신이 작업한 설계 작업 내용을 넣어 보내왔던 일도 생각이 난다. 그 때마다 건축뿐 아니라 모든 일에서 열심히 살아가고 있구나 생각하게 하였고, 매 순간마다 건축에서 보여 지는 작품 수준도 발전하고 있구나하는 기쁨과 함께 뿌듯함을 가지게 하였다. 그리고 여기서 좀 더 진솔한 저자 자신의 건축이야기를 만나게 된다.

정말 현장감이 넘치는데! 경쟁불패. 이 책은 저자가 그 동안 자신이 건축을 사랑하고 몸담아 바쳐왔던 결실을 보여주고 있다. 그리고 자신의 건축이야기를 기초로 누구나 경험하고 고민하고 있는 건축이야기를 담고 있다. 정말 현실적이다. 자신의 건축적 삶과 경험이 녹아있어서 그런지 모르겠다. 그렇지만 재미있다. 건축의 궁금한 내용이 잘 정리되어 있다. 그리고 마치 강연이 펼쳐지는 세미나실에서, 또는 가볍게 술 한잔 하면서 건축에 열정이 있는 사람들이 모여 건축이야기를 하는 주점에서, 진지하지만 맛있는 건축을 생각하게 하는 것 같이 이 책은 읽혀진다.

사람들! 경쟁에 이기는 것이 이 책의 중심이지만, 단순히 이기는 것이 아닌 건축의 삶에 관한 이야기다. 읽다 보면 경쟁을 하기 위해 무엇을 준비하고 어떤 마음을 가져야 한다고 적혀 있지만 팀 구성에서부터 팀 내부회의 등 팀원들이 모여 머리를 짜내는 과정에서 빚어지는 사람들과의 관계와 진행방법, 팀이 구성되어 일이 진행될 때 회사 및 협력체와 상호 협조체계를 어떻게 구축하고 진행하는 것 등 평소에 보아왔던 설계 프로세스를 넘어 미처 알지 못하는 사람들과 팀들 간의 미묘한 관계를 적나라하게 보여주고 있다. 팀장으로서, 팀원으로서 매 순간 좋은 건축을 만들어 내기 위해 최선을 다하는 모습과 이러한 최선을 이끌어내는 숨은 이야기를 보여주고 있는 것이다.

재미있다! 하여튼 이 책은 재미있다. 경쟁이라는 심각하고 날카로운 제목과 달리 재미있고 즐거운 책이다. 경쟁을 위하여 무언가 특별한 것을 준비해야하는 것이 멀리 있는 것이 아니라 일상에서 보여 지는 많은 일들에서 경험되고 체득되는 것이다. 이 책은 이것을 증명해주고 있다. 이 책 곳곳에 적혀있는 우리들의 일상과 과거에 살았던 선배들의 경험, 동시대에 살고 있는 사람들의 일상들이 바로 그것이다. 그것이 삶이고 즐거운 추억거리다. 읽다 보면 어느 덧 중간까지 읽었고, 놀라게 된다. 아마 책을 읽고 나면, 건축에 관해 궁금한 것이 있어서 이 책을 찾을 것이고, 또 마음을 다짐하기 위하여 찾을 것이다.

저자가 하고 싶은 이야기! 개념 만들기, 전략세우기, 통합능력과 일정관리이다. 그리고 자기경영하기다. 저자는 이 이야기를 구체적이고 강하게 전달하고 싶었을 것이다. 그러나 이 이야기를 바로 하면 오해하지 않을까? 네가 뭔데? 너무 딱딱하고 교과서 같은 말이군! 등.
그래서 저자 자신은 건축하면서 경험한 모든 것을 쏟아 놓았다. 그리고 편하게 이야기한다. 건축을 사랑하는 모든 이에게, 경쟁을 넘어 건축학을 건축樂으로 이해하고 승리하기를…

이 승 용

건축가, 목원대학교 교수, 문화재청 문화재전문위원

건축, 삶과 비전

"교수님, 책 다 쓰면 추천의 글 부탁드릴께요."

4개월 전 쯤 부탁을 받았다.

경쟁설계 프로세스에 관련된 책을 쓰고 있다는 말을 꽤나 오래 전부터 들어 알고는 있던 터였다. 건축설계 일을 하면서, 그것도 경쟁설계팀으로 있으면서 일과 직접적으로 관계되지 않는 무언가를 포기하지 않고 끝까지 해내는 것이 얼마나 힘든 일인가… 열흘 전, 하얀 표지의 파일 안에 이제 막 탈고한 두터운 원고가 정성스럽게 묶여 내 손에 전해졌다.

가슴이 먹먹하다…

1996년 건양대학교에서 강의를 시작하고 그 이듬해, 2학년 주택설계 시간에 저자를 만났다. 그때 내가 본 저자는 설계뿐 아니라 모든 과정에 참 열심인 친구였다. 어느덧 저자가 대학을 졸업한 후 13년이 지났다. 군대도 다녀오고, 직장을 얻고, 결혼을 하고 예쁜 아이도 생겼다. 그 세월동안 저자는 진로를 결정해야 할 때나 중요한 삶의 전환점에서, 꼭 나에게 찾아와 고민을 함께 나누고 나의 변변찮은 조언을 들어 주었다. 저자는 그렇게 시간강사로 만난 작은 인연도 소중하게 생각하는 사람이다.

'경쟁불패'

저자는 책의 처음부터 끝까지 편안하고 담담한 문체로 자신의 경쟁설계에 관한 경험과 고민들, 그리고 삶과 비전들을 풀어놓고 있다. 건축설계를 하는 사람이면, 특히 경쟁설계를 주로 하는 이들은 이 책의 대부분의 내용에 동의하고 공감할 수 있으리라.

책의 전반부인 Part1에서는 저자가 그동안 수행했던 프로젝트 사례들을 중심으로 경쟁설계의 프로세스를 다루고, 그 chapter들 사이에 '개념만들기', '전략세우기', '통합능력과 일정관리'의 세 가지 주제를 비중 있게 실어 책의 재미를 더해주고 있다. 후반부인 Part2에는 좋은 디자이너가 되기 위한 몇 가지 실천적인 제안을 담고 있다. 저자의 경험이 내용의 밑거름이 된 것은 물론이다. 이 글들이 값진 것은 저자의 경험과 고민을 통해 얻어진 지혜들이기 때문일 것이다.

글은 누군가 읽을 대상을 염두에 두고 쓰기 마련이다. 책을 만들 때는 더더욱 그렇다. 이 책은 건축설계 일을 하는 사람들을 대상으로 하고 있음이 분명하다. 이제 막 설계를 시작하는 신입사원이든, 팀장의 위치에서 경쟁설계를 이끌고 가는 사람이든, 혹은 경영자의 위치에서 설계사를 운영하는 사람이든, 건축설계와 관련된 일을 하는 모든 사람들에게 이 책이 좋은 영향력을 발휘하기를 기대한다. 건축 디자이너를 꿈꾸며 학교 설계실에서 작업을 하고 있는 학생들에게도 이 책을 추천한다.

숙제처럼 원고를 읽어가는 동안 나 자신이 부끄러워진다. 나에게 이 책의 추천의 글을 쓸 자격이 있는지 자신이 없다. 나의 삶과 비전도 다시 정비해야겠다.

이 책이 나에게는 어떤 영향을 줄지 기대해본다.

우 재 식
건축가, 계룡건설 건축설계팀 부장

Enthusiasm is infectious!

어느 날 누군가 내게 뜬금없이 한 친구를 소개시켜주고 싶다고 한다. 그래서 물었다. "왜?" 그 누군가가 대답한다. "그냥 왠지 두 사람을 만나게 하고 싶단 생각이 들어요." 그 어떤 이유보다 확실한 이유다. 그래서 나와 조지형은 만났고, 유비가 조자룡을 영입하듯 당시 내가 있는 회사로 영입했다. 그리고 우린 함께 현상설계라는 전쟁을 시작했다. 삼국지의 인물 중 관우도 장비도 조조도 모두 지는 장면이 있지만, 유일하게 조자룡만이 전쟁에서 지는 장면이 없다. 유비와 조자룡이 그랬던 것처럼, 우리가 함께한 몇 년의 시간 속에 우리의 경쟁설계도 단 한 번도 지지 않았다. 그야말로 '경쟁불패'의 시간이었다. 우린 함께 경쟁설계를 하고, 해외에 나가고, 결국 함께 회사를 나와, 새로운 도전도 함께 했다. 많은 시간을 함께 하며 보고 느낀 조지형은 참 독특한 인간이다. 배치도를 맡게 되면 앉은 자리에서 배치도가 완성될 때까지 약 3일 동안 화장실 가는 걸 제외하곤 자리를 떠나지 않고 집중하여 막 스케치한다. 일을 하며 김밥 먹고, 잠시 책상에 엎드려 자고, 또 막 그리고… 이거 인간이 아닌 머신이다. 디자인에 미쳐 터미네이터처럼 돌진하는 열정이 넘치는 '건축 디자인 머신.'

평생을 살아가며 셀 수 없이 많은 사람들을 만난다. 그 중 특별한 누군가도 만나게 된다. 저자 지형이 그런 친구다. 우리는 '전국제패', '세계정복'이란 말도 안 되는 꿈을 함께 꾸었고 열정을 공유하며 달려왔고 달리고 있다. 지금은 각자의 무대에 있지만, 나는 이 친구와 함께한 청춘의 날들을 행운이라 생각한다. "Enthusiasm is infectious!" 열정은 전염된다. 이 책을 통해 저자를 만나는 누군가도 그 행운을 느끼고 열정이 전염되어 꿈을 향해 달리는 계기가 되길 바란다.
우린 여전히 어딘가에 있을 그 무언가를 찾아가고 있다.

장 용 호

행림건축 소장, 인하대학교 겸임교수

〈건축가, 세계에서 인생을 배우다〉, 〈건축설계탐사〉저자

힘든 경쟁이 유쾌함으로 바뀔 순간이다

경쟁이란 대부분의 사람들에게 부담되고, 즐기기 쉽지 않은 것이다. 하지만 우린 매 순간 경쟁에 노출되고, 경쟁에서 승리하고자 부단히 노력한다. 그리 즐겁지 않은 노력을 해야 하는 것이 경쟁이라면 무척 힘들 텐데, 저자는 이 고뇌와 긴장의 과정을 즐기는 것에 무척 익숙하다. 좋은 건축은 즐기는 것이라는 서두의 언급처럼, 경쟁에서의 승리를 목적이 아닌 단지 하나의 과정으로 생각하기에 이 책은 즐겁다.

젊은 건축가들은 자신의 생각이나 작업을 글로 표현할 때에 그럴듯하게 포장하고자 하는 유혹에 빠지기 쉬운데, 저자의 작업에서는 이러한 유혹을 피하려는 노력의 흔적이 엿보인다. 저자는 자신의 눈높이에서 생각하는 바를 때로는 겸손하게, 때로는 자신 있게 써 내려갔다. 이 어려운 과정을 힘들게 이겨내며 정리한 이 책에서, 여러분은 더욱 의미 있고 소중한 디자인의 과정을 경험할 수 있을 것이다.

나는 이 책의 중간에 놓인 몇몇 프로젝트를 저자와 함께 진행하면서 의미 있는 경험을 할 수 있었다. 경험이 쌓이다보면 어느 순간 익숙해진 방식을 고수하기 쉬운데, 저자는 익숙해진 것보다는 불편하지만 새로운 것을 찾아내려고 노력하며 경쟁을 즐겨왔다. 경쟁은 지금도 여전히 우리 주변에 존재한다. 때문에 이 책을 읽고, 경쟁의 의미에 대해 스스로 생각하고, 고민해 보기를 바란다. 책을 읽은 많은 독자들이 앞으로 경쟁을 즐기면서도, 승리에 안주하지 않을 것이라는 행복한 상상을 해본다. 이제 힘들기만 했던 경쟁이 유쾌함으로 바뀔 순간이다. 경쟁을 즐길 수 있는 하나의 과정으로 생각하는 것에 동의한다면, 이 책은 앞으로 여러분이 만나게 될 경쟁의 과정에서 좋은 친구가 되어줄 것이다.

배 상 범

시건축, 〈건축에 묻고 건축에 말하다〉저자

Part 2 디자이너로 성공하기 위한 『자기경영하기』

| PROLOGUE |

디자이너로 성공하려면 '경쟁설계'를 즐겨라!

···› 경쟁과 개방의 시대 ‹···

우리는 이 세상에 태어나기 위해 엄마 뱃속에서부터 치열한 경쟁을 시작했습니다. 약 '3억 대 일'이라는 어마어마한 경쟁을 뚫고 어렵게 세상 밖으로 나온 '나'라는 존재는 자라면서도 계속 경쟁을 해야만 했고, 지금 이 순간도 끊임없는 경쟁으로 하루하루를 살아가고 있습니다.

유치원에서부터 초등학교, 중학교, 고등학교를 거치면서, 반 친구들이, 혹은 옆집에 누군가가 무엇을 하는지 눈치를 보며 본인 욕심에, 때론 엄마의 등살에 못 이겨 자의 반, 타의 반. 그렇게 우리는 주변을 의식하며 매 순간 경쟁을 해온 것입니다. 심지어 자신의 전공을 선택해야만 하는 대학에 들어갈 때까지도…

각자가 선택한 전공이 무엇이든 간에 대학을 졸업하고 나면, 우리는 청년실업이 큰 문제가 되고 있는 이 시대에 그 바늘구멍 같은 취업문을 뚫기 위해서 또다시 치열한 경쟁을 해야 합니다. 제가 몸담고 있는 건축설계분야도 요즘은 몇 백대 일의 경쟁을 뚫어야만 비로소 취업에 성공할 수 있죠. 그렇게 어렵게 취업을 하고난 후에도, 우린 직장 안과 밖으로 성공하기 위해서, 또 살아남기 위해서, 직장동료들과 그리고 자기 자신과 끊임없는 경쟁을 해야만 합니다.

요즘 TV 프로그램을 보면 각 방송사마다 서바이벌 형식의 프로그램이 시청자들에게 인기를 누리고 있다는 것에 공감하실 겁니다.

나는 가수다, 불후의 명곡, K팝 스타, 슈퍼스타K, 보이스 코리아, 코미디빅리그, 개그콘서트…

각 프로그램 출연자들은 모두 자신이, 혹은 자신이 속한 팀이 무대에 살아남기 위해서 끊임없이 경쟁을 해야 합니다. 그래서 매주 그 짧은 시간동안에 스스로 아이디어를 짜내야한다는 중압감에 시달리면서도, 바로 옆 동료들, 그리고 자기 자신과의 경쟁을 피할 수 없게 됩니다.

tvN 코미디빅리그
웃기는 놈만 살아남는 개그계처럼
잘하는 놈만 요구하는 이 시대는
경쟁을 즐기는 자만이 살아남습니다

TV 프로그램들 중에서 가장 많은 인기를 끌고 있고, 장수하고 있는 프로그램은 단연 개그콘서트(이하 개콘)일 것입니다. 1999년 9월부터 방영돼온 개콘은 직접 방청객 앞에서 개그를 펼치는 형식의 공연형 코미디 프로그램으로 현재 시청자들의 웃음 코드를 가장 크게 책임지고 있습니다.

개콘이 지금까지 이렇게 인기를 누리며 성공할 수 있었던 비결은 무엇일까요? 2003년 6월 동아일보엔 〈개그콘서트 '성공의 경영학'〉이란 주제로 다음과 같은 기사내용이 실렸습니다.

「수많은 코미디 프로그램 가운데 개콘이 인기를 끌고 있는 비결은 무엇일까? 강영훈 책임 PD의 답은 '경쟁논리와 개방성'.

개콘에 나가기 위해 코미디언들은 치열한 내부 경쟁을 거치지만 그 문은 누구에게나 열려 있다. 매주 월요일 녹화가 끝나면 사흘 정도 각자 아이디어를 내고 연습을 해서 금요일 분장실에 모여 리허설을 한다. 말이 리허설이지 실은 오디션이다. 잘 나가는 코너도 오디션을 통과하지 못하면 무대에 서지 못한다. ~ 리허설이 오디션 역할을 하다 보니 검증을 거친 제품만 시장에 나간다. 리허설은 경쟁 방송사에도 열려 있다.~」

그렇습니다. 개콘의 성공비결은 바로 치밀한 마케팅 전략으로, 시대의 요구와 부합하는 '경쟁논리와 개방성'에 초점을 맞췄다는데 있습니다.

우리가 살고 있는 이 시대는 경쟁과 개방을 강요하고 있습니다. 특히나 디자인관련 회사의 경우는 두말할 필요 없겠죠. 프로젝트 하나를 수주하기위해 아이디어를 짜내고, 전략을 세우고, 결과물을 만들어내서 상대사와 피할 수 없는 경쟁을 해야 합니다. 그 과정에서 상대사의 전략을 간파하기위해 필요한 정보를 얻기도 하고, 또 마케팅이라는 명목아래 홍보도 진행해야만 하죠. 또한 한번 경쟁에서 패하고 나면 큰 손실이 발생하기 때문에, 수주확률을 높이기 위해 회사 간에 전략적 제휴도 마다하지 않습니다. 경쟁하다가, 협력하다가… 그래서 오늘의 동지가 내일의 적이 되기도 하고, 오늘의 적이 내일의 동지가 되기도 합니다.

우리는 항상 강요받았습니다.

'열심히 하는 걸론 안 돼~ 잘 해야지!'

경쟁과 개방을 강요하는 이 시대는 단순히 열심히 하는 것만을 요구하지 않습니다. 잘해야 합니다. 남들보다 잘해야만 사회에서 인정받을 수 있고, 잘해야만 경쟁에서 이길 수 있기 때문입니다. 하지만 이 '잘하는 것'이란 생각처럼 그리 쉽진 않습니다.

우리는 치열한 경쟁사회 속에서 성공하기 위해서, 그리고 살아남기 위해서, '열심히 하는 것'과 '잘하는 것'의 차이를 극복해내야만 할 것입니다. 그러기위해선 무엇보다 자신의 장점을 발견하고, 자신이 잘하고 좋아하는 것을 더 잘하도록 노력하는 삶에 대한 열정과 즐기는 자세가 필요합니다. 그리고 구체적으로 성취 가능한 목표를 세우고, 늘 새로운 것에 대한 도전을 두려워하지 않는 용기를 가져야만 할 것입니다.

자, 지금부터라도 각자가 자신의 삶에 대한 열정을 불태우며, 끊임없는 도전과 용기로 이 치열한 경쟁시대를 즐겨보면 어떨까요?

개콘의 용감한 녀석들은 여러분을 응원하며 노래할 것입니다.

한숨대신 함성으로~
걱정대신 열정으로~
포기대신 죽기 살기로~
우리가 바로,
용감한 녀석들!

KBS2 개그콘서트 - 용감한녀석들

···› 디자이너로 성공하려면 경쟁설계를 즐겨라! ‹···

'경쟁불패' 이 책은 경쟁에 패하지 않는 무림비급으로, 경쟁과 개방의 시대를 살고 있는 자기 인생의 젊은 디자이너들에게, 그리고 항상 창의적인 것을 만들어내야 하고 끊임없이 경쟁해야 하는 사회 모든 분야의 초보 디자이너들에게, 건축이라는 한 분야를 통하여 '디자이너로 성공하려면 경쟁설계를 즐겨라'라는 말을 하고 있습니다.

책 속의 '경쟁설계'는 단순히 기업 간의 경쟁설계만을 이야기하고 있지 않습니다. 비록 건축이라는 무대를 주 배경으로 말하고 있지만, 한 기업에 있어서 기업 안과 밖의 경쟁, 그리고 한 인생에 있어서 자기 자신과의 경쟁. 이 모든 경쟁에 대비해서 우리는 '설계'를 해야만 하고, 이러한 '경쟁 · 설계'를 즐겨야만 디자이너로 성공할 수 있다는 말을 하고 있습니다.

그래서 이 책의 내용은 크게 두 개의 Part로 나눠서 진행됩니다.

Part 1 〈디자이너로 성공하기 위한 현상설계 즐기기〉는 건축분야의 경쟁설계 중에서 가장 대표적인 현상설계를 중심으로 '현상설계 이해하기', '일반건축 현상설계 즐기기', '공동주택 현상설계 즐기기'라는 3개의 장으로 구성하였고, 주로 프로젝트 사례의 프로세스와 에피소드를 바탕으로 '경쟁설계 즐기기'에 대해 이야기하고 있습니다.

Part 2 〈디자이너로 성공하기 위한 자기경영하기〉는 '습관을 다스려라', '치열하게 도전하라', '보다 높은 곳을 보라'라는 3개의 장으로 나누어 구성하였습니다. 이제 막 사회에 첫발을 내딛은 신입사원부터 중간관리자 역할을 수행하고 있는 경력사원에 이르기까지 자기개발에 도움을 주고, 인생의 작은 길잡이가 되기를 바라는 마음으로 '자기경영하기'에 대해서 이야기하고 있습니다.

'3억 대 1'의 어마어마한 경쟁을 뚫고 세상 밖으로 나온 우리 모두는 각자가 자기 인생의 디자이너들입니다. 그 엄청난 경쟁만큼이나 이 세상엔 수많은 디자이너들의 길이 있을 것입니다. 그 모든 길을 제가 직접 경험하며 이야기 할 수 없는 것이기에, 편협하지만 제가 몸담고 있는 건축이라는 한 분야의 경쟁설계의 길을 같이 보면서, 각자가 자기 삶속의 그 치열한 경쟁을 즐길 수 있기를, 그래서 꼭 자기 인생설계의 디자이너로서 성공하기를 간절히 바래봅니다.

얼마 전에 오디션 프로그램인 '슈퍼 보컬 서바이벌 Mnet 보이스 코리아'에 방영된 내용입니다. 리쌍의 '내가 웃는게 웃는게 아니야'를 열창한 20살 한 여학생이 네

명의 심사위원(백지영, 신승 훈, 길, 강타)에게 모두 선택받고 난후 질문을 합니다. "어떤 커리큘럼으로 절 가르쳐주실 거예요?"

신승훈이 대답합니다. "음악(音樂). 음학(音學)이 아니라는 거 아시죠? 이건 교과서적인 게 아니라서, 감성적인 마음으로 노래를 부르는 것이에요."

Mnet 보이스코리아

참가자끼리 경쟁하는 방식을 벗어나
마음에 드는 참가자를 얻기 위해
심사위원간의 경쟁도 요구하는
신개념 서바이벌 오디션 프로그램

문득 이런 생각을 해봤습니다.
세상의 모든 학문들을 學이 아닌 樂으로 다가갈 수 있다면,
경영學이 아닌 경영樂, 철學이 아닌 철樂, 수學이 아닌 수樂,
그리고 제가 하고 있는 건축도, 건축學이 아닌 건축樂…
즐길 수 있다는 것, 내가 지금 하고 있는 일이 재미있을 수 있다는 것,
그건 아마도 세상 무엇보다 정말 복 받은 것일 텐데말이죠.
2010년 여름 KBS2 채널 '김승우의 승승장구'에서 소개된 Alfred D'Souza(알프레드 디수자)의 시가 생각납니다.

춤추라, 아무도 바라보고 있지 않은 것처럼.
사랑하라, 한번도 상처받지 않은 것처럼.
노래하라, 아무도 듣고 있지 않은 것처럼.
일하라, 돈이 필요하지 않은 것처럼.
살라, 오늘이 마지막 날인 것처럼…

어차피 피할 수 없는 경쟁이라면, 온 열정을 다해서 제대로 즐겨봅시다.
한번도 즐겨보지 않은 것처럼… 그리고… 다시는 즐기지 못할 것처럼…

···› 시작은 미약하였으나··· ‹···

시작은 미약했고, 보잘 것 없는 이유였습니다.

제가 정말 좋아하는 〈자유를 꿈꾸는 이들을 위한 건축설계탐사〉의 저자 장용호 소장님과, 〈젊은 건축가 배상범의 건축에 묻고 건축에 말하다〉의 저자 배상범이 쓴 책에 제 얘기와 사진, 그리고 제가 그린 그림들이 실려 있는 것을 보면서, '난 도대체 뭔가? 저들은 내 얘기를, 내 그림들을 세상에 알려주고 있는데, 정작 난 뭘 하고 있는 걸까?…' 스스로를 돌아보게 되었습니다. 그러던 중, '내가 쓰면 좀 더 좋은 책을 쓸 수 있지 않을까?…' 라는 욕심에 아주 거만하게 이 글을 쓰기 시작했습니다.

하얀 백지위에 글과 그림들을 채워가면서, 정말 하루에도 수많은 책들이 끊임없이 쏟아져 나오지만, 아무나 책을 낼 수 있는 것이 아니라는 말을 실감하게 되었습니다. 그리고 게으른 제가 정말 끝낼 수 있을까라는 회의감과 사람들이 글을 읽고 혹시 비난하진 않을까라는 두려움에 잠시 책 쓰기를 중단한 적도 있었지만, 결코 포기하고 싶진 않았습니다.

거만한 욕심으로 시작했던 책 쓰기는 어느덧 제게 욕심이 아닌 비전으로 다가왔고, 좀 더 진지하게 고민하고 기획해서, 무쏘의 뿔처럼 한번 제대로 추진해보고 싶어졌습니다.

제 간절한 바람 때문이었을까요?

시작은 혼자였지만, 제 비전에 공감하며 흔쾌히 글쓰기에 동참해준 후배 혜선이를 만나게 됐습니다. 야근철야가 반복되는 설계사무실 특성상 시간을 내어 글을 쓴다는 게 참으로 쉽진 않았지만, 우린 서로 꿈과 열정을 공유하며 '경쟁불패'라는 한 권의 책을 완성해 나갔습니다. 이 책을 읽을 모든 사람들이 우리의 얘기에 공감하며, 자신의 비전을 설계하고, 다시금 꿈과 열정을 불태울 누군가가 되기를 함께 기대하면서…

2013년 02월
조지형 드림

현상설계[이해하기]

디자이너로

성공하기 위한

『현상설계 즐기기』

Part 1

01 현상설계 [이해하기]

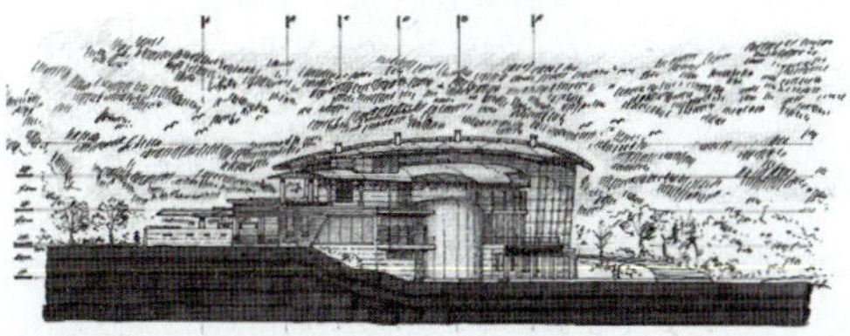

01 현상설계 [이해하기]

현상설계하기

"길이 있어 내가 가는 것이 아니라, 내가 감으로써 길이 생기는 것이다."

-이외수의 〈청춘불패〉 '누에의 한 살이' 중에서-

설계사무실에서 현상설계를 한다는 것은 여러 의미를 가지고 있습니다. 우선, 한번 진행할 때 마다 적지 않은 돈을 써야함에도 불구하고, 현상설계를 할 수 있다는 것은, 자신이 속한 사무실이 그만큼 현상설계를 할 여건이 된다는 것입니다. 이런 경우는 참 행복한 경우겠죠. 그러나 현상설계를 해서라도 수주를 하지 않으면 진행할 프로젝트가 없기에, 도박하는 심정으로 도전하는 경우도 있습니다. 아마도 이 두 가지의 경우 모두 '당선'이라는 목표를 향해, 매일매일 절실한 마음으로, 도전에 임할 것입니다.

현상설계를 한다는 건… 그것은 불확실한 무한경쟁을 향해 시간과 열정을 바쳐야하는, 자신과의 외로운 싸움입니다. 또한, 보이지 않는 길을 걷는 것과 같습니다. 이러한 현상설계는 육체적으로나, 정신적으로나 여간 힘이 드는 작업이 아닐 수 없습니다. 프로젝트를 진행하는 팀에 따라 조금씩 다르겠지만, 대부분은 매일매일 야근철야가 일상이 되고 맙니다. 설계분야에서도 요즘은 분업화가 잘 되어서, 자신이 원하면 얼마든지 편한? 길을 선택할 수도 있을 테지만, 설계사무실을 다니면서 현상설계와 같은 경쟁설계를 안한다는 것은, 자신의 경쟁력을 그만큼 스스로 줄이는 것과 같습니다. 경쟁력을 키우기 위해서라도 어차피 가야할 길이라면, 현상설계에 수동적으로 끌려 다니지 말고, 긍정적으로 도전하는 것을 즐기며 자신만의 길을 가시길 바랍니다. 불확실한 무한경쟁에 도전한다는 것은, 여러분과 여러분이 속한 조직을 더욱더 강하게 하는 것입니다. "길이 있어 내가 가는 것이 아니라, 내가 감으로써 길이 생긴다." 는 작가 이외수씨의 말처럼, 자신 있게 경쟁설계의 길을 가는 여러분이 되었으면 좋겠습니다.

현상설계를 한다는 것! 자, 지금부터 현상설계란 무엇인지? 그리고 현상설계를 잘하려면 어떤 것들이 필요한지? 그 끝없는 무한경쟁의 세계로 우리 같이 들어가 보도록 합시다.

【 현상설계란? 】

···› 현상설계의 정의와 분류 ‹···

현상설계란 과연 무엇일까요? 먼저 현상설계의 정의부터 차근차근 알아가도록 합시다. 현상설계는 발주처(건축주)가 어떤 프로젝트를 진행하고자 할 때, 좀 더 훌륭한 설계안과 그 프로젝트를 성공적으로 수행할 수 있는 능력이 되는 건축가, 또는 건축사사무소를 찾기 위해서 진행됩니다. 즉, 좋은 설계안을 얻기 위해 여러 계획안을 모집하고, 서로 경쟁을 통해서 계획안을 결정짓는 경기라고 할 수 있습니다. 우리가 흔히 콤페(competition)라고 부르기도 하죠. 좀 더 구체적으로 알아볼까요? 발주처(건축주)는 조달청 나라장터, 건설신문, 각 공사기관(SH, LH공사 등) 홈페이지 등으로 일정 사업에 대한 현상설계 공고를 내보내고, 설계사무소들은 현상설계 참여여부를 결정한 후에 발주처가 제시한 주제와 프로그램에 맞는 멋진 설계안들을 제시하게 됩니다. 제시된 설계안들을 평가하기 위하여 발주처측은 심사위원들을 구성하게 되고, 이들과 함께 최고의 안을 선정하게 됩니다. 보통, 여기서 당선된 설계사무실은 사업 설계권을 획득하게 됩니다만, 아이디어만을 얻는 설계경기의 경우에는 상금이나, 해당 프로젝트의 턴키(Turn-key)설계 참여권을 획득하기도 합니다.

현상설계의 종류는 설계안을 응모하는 방식의 차이에 따라서, 공개경기(open competetion), 제한경기(limited competetion), 지명경기(invited competetion) 등으로 구분할 수 있습니다. 또한, 현상설계에서 제시되는 시설물의 종류는 건축법상의 수많은 시설물들처럼 다양하게 구분할 수 있습니다. 그 중에서도 이 책은 크게 일반건축 분야와 공동주택 분야로 구분하고, 각 분야별로 현상설계 프로세스에 대해서 주로 얘기하고자 합니다.

그럼, 현상설계에 대해서 구체적으로 들어가기 전에, 일반건축물은 어떤 종류의 시설들로 분류되는지, 공동주택은 어떻게 분류되는지, 그리고 일반건축 현상설계와 공동주택 현상설계는 어떤 차이가 있는지 함께 확인해 보도록 합시다. 건축법을 보면 다음과 같이 건축물의 용도를 구분하고 있으며, 각 용도에 속하는 건축물의 세부 용도는 대통령령으로 정하고 있습니다.

〈건축법 제2조 (정의) ② 건축물의 용도〉

1. 단독주택
2. 공동주택
3. 제1종 근린생활시설
4. 제2종 근린생활시설
5. 문화 및 집회시설
6. 종교시설
7. 판매시설
8. 운수시설
9. 의료시설
10. 교육연구시설
11. 노유자시설
    (노유자: 노인 및 어린이)
12. 수련시설
13. 운동시설
14. 업무시설
15. 숙박시설
16. 위락(慰樂)시설
17. 공장
18. 창고시설
19. 위험물 저장 및 처리 시설
20. 자동차 관련 시설
21. 동물 및 식물 관련 시설
22. 분뇨 및 쓰레기 처리시설
23. 교정(矯正) 및 군사 시설
24. 방송통신시설
25. 발전시설
26. 묘지 관련 시설
27. 관광 휴게시설
28. 그 밖에 대통령령으로 정하는 시설

일반건축물은 흔히 우리가 생각하는 오피스, 상가, 병원, 학교, 미술관, 도서관, 체육관 등으로, 이 책에서는 위의 표 중에 3번 '제1종 근린생활시설' 부터 28번 '그 밖에 대통령령으로 정하는 시설' 까지를 통틀어서 일반건축물로 분류(철도, 항만 관련시설 등 특수한 시설들도 있겠지만) 하기로 합시다. 최근에 현상이나 턴키설계에 나오는 일반건축물을 살펴보면, 관공서 관련 업무시설, 대학 관련시설, 초 · 중 · 고등학교를 포함한 학교 관련시설, 전시 및 공연시설, 기업의 사옥, 레져 관련시설, 또한 주거, 상업, 업무, 문화, 레져 등이 복합된 도심복합기능단지(MXD : Mixed Use Development)등, 그 종류는 정말 다양한 것 같습니다.

대전 은행동 MXD
(설계:원양건축)
주거,업무,상업,문화,레져
시설이 복합된 도심복합기능
단지의 좋은 사례

주택은 위의 표 1, 2번 항목처럼 크게 단독주택과 공동주택으로 구분할 수 있습니다. 현상이나 턴키설계에서는, 사업규모와 공사금액이 관련되기 때문에, 개인의 단독주택 보다는 주로 공동주택이 등장하게 됩니다. 공동주택은 하나의 건물 내에서 독립적인 여러 세대가 공동으로 거주하는 주거의 형태로, 우리가 '집합주택' 혹은 '집합주거' 라고 부르기도 합니다. 〈건축법 시행령 제3조의 4 (용도별 건축물의 종류) 별표 1〉을 보면, 공동주택의 종류를 다음과 같이, 아파트, 연립주택, 다세대주택, 기숙사로 구분하고 있습니다.

아 파 트:	주택으로 쓰는 층수가 5개 층 이상인 주택
연 립 주 택:	주택으로 쓰는 1개 동의 바닥면적(지하주차장 면적은 제외한다) 합계가 660제곱미터를 초과하고, 층수가 4개 층 이하인 주택
다세대주택:	주택으로 쓰는 1개 동의 바닥면적 합계가 660제곱미터 이하 이고, 층수가 4개 층 이하인 주택(2개 이상의 동을 지하주차장으로 연결하는 경우에는 각각의 동으로 보며, 지하주차장 면적은 바닥면적에서 제외한다)
기 숙 사:	학교 또는 공장 등의 학생 또는 종업원 등을 위하여 쓰는 것으로서 공동취사 등을 할 수 있는 구조를 갖추되, 독립된 주거의 형태를 갖추지 아니한 것

···› 일반건축과 공동주택 현상설계의 차이 ‹···

앞에서 얘기했던 '도심복합기능단지'는 말 그대로 상당히 복합적이기 때문에 일단 예외로 하고, 일반건축과 공동주택 현상설계를 비교해 보면, '사업의 규모, 적용해야 할 법규, 그리고 계획해야 할 요소' 등에서 그 차이를 확인할 수 있습니다.

사업의 규모면에서 일반건축 현상설계는 건물의 수가 한 동 이거나, 몇 동 안 되는 경우가 많습니다. 또한, 큰 규모의 일부 프로젝트와 국가적인 프로젝트(예:청계천 이주상가 단지인 '동남권 유통단지' 등)를 제외하면, 대부분의 일반건축은 설계비가 10억 이내인 것 같습니다. 반면, 공동주택은 많은 동수로 이루어져 있죠. 설계비도 왠만하면 10억이 넘고, 규모에 따라서 50억, 60억이 되는 경우도 많습니다.

송파구 동남권 유통단지

(설계:원양건축)
턴키설계방식으로 진행된 국책사업으로, 경쟁설계에서 설계비가 역대 최대

적용해야 할 법규의 종류는 그럼 어떨까요? 일반건축의 경우 보통 '국토의 계획 및 이용에 관한 법률, 건축법, 주차장법, 지구단위계획, 각종 시·도 조례, 건축물의 피난·방화구조 등의 기준에 관한 규칙, 장애인·노인·임산부등의 편의증진 보장에 관한법률' 등을 확인하여 계획 시 적용해야 합니다. 공동주택의 경우는 일반건축에서 적용한 법규 외에도 '주택법, 주택건설기준 등에 관한 규정 및 규칙, 각 시·도 주택조례와 공동주택 건축심의기준, 유아교육진흥법, 영유아보육법'등을 더 확인해서 계획 시 적용해야 합니다. 물론 이외에도 일반건축이든, 공동주택이든 프로젝트의 특성과 사업위치에 따라서 적용해야 할 법규는 그때그때 마다 조금씩 더 있습니다. 계획해야 할 요소의 경우도, 쉽게 표현해서 일반건축이 하나의 건물을 계획한다고 볼 때, 공동주택은 단위세대계획, 주동계획, 각종 부대시설계획 등, 계획해야 할 부분이 상대적으로 더 많이 있습니다. 그래서 일반건축 현상설계를 주로 하던 사람들이 공동주택의 많은 일 량 때문에, 공동주택 현상과 턴키설계를 꺼려하는 경향이 있는 것 같습니다.

앞에서 비교해 본 것 같이, 공동주택 현상설계를 하는 것은 일반건축 현상설계를 하는 것보다 적용해야 할 법규도, 계획해야 할 부분도 조금 더 많고 복잡한 것 같습니다. 하지만 복잡하다고 일반건축만 하면 경쟁설계 세계에선 반쪽자리 인생만 사는 것입니다. 공병호씨의 〈성공을 꿈꾸는 10대들의 위대한 준비〉를 보면 '미래 직업세계를 예측하는 9가지 트렌드'에 대해서 말하고 있는데, 그중에 "멀티플레이어가 우대받는 시대가 된다."는 말이 있습니다. 대규모 설계사무실을 다니다보면, 했던 분야의 업무만 하게 되는 경우가 많지만, 스스로 기회를 만들어서 일반건축이든, 공동주택이든, 현상설계든, 턴키설계든 적극적으로 도전하는 멀티플레이어가 돼 보면 어떨까요?

지금까지 우리는 현상설계란 무엇인지? 그 정의와 분류, 그리고 간략하게 일반건축과 공동주택 현상설계의 차이점을 알아보았습니다. 자, 이제 우리가 이러한 현상설계를 잘 하려면 어떻게 해야 하는지? 그 경쟁설계의 무림비급을 같이 알아보도록 할까요?

【 현상설계하기 】

"경쟁은 우리를 대담하게 만들고, 사고와 장애물에도 아랑곳없이 우리를 전진하게 만드는 자극제이다."

-로얄 아문센-

현상설계를 하다보면, 정말 뒤도 안돌아 보고 앞만 보면서 달리는 기분입니다. 저 너머에 있는 마감이라는 고지를 향해 '돌격 앞으로~' 하게 되는 거죠. 가다보면 지쳐서 쓰러지고 싶을 때도 있고, 지금 하고 있는 전쟁이 당장 내일이라도 끝났으면 좋겠다는 생각들이 들기도 합니다. 지금까지 현상설계를 하면서 한 번도 쉽게 일이 마무리 됐던 적은 없었던 것 같습니다. 한사람의 작업이 아니라 팀 작업이기 때문에, 팀원들 간에 여러 의견 차이도 있고, 아이디어가 잘 생각이 안날 때도, 디자인이 잘 안될 때도 있습니다. 직접 작업하지도 않으면서 마음에 안 든다고 하시는 윗분들과의 마찰도 있습니다. 그러다 보니 일정에 쫓겨 철야도 많이 하게 됩니다. 하지만 함께하는 동료들이 있기에 '당선'이라는 목표를 향해 같이 전진할 수 있는 것 같습니다. 그렇게 한 달, 두 달이라는 시간을 보낸 후 '당선'이라는 결과를 맛보면, 그동안에 정신적, 체력적으로 힘들었던 순간들은 깨끗이 잊혀지고, 발끝에서 머리끝까지 온 몸에 전율을 느끼게 됩니다. 짧은 순간 느껴지는 전율이지만, 그 맛은 우리를 대담하게 만들고, 현상설계에 다시 도전하게 하는 자극제로 작용합니다. 그렇게 우리는 현상설계의 매력에 빠져들게 됩니다.

···› 현상설계를 잘 하려면? ‹···

가까운 선배가 이런 말을 한 적이 있습니다. "요즘 설계업계도 점점 헐리우드 방식을 따라 가는 것 같다." 최근에 기업인과 경영인, 방송인, 작가, 음악가, 엔지니어를 포함한 전문업에 종사하는 사람들까지도 이 '헐리우드 방식'에 대해서 자주 얘기한다고 합니다. 헐리우드 영화제작 방식은 보통 프로젝트 단위로 추진됩니다. 영화제작에 필요한 전문가들, 즉 제작자, 감독, 배우, 스탭 등이 해당 프로젝트에 한해 계약하고 팀을 구성하게 됩니다. 영화가 완성되면 각자 다른 프로젝트를 찾아 떠나게 되고, 그 팀은 해체가 되는 거죠. 예전과는 달리 최근에 경쟁설계를 할 때면, 정말 '헐리우드 방식'과 유사하게 팀이 운영된다는 것을 느끼게 됩니다. 프로젝트를 구성할 때 보면 건축팀, 보고서팀, 편집팀, 인테리어, 조경, 기타 여러 협력사들이 같은 목적을 가지고 프로젝트가 마무리 될 때까지 협력하여 일을 하게 됩니다. 요즘은 건축팀을 구성할 때도 여러 설계사무실들이 서로의 이익을 위해서 같이 조인하는 경우도 많습니다. 그러다 보니 오늘의 동지가 내일의 적이 되는 일은 비일비재 합니다.

'헐리우드 방식'과 같은 경쟁설계! 이러한 경쟁설계를 잘 하려면 어떤 것들이 필요할까요? 개개인의 생각이 조금씩 틀릴 수 도 있겠지만, 기본적으로 갖춰야 할 조건들을 몇 가지 말해보려 합니다.

첫째는, '프로정신'입니다. 이것은 책임감과도 같습니다. 치열한 전쟁터에서는 자신이 임무를 어떻게 처리하느냐에 따라서, 옆에 있는 전우의 생사가 결정되기도 합니다. 경쟁설계도 결국 이기지 않으면 패배하는 전쟁입니다. 자신에게 어떤 일이 주어지건 끝까지 맡은바 책임을 다해야만 이길 수 있는 가능성을 높일 수 있죠. 하기 싫다고 안 하는 것은 아마추어적인 마인드에 불과한 것입니다. 어떤 일을 할 때, "나는 프로다, 나는 프로다!"라고 자기암시를 하면서 일을 시작하길 바랍니다. 그러면서, 자신의 부족한 부분을 열정과 노력으로 채워갈 수 있다면, 여러분은 진정 '프로'가 될 것입니다.

둘째는, '협력정신'입니다. '토이스토리', '니모를 찾아서'로 잘 알려진 '픽사' (Pixar - 2006년 5월5일 디즈니와 합병으로 현재는 디즈니의 자회사가 되었습니다.)라는 컴퓨터 애니메이션 제작사의 사내교육을 담당하는 픽사대학 건물에는, 라틴어로 다음과 같은 글이 새겨져 있다고 합니다. "Alienus Non Diutius." 이 말은 "나는 더 이상 혼자가 아니다."라는 것으로 협력정신과 개인의 능력함양을 중시하는 픽사의 철학이라고 합니다. 여러분 역시 혼자가 아닙니다. 모든 건축설계 일들이 다 그렇지만, 현상이나 턴키설계는 더더욱 혼자 하는 작업이 아닙니다. 프로젝트를 수월하게 진행하기 위해서, 원하는 결과물과 당선이라는 기쁨을 맛보기 위해서는 팀원들 간에 얼마나 멋지게 호흡을 맞추며 서로 협력하는지가 중요한 것입니다.

"Alienus Non Diutius" (나는 더 이상 혼자가 아니다) - Pixar
컴퓨터 애니매이션 제작사인 픽사의 내부와 '토이스토리, 니모를 찾아서'

셋째는, '창조정신'입니다. 여러분도 잘 아시겠지만, 요즘은 어느 분야에서든 창의력과 아이디어가 중요하게 작용합니다. 건축설계와 같은 창조적인 작업은 말할 것도 없죠. 이것은 어느 날 문득 하늘에서 떨어지는 것이 아닙니다. 또한, 순간적으로 내 머릿속 어딘가에서 찾아낼 수 있는 것도 아닙니다. 이러한 창의력과 아이디어를 키우기 위해서, 여러분은 항상 생활가운데 관심과 호기심을 가지고 많을 것을 보고, 듣고, 체험하면서 계속적으로 '영감(靈感)'을 얻어야 합니다.

넷째는, '집중정신'입니다. 어떤 일을 집중력 있게 처리한다는 것은 그리 쉽지는 않습니다. 프로젝트를 진행할 때, 업무 외적인 요인들로 인해 많은 방해가 생기기 때문입니다. 하지만 우리가 경쟁설계에서 승리하기 위한 확률을 높이기 위해서는, 팀원 모두가 당선이라는 하나의 목표를 향해 전력 질주하는 '집중정신'이 필요합니다. '집중정신'은 경쟁에서 이기겠다는 '의지'입니다. 그것은 '신념'입니다. 그러나 이러한 '집중정신'과 함께 '주변을 돌아보는 자세' 또한 중요합니다. 대부분의 건축하는 사람들이 자신의 일에 미쳐서, 때론 자신의 가족과 친구와 같은 소중한 것들을 잊어버리는 경우가 있는 것 같습니다. 과유불급(過猶不及), "과하면 부족함만 못하다"고 했습니다. 집중할 때는 집중하고, 돌아볼 때는 돌아보는 자세를 갖도록 합시다.

마지막으로, '최강신체'입니다. 세계의 경제와 금융시장에 영향을 미치는 화교들에게는 돈을 버는 집념을 보여주는 '쉬지 말라, 게으르지 말라, 아프지 말라' 라는 세 가지 원칙이 있다고 합니다. 자신의 조국을 떠나 생활하는 그들은 이 세 가지 원칙 중에서 '아프지 말라'를 제일로 꼽는다고 합니다. 건강해야 쉬지 않고, 게으르지 않고 돈을 벌수 있다는 그들의 생각 같습니다. 우리가 프로젝트를 진행할 때도 건강이 가장 중요합니다. 자신이 건강을 챙기지 않으면, 자신뿐만 아니라 옆 동료들에게도 피해를 주게 됩니다. 같이 일하는 동료들을 위해서, 가족을 위해서, 무엇보다 자기 자신을 위해서 건강을 챙겨야 합니다. 건강은 여러분이 어떤 일을 생각하고, 행동하려할 때 가장 기본이 된다는 것을 꼭 잊지 마시길 바랍니다.

위의 다섯 가지 경쟁설계를 하기위한 기본조건 외에도 '컨셉, 전략, 디자인, 통합능력, 일정관리, 프리젠테이션, 리더와 팀원이 갖추어야할 조건' 등 여러 가지 요소들이 필요합니다. 경쟁설계 중에서 턴키설계를 잘 하려면 컨셉, 디자인도 중요하지만, 그 외적인 것을 많이 고려해야 합니다. 건설사와 같이 일을 진행하기 때문에, 금액문제가 항상 뒤따르게 되죠. 또한 짧은 일정 안에 많은 일들을 해야 합니다. 직원입장에선 어떤 전략을 세우고, 어떻게 협력해서 일정관리를 해나가야 할지 고민이 많이 될 것입니다. 반면 현상설계는 턴키설계보다 심플한 것 같습니다. 강력한 아이디어 하나로, 전략 하나로, 혹은 좋은 디자인 하나로도 경쟁에서 우위가 될 가능성이 있습니다.

우리가 이와 같은 현상설계를 진행할 때는, 앞에서 말한 경쟁설계의 여러 가지 조건들이 다 필요하겠지만, 독특한 아이디어와 컨셉을 만들고, 상대를 이기기 위한 전략을 세우고, 보는 이를 감동시킬만한 멋진 건물을 디자인 해낸다면 이보다 더 좋을 순 없을 것입니다.

···› 중요한 것은 열정! 그리고 즐기는 것! ‹···

사실, 우리가 경쟁설계를 잘하고 승리하기 위한 여러 가지 조건들 중에서 가장 중요한 것이 무엇인지를 물어본다면, 그것은 "열정!, 그리고 즐기는 것!" 이라고 말하고 싶습니다.

장용호씨의 〈자유를 꿈꾸는 이들을 위한 건축설계탐사〉를 보면 다음과 같은 글이 나옵니다.

"Enthusiasm is Infectious!"
열정적으로 일하는 건축인의 모습

"Enthusiasm is Infectious! (열정은 전염된다) 그리고 그 열정은 팀 전체에 영향을 미친다." 사전을 보면 열정을 나타내는 영어단어는 두 가지가 있습니다.

'Passion' 과 'Enthusiasm'.

그런데 이 두 가지 단어 중에 왜 'Enthusiasm'을 선택한 것일까요?

지그 지글러라는 미국의 성공학자는 자신의 책 〈정상에서 만납시다〉에서 '열정-Enthusiasm'에 대해 다음과 같이 얘기하고 있습니다. 「"EN = In (~안에서), Thus - Theo (신), I am sold myself (첫 자만 모아 iasm)"라고 풀이하고, "I am sold myself in God(나는 신 안에서 나 자신을 팔았다)"라고 해석하여 "신에게 모든 것을 바치고 나면 세상이 두려울 것이 없는 상태에서 자신의 희구하는 바를 이루려는 열정을 가질 수 있다"라는 의미를 가진다.」

아마도 건축일을 할 때 이처럼 신들린 듯한 열정을 가지고 하면 그 열정이 팀 전체에 영향을 미친다는 말을 하는 것 같습니다. 우리가 현상설계를 할 때도 그냥 열심히 하는 열정이 아닌 정말 신이 나와 함께한다는 마음으로, 그 신들린 듯한 열정을 가지고 프로젝트를 수행한다면 우리에게 정말 놀라운 결과가 있지 않을까요?

知之者 不如好之者 好之者 不如樂之者
(지지자 불여호지자 호지자 불여락지자)

"아는 사람은 좋아하는 사람만 못하고, 좋아하는 사람은 즐기는 사람만 못하다." 공자의 〈논어(論語)〉 옹야편(雍也篇)에 나오는 글입니다.

제가 정말 좋아하는 글 중 하나입니다. 사실 이 글은 중학교 때 읽었던 만화책에서 처음 접하게 되었습니다. '쿵후소년 용소야'. 혹시 본적 있으신가요? 내용 중에 스님이 용소야에게 해준 말입니다. 이 말은 자신이 하고 있는 일을 단지 알고, 좋아하는 것으로 그치지 말고, 그 일을 즐기자는 뜻 입니다. 현상설계를 한다는 것 그 자체를 즐겨야만 그 안에서 새로운 무언가를 창조할 수 있고, 그 결과 또한 긍정적인 방향으로 다가올 것입니다. 매일 야근철야에 짜증나는 일도 많은 줄 압니다만, 이 글을 읽는 순간부터는 열정을 불태워가며 경쟁설계를 즐기는 여러분이 되었으면 좋겠습니다.

미국의 자동차 왕으로 불리는 헨리포드는 "어떤 일을 할 수 있다고 믿든, 할 수 없다고 믿든, 아마도 당신이 믿는 그대로 될 것이다." 라고 말했습니다. 톡톡 튀는 아이디어와 컨셉을 만드는 모습, 삼국지의 제갈공명처럼 상대를 이기기 위한 전략을 세우는 모습, 그리고 멋지게 건물을 디자인하는 자신의 모습을 상상하면서, 경쟁설계를 즐겨보도록 합시다. 그런 자신의 모습이 될 수 있다고 믿으면, 아마도 여러분은 여러분이 믿는 그대로의 모습이 될 것입니다.

현상설계 프로세스

경쟁설계는 상대를 이기지 않으면 결국 내가 지는 게임입니다. 그래서인지 요즘 대규모 설계사무실(직원이 100명이 넘는?)에서는 수주확률을 높이기 위해서 내부조직끼리, 그리고 여러 사무실들과 전략적 제휴를 통해서 상당히 많은 일들을 수행합니다. 그 과정에서 직원들은 자신들의 팀과는 상관없이 개인 혹은 몇 명씩 해당 프로젝트와 관련해서 파견 다니는 일이 많아 졌습니다. 회사입장에서는 그렇게 해서 어떻게든 수주만 하면 상관없을 수도 있고 또한 당연한 것일 수도 있습니다. 이러한 상황은 주변 동료들의 얘기를 들어볼 때, 직원들 입장에서는 그리 좋은 상황은 아닌 듯합니다. 팀원들과 호흡을 맞출만하면 새로운 프로젝트에 의해서 다시 새롭게 시작해야 하기 때문입니다. 그러나 생각을 달리 해봅시다. 세상은 빠르게 변하고 있고 내가 속한 조직 또한 빠르게 변하고 있습니다. 요즘 설계사무실들이 '헐리우드 방식'과 같이 프로젝트 단위로 일을 진행한다고 했습니다. 내부 조직끼리, 설계사무실끼리, 여러 분야의 업체끼리 승리하기 위한 전략적 제휴를 하게 되는 거죠. 앞으로 설계사무실의 업무진행방식이 예전처럼 팀 위주가 될지, 아님 또 다른 새로운 형태로 진화될지는 잘 모르겠지만, 빠르게 변화하는 이러한 상황에서 불평불만을 하기 보다는 그 상황에서 자신의 능력을 발휘할 수 있도록 최대한 노력해야 합니다. 그러기 위해서는 앞에서 말한 경쟁설계를 잘 하기위한 여러 가지 조건들과 함께 경쟁설계를 수행하기 위해 우리가 꼭 익혀야 할 것이 있습니다. 그것은 바로 '프로세스(PROCESS)'. 우리는 어떤 상황에서 어떤 프로젝트에 참여하게 되더라도 프로세스, 즉 그 업무의 진행과정을 잘 알아야 합니다. 프로세스에 익숙하면 자신감이 생기게 됩니다. 자신감은 또한 경쟁에서 우리를 승리로 이끌어 주는 원천이 됩니다. 모든 일에는 "과정 없는 결과는 없다."고 했습니다. 결국 우리는 다양한 프로젝트를 경험하면서 그 진행과정에 익숙해지도록 노력해야 합니다. 과정에 자신 있게 되면, 결과 또한 좋으리라 믿습니다.

경쟁설계 프로세스! 자, 그럼 그중 가장 대표적인 '현상설계 프로세스'는 어떻게 진행되는지 같이 알아보도록 할까요?

우선, 현상설계 프로세스를 알아보기 전에, 국토해양부가 제시하고 있는 '설계도서 작성기준'과 제가 [주]디자인그룹 금성 건축사사무소에서 작업했던 '무등산 C.C 클럽하우스'의 사례를 통해서, 간략하게 건축설계의 프로세스에 대해서 알아보도록 하겠습니다.

【 건축설계 프로세스 】

건축설계의 일반적인 프로세스는 다음과 같이 '기획설계-계획설계-기본설계-실시설계-관리업무' 등으로 구분할 수 있습니다.

···› 기획설계(기획업무) ‹··· Predesign

건축물의 규모검토, 현장조사, 설계지침 등 건축설계 발주에 필요하여 건축주가 사전에 요구하는 설계업무

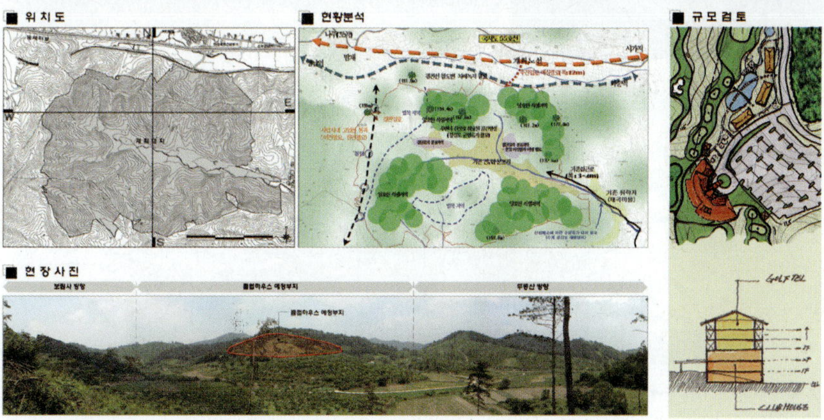

토지이용계획확인서,지적도,토지대장등의 관련서류를 확인 후 현장조사 및 법규검토, 규모검토를 통한 사업성을 종합적으로 판단

건축주가 의뢰한 대지에 대한 현황조사에서 사업성검토까지 구체적인 계획설계를 진행하기위한 사전검토 단계입니다. 이 단계에서는 규모와 법규검토, 가능시설을 통해서 사업의 진행여부를 판단하는 중요한 단계이기에 가능한 빠르고 정확하게 일을 수행해야 합니다.

···› 계획설계 ‹··· Schematic Design

> 건축사가 건축주로부터 제공된 자료와 기획업무 내용을 참작하여 건축물의 규모, 예산, 기능, 질, 미관 및 경관적 측면에서 설계목표를 정하고 그에 대한 가능한 계획을 제시하는 단계로서, 디자인 개념의 설정 및 연관분야(구조, 기계, 전기, 토목, 조경 등을 말함)의 기본시스템이 검토된 계획안을 건축주에게 제안하여 승인을 받는 단계

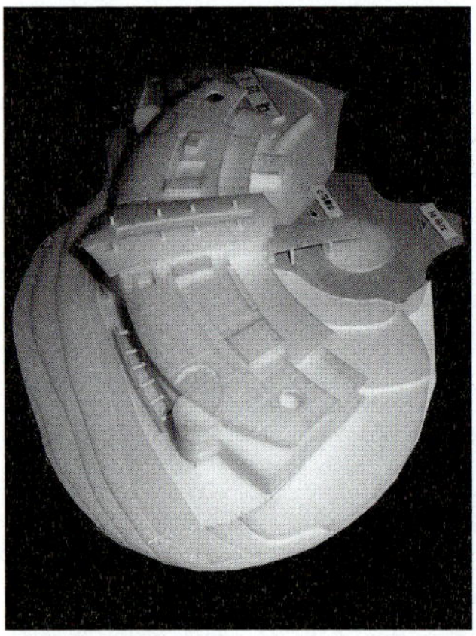

보통 현상설계는 계획설계 단계에 해당합니다. 사전자료조사 및 현황분석을 토대로 한 계획방향의 제시와 계획개념을 설정하고, 매스계획, 배치 및 옥외공간계획, 평면계획, 입면계획, 단면계획 등을 수행해야 합니다.

스터디모형을 활용한 매스계획(왼쪽)

스케치를 활용한 입면계획(아래)

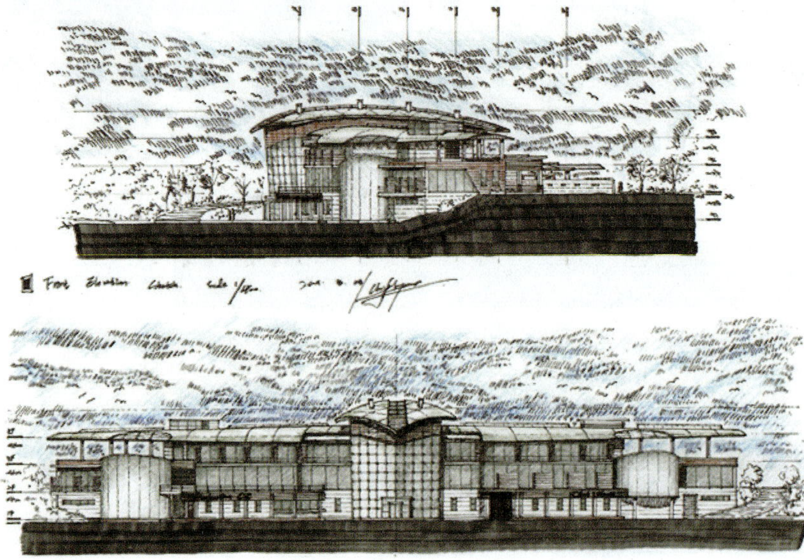

··· 기본설계(중간설계) ··· Design Develop

계획설계 내용을 구체화하여 발전된 안을 정하고, 실시설계 단계에서의 변경 가능성을 최소화하기 위해 다각적인 검토가 이루어지는 단계로서, 연관분야의 시스템 확정에 따른 각종 자재, 장비의 규모, 용량이 구체화된 설계도서를 작성하여 건축주로부터 승인을 받는 단계

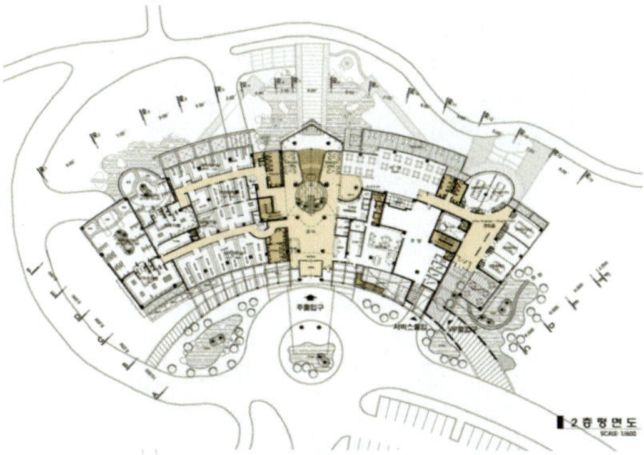

이 단계에서는 계획설계를 통해 디자인한 방향대로 실시설계를 원활하게 진행하기 위해서 구조, 기계, 전기, 토목, 조경 등의 연관분야와 협력하여 일을 수행하는 것이 중요합니다.

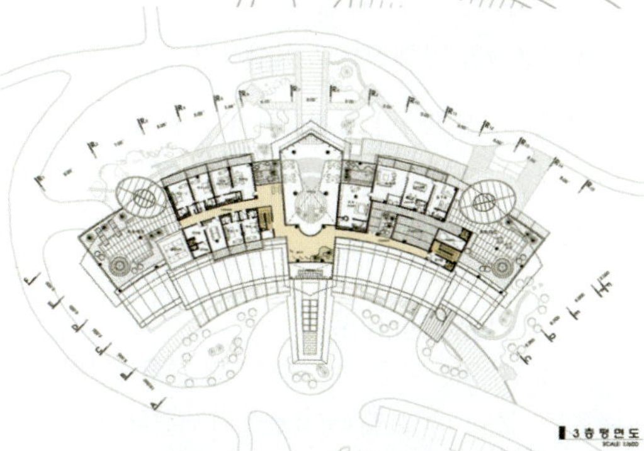

연관분야와 협력을 통해 작성한 층별 평면 설계도서(왼쪽)

배치 및 외부공간 설계도서

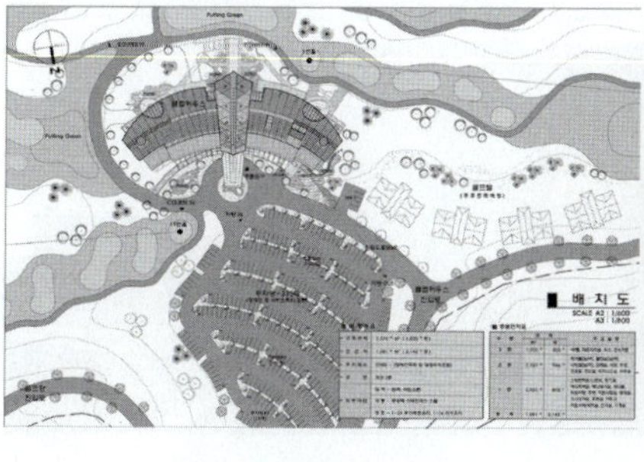

기본설계를 토대로 한 조감도

···› 실시설계 ‹··· Construction Document

중간설계를 바탕으로 하여 입찰, 계약 및 공사에 필요한 설계도서를 작성하는 단계로서, 공사의 범위, 양, 질, 치수, 위치, 재질, 질감, 색상 등을 결정하여 설계도서를 작성하며, 시공중 조정에 대해서는 사후설계관리업무 단계에서 수행방법 등을 명시

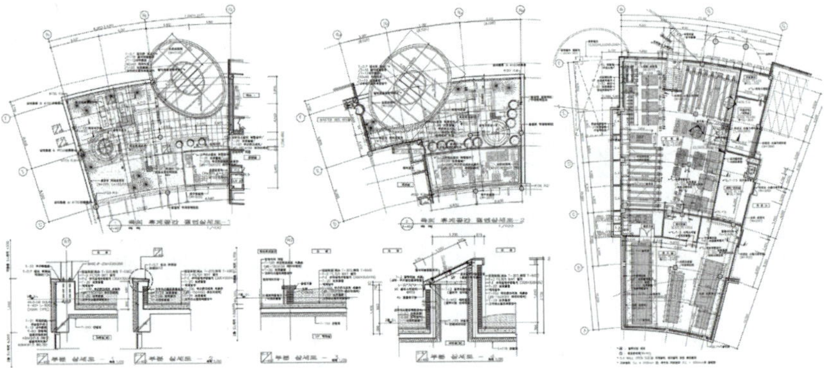

실시설계는 계획설계와 기본설계의 내용들을 구체적으로 실현시키기 위해 건축 및 연관분야(구조, 기계, 전기, 토목, 조경 등)의 실질적인 설계도서와 시방서, 견적서 등을 작성합니다.

···› 관리업무(사후설계관리업무) ‹··· Construction

건축설계가 완료된 후 공사시공 과정에서 건축사의 설계의도가 충분히 반영되도록 설계도서의 해석, 자문, 현장여건 변화 및 업체선정에 따른 자재와 장비의 치수·위치·재질·질감·색상·규격 등의 선정 및 변경에 대한 검토·보완 등을 위하여 수행하는 설계업무

공사중인 무등산 C.C 클럽하우스

완공된 무등산 C.C 클럽하우스

사후설계 관리업무는 공사 시작단계부터 건물이 완공되는 시점까지 설계의도대로 건물이 지어질수 있도록 하는 건축설계 프로세스의 마지막 단계입니다.

【 현상설계 프로세스 】

현상설계든, 턴키설계든, 모든 경쟁설계는 정해진 날짜, 시간, 장소에 발주처에서 요구하는 모든 제출물(설계설명서, 설계도면, 도판, 모형, 그리고 건축사사무소등록증과 보유인력확인서등의 현상설계 자격여부와 관련된 각종 구비서류 등)을 납품해야하는 특징이 있습니다. 이러한 현상설계를 정해진 시간까지 좋은 성과품을 내고, 경쟁에서 우위가 되기 위해서는 좋은 작품을 만들기 위한 열정과 노력, 상대를 이기기 위한 강인한 마음가짐과 함께 다음과 같은 현상설계 프로세스를 가능한 많은 프로젝트를 통해서 몸에 익히는 것이 중요합니다.

〈현상설계 30일 기준의 프로세스〉

1. 사전조사 및 분석 (D-30일)
   - 지침 / 법규분석
   - 사례조사 및 현황분석
   - 사전작업준비
     (협력사선정, SITE 모형제작 등)

2. 컨셉 및 전략구상 (D-26일)
   - 컨셉 및 분야별 전략구상
   - 초기 계획대안 제시

3. 계획안 수립 및 발전 (D-21일)
   - 컨셉 및 전략보완
   - 분야별 계획안 수립 및 발전

4. 계획도서 작성 (D-15일)
   - 분야별 계획도면 작성
   - 협력사와 상호 협의보완
   - 성과물 목업 작성
     (설계도면, 도판 등)

5. 성과물 작성 (D-09일)
   - 성과물 내용작성
     (설계도면, 도판, 건설개요 등)
   - 지침 / 법규검토
   - CG, 모형, 편집 작업 및 관리

6. 검토보완 및 제출 (D-02일)
   - 최종 성과물 검토보완
     (설계도면, 도판, 건설개요, CG, 모형 등)
   - 발주처에 제출

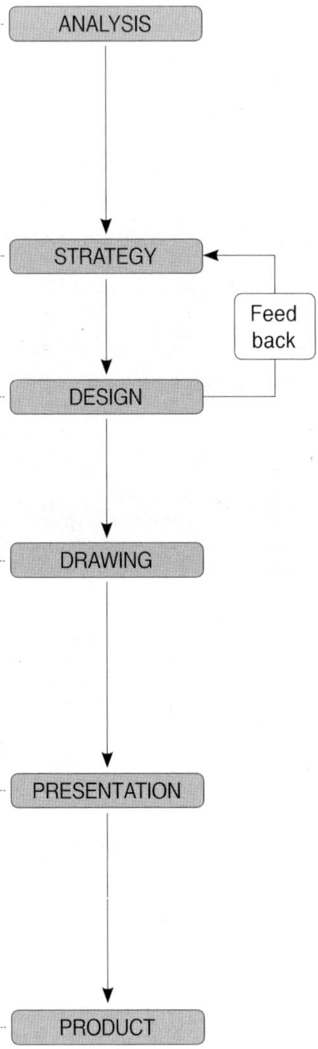

최근 현상설계 공모기간을 보면 과거에 비해 그 작업기간이 상당히 짧아지는 경향이 있습니다. 프로젝트마다 조금씩 차이는 있겠지만, LH공사(한국토지주택공사)나 SH공사(서울도시개발공사)의 경우 한 달, 심지어 3주, 4주 정도 안에 작업을 해야 하는 현상설계를 공모하기도 합니다. 앞장의 '현상설계 30일 기준의 프로세스' 다이어그램은 현상설계 작업과정을 크게 6단계로 나누고, 한 달을 공모기간으로 볼 때 각 단계별로 작업이 들어가야 할 시점의 기준을 정해 본 것입니다. 여러분들이 실질적으로 한 달, 혹은 3주, 4주 정도의 짧은 기간 안에 현상설계를 진행하게 될 때, '현상설계 30일 기준의 프로세스'를 참조하면 전체 일정에 대한 흐름을 파악하고 각 단계별로 무엇을 해야 하는지 대략 짐작 할 수 있을 것입니다.

〈OO프로젝트 주요일정 계획표〉

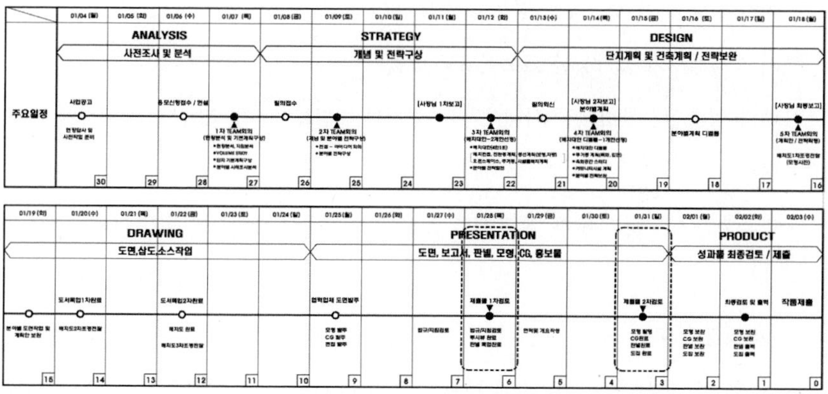

위의 표는 '현상설계 30일 기준의 프로세스'를 참조하여 한 달 정도 설계 공모기간을 가진 실제 프로젝트에 적용시킨 주요일정 계획표의 한 사례입니다. 여러분들이 실제 프로젝트를 시작할 때, 위의 표처럼 각 단계별로 할일들에 대해서 대략 일정을 짜보면 어떨까요?

자, 지금부터는 각 작업 단계별 세부항목들이 어떤 것들이 있는지 같이 알아보도록 합시다.

1. 사전조사 및 분석단계 [ANALYSIS] (D-30일)

(1) 공고확인 / 응모여부결정

- 신문, 조달청나라장터, 시 · 도 홈페이지, 대한건축사협회, 새건사협의회, LH 및 SH등 각 공사기관 홈페이지 등에서 고시된 공고내용 확인
- 사업종류, 규모, 설계용역금액과 응모절차, 일정, 성과품목 등을 파악
- 프로젝트 참여의사 결정 (회사 기획실 및 임원들의 협의로 결정)

(2) 응모신청서 접수 / 현장설명듣기

- 제공된 설계지침서의 양식으로 대부분 이메일로 신청 접수하지만, 현장설명에 참여하여 당일 날 접수하는 경우도 있음 (발주처의 의지에 따라 현장설명에 불참여시 작품접수가 불가능한 프로젝트도 있음)
- 대략 공고일로부터 4일 이내에 이루어지나, 응모기간 및 발주처의 사정에 따라 달라짐
- 발주처가 의도하는 방향, 프로젝트 특이사항, 경쟁사 참여사항 등을 파악

(3) 프로젝트팀 구성

- 제공된 설계지침서를 기준으로 응모기간, 작품성과물 등을 파악하여 프로젝트 담당과 팀 인원구성, 협력업체(기계, 전기, 구조, 토목, CG, 모형, 편집업체 등)를 선정

(4) 업무일정 계획

- 작품제출일, 각종 성과물 분석을 통한 단계별 인원투입계획 및 협력업체와의 업무일정협의 등, 세부작업에 대한 구체적인 일정계획표 만들기

(5) 지침 및 법규분석

- 사업지구현황, 건설계획지표, Space program, 계획방향과 목표, 공모일정 및 각종 제출도서목록과 표현방법, 설계평가 및 가 · 감점기준 등을 파악
- 계획시 고려해야할 설계지침, 관련법규를 리스트를 작성하여 철저히 분석

(6) 현장답사 및 분석

- 광역 · 인문 · 자연 · 교통 · SITE내 현황 등 각종 레이어별 현황분석 및 SWOT(Strength,Weakness,Opportunity,Threat)분석을 통한 계획방향도출

현장답사와 현황분석

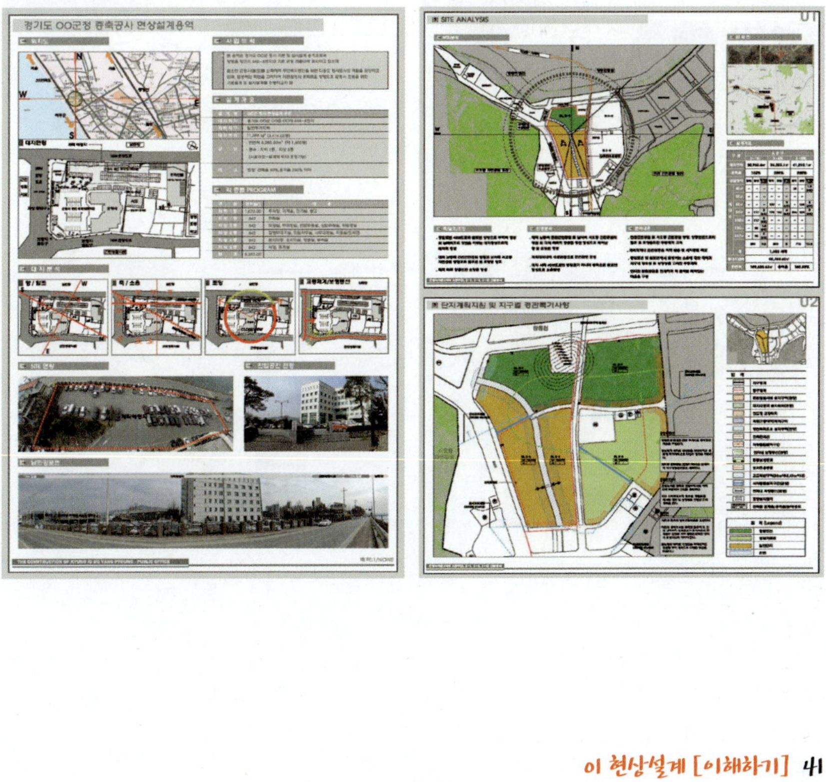

레이어별 현황분석에 따른 계획방향잡기

지형분석

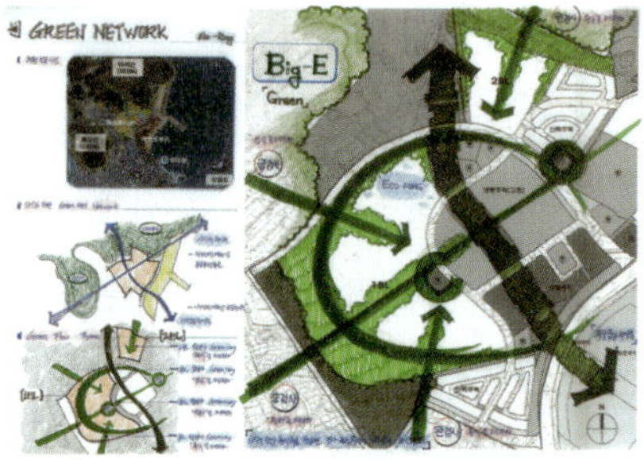

녹지체계

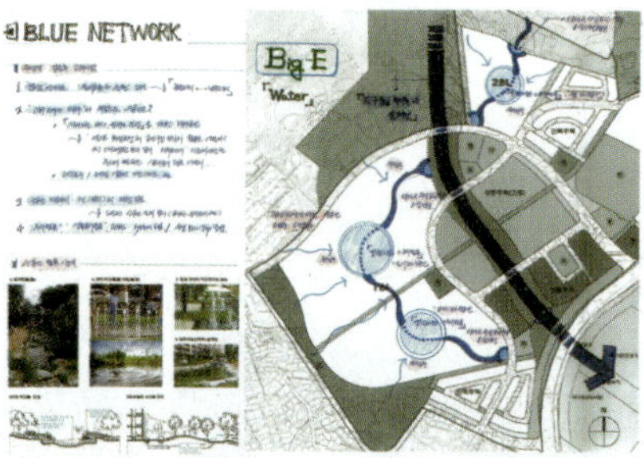

수체계

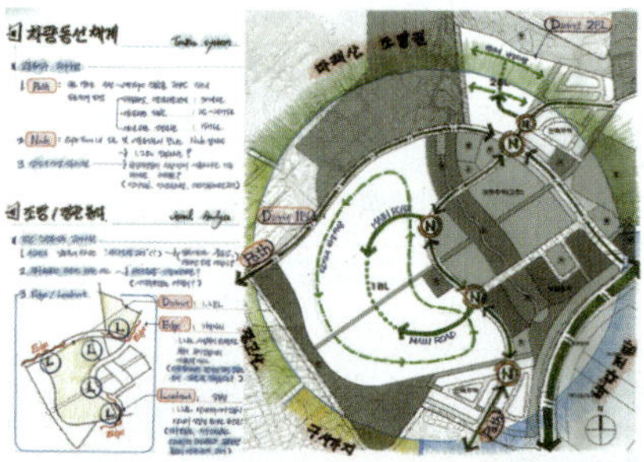

차량동선체계

보행동선체계

외부공간체계

(7) 자료조사 및 분석

- 일반건축 : 유사사례, 프로그램, 규모 등에 따른 최근 경향 분석종합
- 공동주택 : 단지계획, 건축계획(주동, 부대시설 등), 외부공간계획, 발주처의 요구 사항에 따른 각종 특화계획 등의 최근 경향 분석종합

(8) SITE모형제작

- 설계지침서상의 모형제출 규정에 맞게 대지현황 모형제작

(9) 규모검토(Volume study)

- 일반건축 : '초기 Mass Model'로써 관련법규 및 설계지침서상의 규모에 의한 설계규모 가능여부 검토
- 공동주택 : '배치용량검토 안'으로써 설계지침서상의 토지이용계획 및 유형별 세대구분 개요에 따른 블록별 대략규모 검토

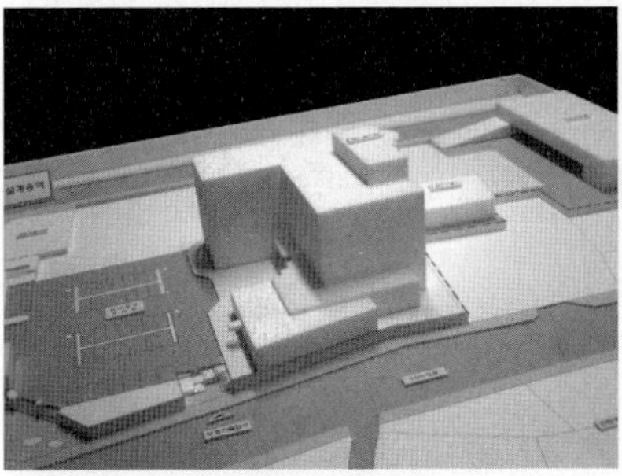

일반건축 규모검토

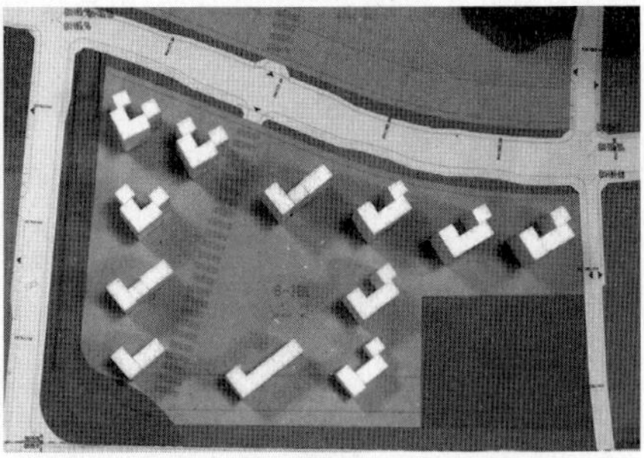

공동주택 규모검토

2. 컨셉 및 전략구상단계 [STRATEGY] (D-26일)

(1) 질의접수 / 질의회신 확인

• 질의접수 : 설계지침서의 내용을 상세하게 파악한 후, 명확하지 않은 문구나 의문이 가는 사항들을 지침서의 양식에 맞춰 내용을 작성하고, 이메일 등으로 발주처에 접수시킨 후, 접수여부를 확인 (공고일로부터 5~6일 이내에 이루어지나, 응모기간 및 발주처의 사정에 따라 달라짐)

• 질의회신 : 발주처에서는 각 참여사들의 질의 내용에 대한 회신을 함. 이는 설계지침서와 동등한 효력을 갖게 하므로 필히 내용을 숙지해야 함 (질의접수 후 3~4일 이내에 이루어지나, 응모기간 및 발주처의 사정에 따라 달라짐)

(2) 컨셉 아이디어회의

• 설계지침 및 프로그램분석, 현황분석, 사례분석을 종합하여 프로젝트의 전체적인 '컨셉이미지' 만들기 (키워드, 이미지, 컨셉스케치, 컨셉모형 등 자유롭게 표현)

• 팀 단위 혹은 개인별 '컨셉대안'을 제시하고, 회의를 통하여 프로젝트의 '기본개념방향'을 설정

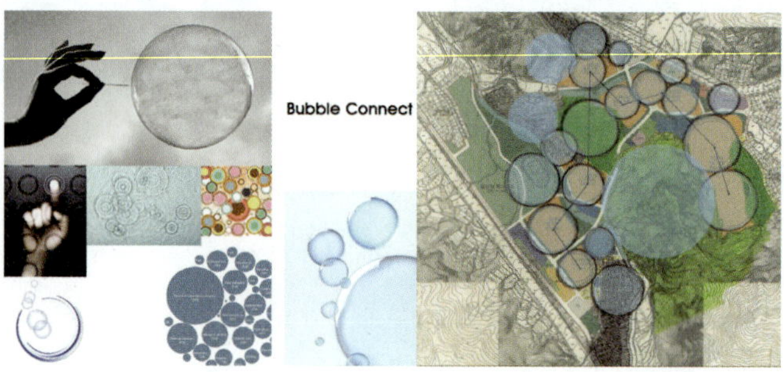

컨셉사례1
추상적 이미지를 활용한 컨셉대안 제시

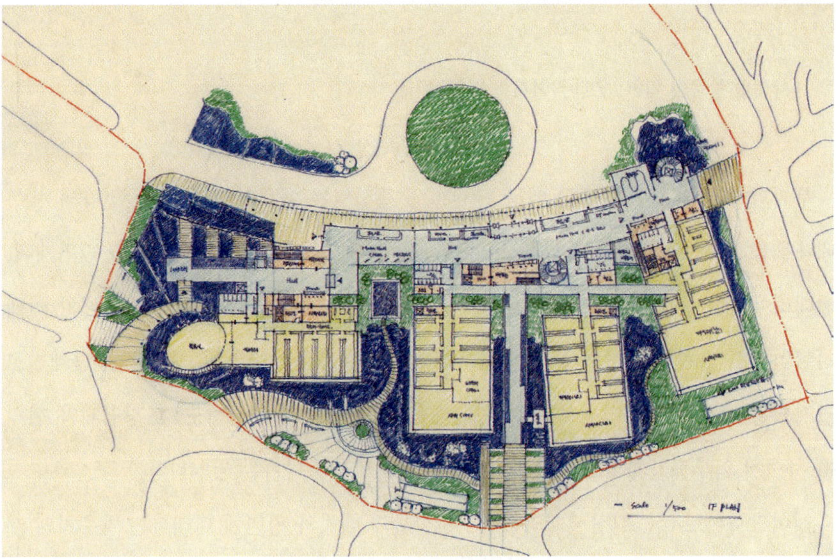

PLAN SKETCH

매스스터디 과정을 통해서 결정되는 매스형태들에 맞춰서 평면스케치 작업을 병행하여 진행합니다.

평면스케치를 할 때에는 매스형태에 맞는 기능구성과 면적해결뿐만 아니라, 컨셉을 고려한 외부공간계획 까지도 같이 디벨롭 될 수 있도록 해야 합니다.

(외부공간계획의 경우 조경업체를 회의에 일찌감치 참여시켜서 작업을 같이 진행하는 것이 효과적입니다)

1층평면스케치(위쪽)

2층평면스케치(중간)

3층평면스케치(아래)

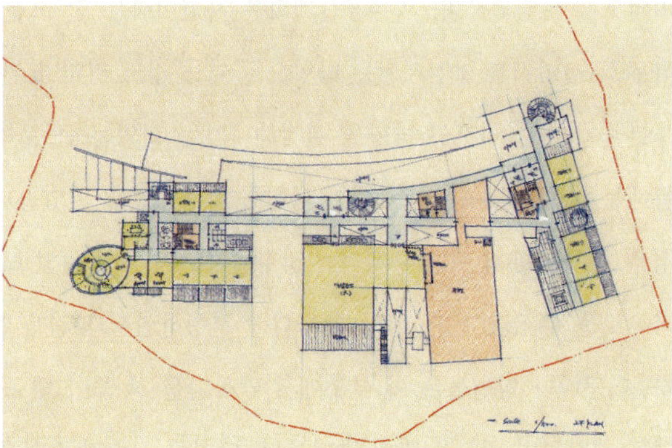

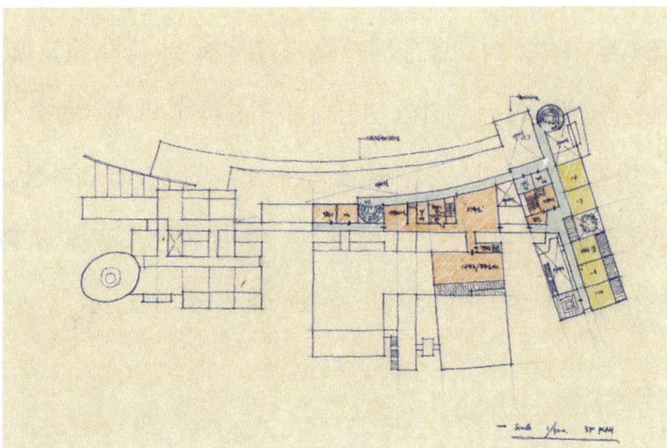

···› 디자인 방향을 잡기위한 사례 활용하기 ‹···

[사례를 활용한 입면/ 인테리어계획 방향잡기]

우리가 계획안을 디벨롭할 때는 단계별로 결정되는 매스형태와 컨셉, 전략의 세부 내용들을 토대로 각 계획분야별(시설물의 배치, 외부공간계획, 평면, 입면, 단면계획, 인테리어계획 등)로 디자인 방향을 같이 디벨롭해야 합니다. 그래서 조경업체와 인테리어업체도 일찌감치 회의에 같이 참여시키는 것이죠. 앞 단락의 내용처럼, 단계별로 결정되는 매스형태에 맞춰서 시설물의 배치 및 평면을 디벨롭하고, 조경업체와 협의를 하면서 외부공간계획의 디자인 방향도 같이 결정해 나가는 것입니다.

레이크사이드 C.C 현상설계의 경우, 시설물의 배치와 평면에 대해서는 발주처의 계획의도가 분명했으며, 외부공간계획은 자연이라는 전체 컨셉 안에서 '호수위의 클럽하우스' 이미지를 발전시키는 방향으로 어느 정도 협의가 된 상태였습니다. 그래서 이 부분들에 대한 디자인 방향을 결정해나가는 회의는 큰 무리 없이 진행될 수 있었죠. 문제는 입면과 인테리어 디자인 방향을 잡아가는데 있었습니다. 입면이나 인테리어의 경우, 발주처에서 어떤 구체적인 방향을 요구하지는 않았으므로 디자인이 상대적으로 자유로울 수 있었지만, 그만큼 회의를 진행하면서 의견을 통합하기가 쉽지 않았습니다. 더군다나 임원들은 이 부분에서 말하기를 참 좋아 하죠. 입면과 인테리어가 아무래도 시각적인 영향을 많이 받다보니, 아마도 사전자료에 대한 이해 없이도 자신들의 건축적 시각을 자유롭게 얘기할 수 있어서 더 그럴 수도 있을 것입니다. 이런 상황에서는 팀이 원하는 디자인 방향대로 원활하게 의견을 통합시키기 위해, 계획하고자 하는 이미지와 잘 맞는 사례를 찾아서 활용하는 것이 효과적입니다. 그 사례들은 입면과 인테리어를 담당하는 사람에게 계획할 때 많은 도움을 줄 뿐만 아니라, 말하기 좋아하는 임원들을 설득시키는데도 유용하게 쓰일 것입니다.

다음 이미지들은 우리가 참조했던 사례들 중에서, 매스형태와 입면 디자인 방향, 외부마감재료 등을 설정하기위해 활용된 사례들입니다.

포트워스 현대 미술관

The Modern Art Museum of Fort Worth

location : Fort Worth, Texas, USA
material : Exposed Concrete

안도다다오의 건축적 특징인 자연과의 공존이 잘 드러나는 작품으로 건물 전체가 물위에 떠있는 듯한 경관과 수평적인 건축요소들이 조화를 이룸

장 폴 게티 미술관

J. Paul Getty

location : Los Angeles,California,USA
material : Stone, Aluminium Panel

리차드마이어의 작품으로 곡선과 그리드 형태의 매스가 자유롭게 배치되어 있으면서도 전체적으로 하나로 통일된 디자인 언어를 나타내고 있음
(아이보리톤의 석재마감과 흰색 금속재질의 마감으로 전체적으로 조화를 이룸)

샌드파인 골프 클럽하우스

Sandpine Golf Club

location : Gangneung, KOREA
material : Stone, Woodsiding, Zinc

클럽하우스 진입부에서 느껴지는 수평성을 강조한 건축형태와 입면구성방식, 마감재료를 사용함

무나 링크스 클럽하우스

Moonah Links Clubhouse

location : Pingal, Austrailia
material : Stone, Woodsiding

콘코스 같은 느낌의 수평적으로 긴 캐노피를 디자인하여 클럽하우스 진입부를 부각시킴

인테리어는 당시 계획을 담당하고 있던 AI건축에서 다음과 같은 사례들을 참조하여 코스별 성격에 맞는 디자인 방향과 실내마감재료를 설정해 나갔습니다.

CJ 제주 나인브릿지 클럽하우스

CJ Jeju Nine Bridge Golf Resort

location : Jeju, KOREA
View : Reception Lobby
material : Marble, Granite
Wood Timber, Wood veneer

1, 2층이 오픈된 높은 천정고와 편안하고 안정감을 주는 칼라를 사용한 로비 공간계획

샌드파인 골프 클럽하우스

Sandpine Golf Club

location :Gangneung, KOREA
View : Reception Lobby & Dining Room
material : Marble, Granite, Carpet
Wood Flooring, Wood veneer

넓은 유리면을 통해 시원한 개방감을 주며, 대리석, 화강석, 카펫, 목재 등을 사용하여 고급스러운 로비와 식당 분위기를 조성

로얄 컨트리 클럽하우스

Royal Country Club

location : Yang Ju, KOREA
View : Men's Bath Room
material : Marble, Granite, Wood louver

이용고객의 프라이버시를 강조하면서 수려한 자연경관을 감상할 수 있는 사우나 공간계획

···› 모든 툴을 사용하여 계획안을 확정짓자! ‹···

[최종계획안 결정 – 매스모형, 모델링활용, 입면스케치 등]

마감날짜가 정해져 있는 경쟁설계다보니, 우리가 언제까지 계획안만 디벨롭할 수 있는 상황은 아닙니다. 이쯤 되면 지금까지 진행된 회의 내용들을 잘 정리해서 어떻게든 최종계획안을 확정져야 하죠. PM은 제출할 성과물 작업시간을 잘 따져보고, 최종계획안이 확정되는 시점을 정확히 파악하여 일을 진행해야만 합니다.

그런데 큰 조직에서는 이 또한 쉬운 일은 아닙니다. 프로젝트를 담당하고 있는 윗분들이 다 그렇지는 않겠지만, 제 경험상 대부분이 PM을 통해서 후속작업에 의해 계획안이 확정돼야 할 시점이라고 분명히 얘기를 들었음에도 불구하고, 계속해서 다른 대안을 요구 합니다. 어찌됐든지 자신이 하고자 하는 것을 꼭 눈으로 확인해보고 싶은 모양입니다. 팀 입장에서는 정말 답답할 지경입니다. 촉박한 일정도 일정이지만, 요구하는 대안 자체가 별 차이가 없거나, 어쩔 때는 정말 말도 안 되는 것을 시키기 때문이죠. 가끔씩 프로젝트 내용을 제대로 이해하고나 있는지 의심이 들기도 합니다. 뭐 별 수 없이 우리 팀원들은 또 다른 대안 때문에 시간낭비를 하면서, 일정에 쫓겨 상당한 스트레스를 받을 것입니다. 만약 계획안이 조금이나마 디벨롭될 수 있는 것을 요구 한다면이야, 촉박한 일정 속에서 대안작업을 진행하여 몸이 좀 힘들어진다 해도 스트레스는 덜 받을 텐데 말이죠. 결국은 윗분들의 이러한 대책 없는 요구사항에도 불구하고, 일정에 차질 없이 정확한 시점에 계획안을 확정지을 수 있도록 하는 것은 PM과 팀원들이 해야 할 몫인 것입니다.

제가 초반에 이 프로젝트의 제출 성과물을 고려해서 업무일정계획을 세웠을 때는, 적어도 마감 15일전부터 계획도서 작업을 시작해야만 했습니다. 결국 어떻게든 그 전날까지 최종계획안을 확정져야 했죠. 그래서 우리는 수차례의 회의과정을 거치면서 디벨롭된 내용들을 팀에서 할 수 있는 모든 툴(매스모형, 3D모델링, 스케치 등)을 사용하여 정리함으로써, 최종계획안을 확정지을 수 있도록 준비 했습니다.

MASS MODEL

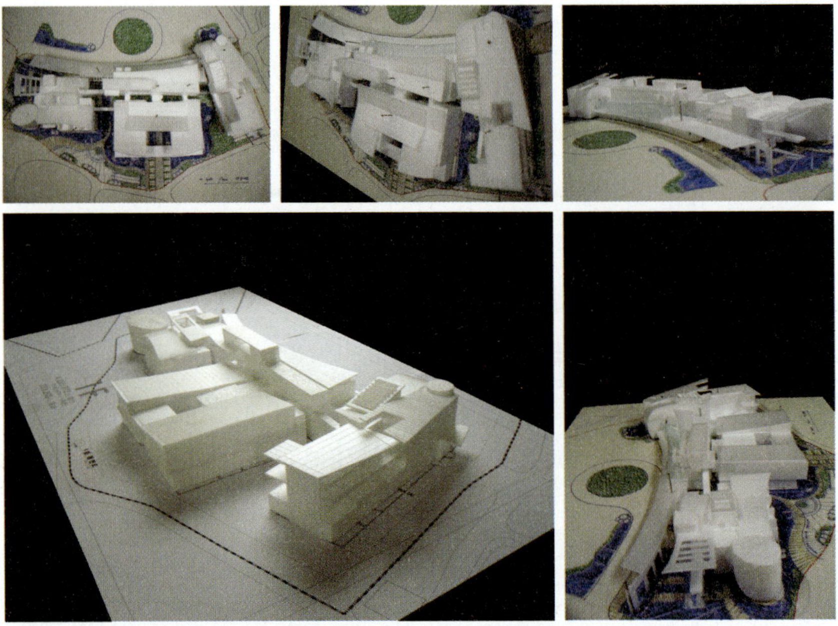

지붕형태의 경우 회의 때 나온 의견들을 반영해서 2~3개 정도 대안모형을 만들어 주면 계획안을 결정짓는데 좀 더 효과적입니다.

ELEVATION SKETCH

3D MODELING

WEST COURSE VIEW

BIRD'S EYE VIEW

SOUTH COURSE VIEW

EAST COURSE VIEW

PERSPECTIVE

자, 드디어 최종계획안이 확정되었고, 그에 따라 모든 계획내용들이 정리되었습니다. 물론 캐드드로잉으로 계획도면을 그리고, 프리젠테이션 작업을 거치면서 내용이 조금씩 더 디벨롭될 것입니다. 아래 내용들은 지금까지 최종계획안을 확정지으면서 정리된 계획분야별 세부내용들입니다.

배치계획

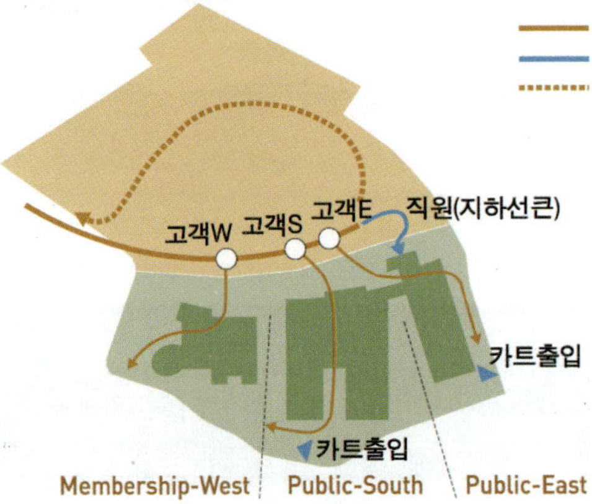

고객/직원동선, 차량/카트동선의 명확한 분리로 동선의 혼잡을 피하고, Membership과 Public의 기능분리 및 연결을 고려하며, 조망요소와 자연요소를 적극 끌어들임

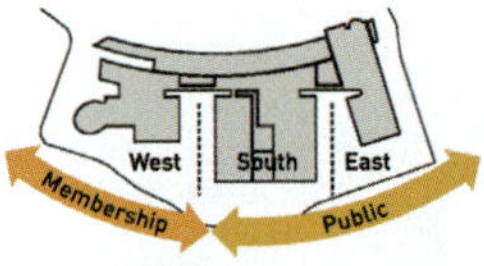

동별/기능별 분리 및 연결

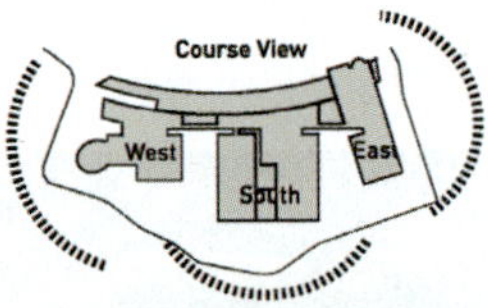

각 코스로 향하는 조망

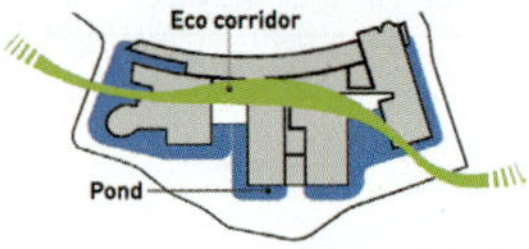

자연 요소의 유입

평면계획

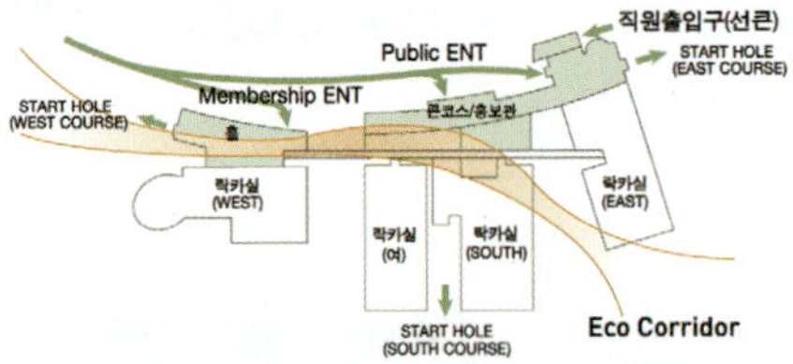

1F PLAN

남녀락카 및 샤워공간, 홀(콘코스/홍보관)

· Eco Corridor – 건물내부로 자연의 유입
· Concourse – 전체를 하나로 통합한 효율적 관리기능을 가진 홀 공간
· Locker – 락카공간의 유기적 연결/가변
· Sauna – 샤워실에서 즐길 수 있는 자연

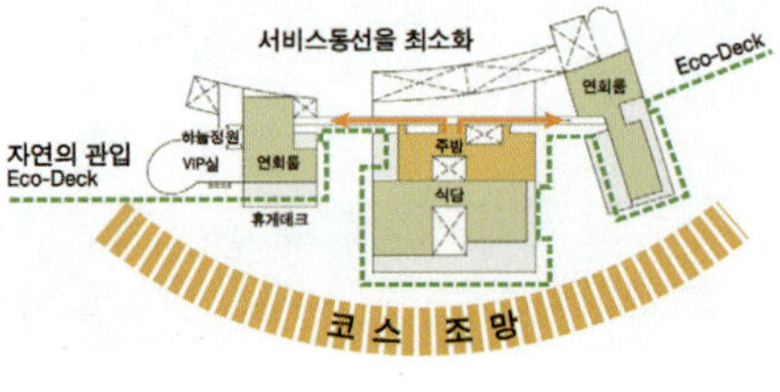

2F PLAN

대식당,연회룸,주방,휴게데크,하늘정원

· Dining – 가변성 고려한 대식당, 연회룸의 다목적 공간기능
· Eco Deck – 코스조망과 휴식 가능한 공간
· Sky Garden – 중정을 통한 자연의 유입
· VIP Room – 독립적인 고품격 공간

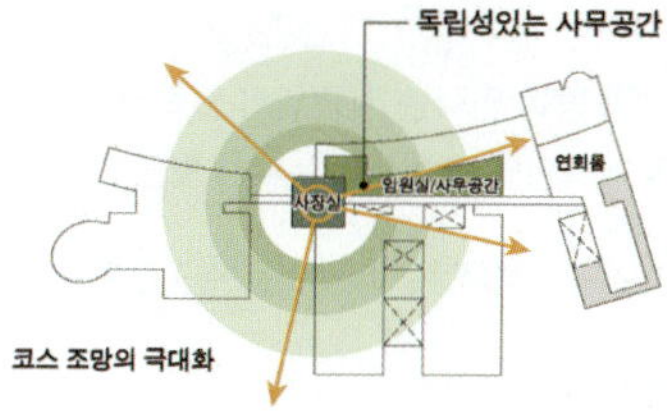

3F PLAN

사무공간,사장실,연회룸,옥상정원

- Office – 독립적인 직원 사무공간
- Master Room – 모든 코스로 조망이 가능한 사장 집무공간
- Roof Garden – 외부 자연과 연계하여 내부 공간의 확장고려

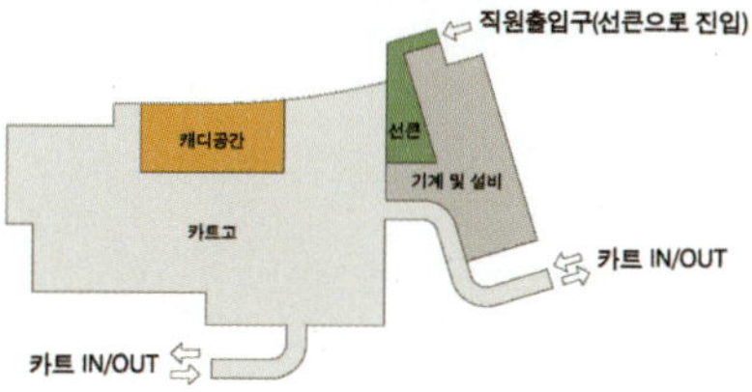

B1F PLAN

카트고,캐디공간,선큰,기계/전기 및 공조실

- Sunken – 선큰을 중심으로 조성된 쾌적한 직원휴게공간
- Waterfall – 낙하하는 물소리가 들리는 지하휴게공간
- 고객과 교차되지 않도록 명쾌한 직원 동선 분리와 합리적인 물품 반/출입 동선계획

입면/단면계획

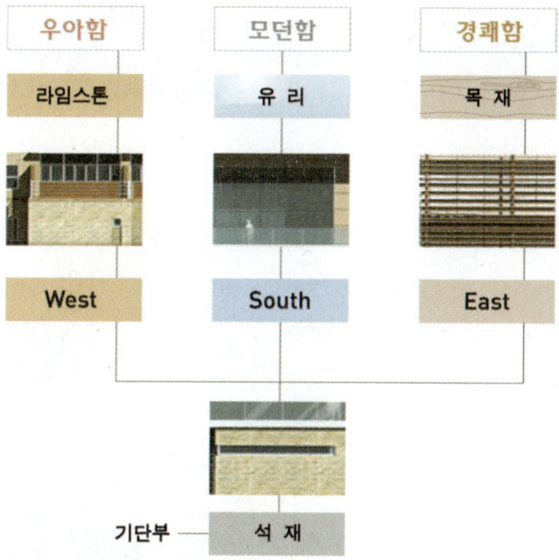

진입에 따른 입면(위)

- 캐노피와 콘코스로 매스를 하나로 통합

재료에 따른 입면(왼쪽)

- 재료의 특성을 달리하여 코스별 성격 반영
- 기단부에 동일재료 사용으로 통일성 부여

- 내/외부공간과의 상호소통 (하늘정원과 실내 수공간)
- 진입공간과 홍보/전시공간 연계 (CONCOURSE)
- 지상층과 지하층의 소통 (SUNKEN 공간)

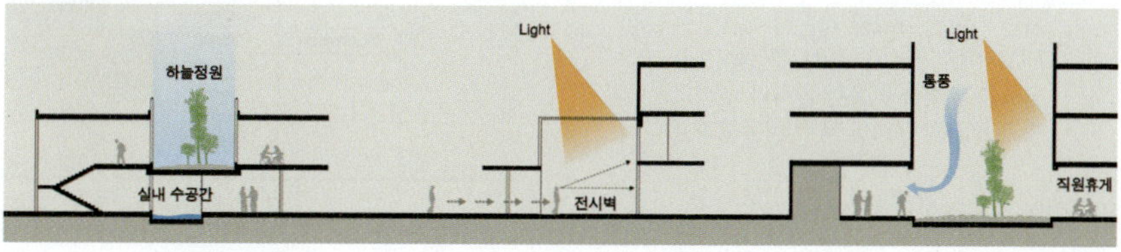

외부공간 및 주차계획

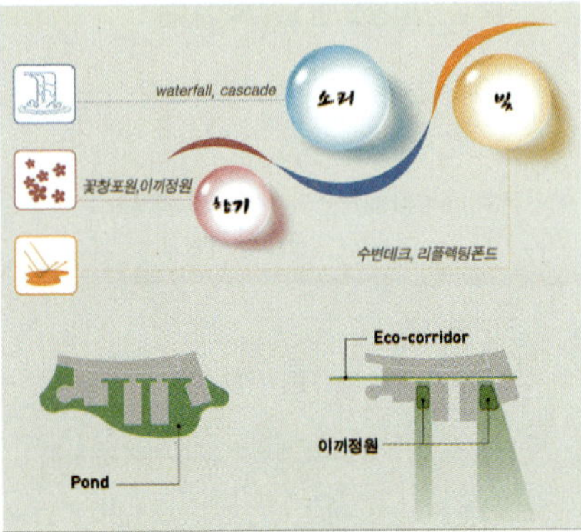

하늘과 땅이 만나는 자연위의 클럽하우스

· 꽃의 향기와 바람소리, 눈부신 빛을 담은 외부공간 계획
· 자연의 아름다움을 다채로운 수공간으로 표현

자연요소의 반영

· Lake Pond
· Eco corridor
· 이끼정원
· 꽃창포원
· 대나무숲
· Waterfall

· 2층 데크(식당 앞)
이벤트가 가능한 야외테라스

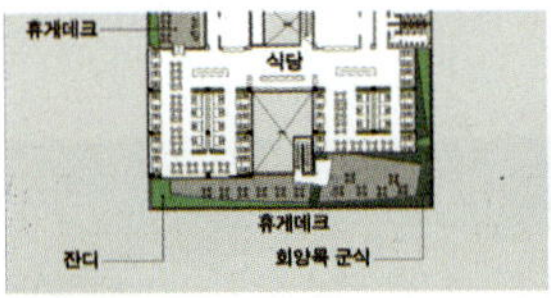

· 2,3층 데크(연회룸 앞)
대형행사를 고려한 옥상정원

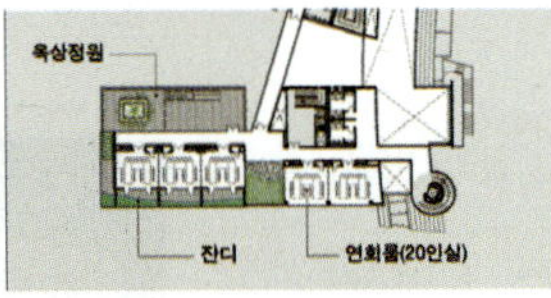

· 주차동선
자연을 담은 기능적 주차공간

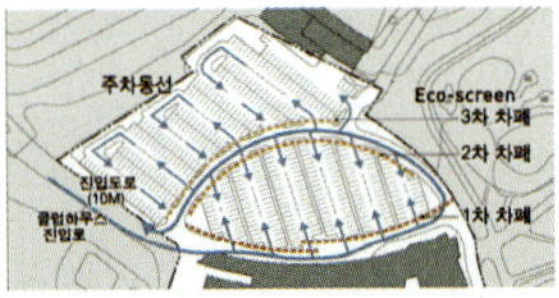

인테리어계획

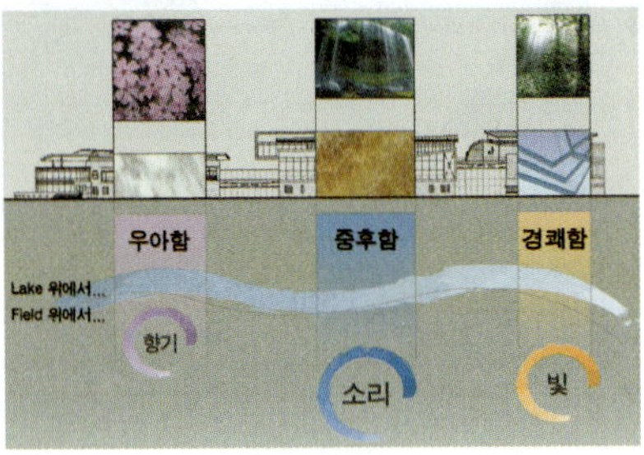

· WEST COURSE [우아하고 세련된 향기]
석재와 목재로 고급스런 공간구성
은은하고 부드러운 패브릭과 데코레이션
· SOUTH COURSE [소리의 리듬감을 표현]
자연 가공된 재료를 사용한 내츄럴한 느낌
· EAST COURSE [빛의 에너지를 형상화]
금속과 유리를 이용한 반사와 투과
빛과 조명의 구성을 통한 생동감과 에너지

인테리어 계획방향과 컨셉

COURSE	LOCATION	SPECIFICATION	MATERIAL IMAGE
WEST	HALL	MARBLE	
	DINING	WOOD VENEER	
	LOCKER ROOM	MARBLE	
		WOOD FLOORING	
		WOOD VENEER	
	SAUNA	MARBLE	
SOUTH	HALL	MARBLE	
	DINING	MARBLE	
		WOOD TIMBER	
	LOCKER ROOM	GRANITE	
		WOOD FLOORING	
		WOOD VENEER	
	SAUNA	GRANITE	
		GRANITE	
EAST	HALL	MARBLE	
	DINING	METAL	
		WOOD VENEER	
	LOCKER ROOM	GRANITE	
		WOOD FLOORING	
		GLASS	
	SAUNA	GRANITE	
		MARBLE	

코스별 실내재료마감 계획

···› '유니크(unique)'한 도면그리기 ‹···

[분야별 계획도면 그리기 - 배치, 평면, 입면, 단면]

수많은 매스스터디와 컨셉, 전략 디벨롭 과정을 통해서 최종 확정된 계획안이 "잘 정리됐네~, 좋은 결과를 기대해도 되겠어!" 라고 내부적으로 어느 정도 인정받았다고 가정합시다. 그런데, 만약 그 이후에 캐드로 작업돼야할 실제 계획도면들이 디테일한 기능과 면적들을 조정하다 보니, 또는 협력사들과의 협의과정 중에 협업이 잘 되질 않다 보니, 최종 확정된 계획안의 세부계획내용들을 제대로 표현하지 못하고 있다면, 그럼 과연 어떻게 될까요? 아마도 기대에 어긋나는 결과를 가져올 확률이 높을 것입니다. 그렇게 작업된 계획도면들도 계획안 디벨롭 단계서부터 캐드작업을 병행하며 면적과 기능들을 어느 정도 맞춰왔기 때문에, 형태나 기능상으로는 확정된 계획안과 별반 차이가 없을 것입니다. 그러나 앙코빠진 찐빵처럼, 뭔가 핵심이 없는 듯한 불완전한 도면처럼 보일 가능성이 많습니다.

가끔 패션잡지를 보면 여러분이 많이 들었던 '엣지(Edge)'라는 단어와 함께 '유니크(unique)'라는 단어가 종종 등장합니다. '유일무이한, 독특한, 특별한, 고유의, 특유의'라는 사전적인 의미처럼, 고유의 패션을 고집하지 않고 개성을 살리는 스타일, 개성이 두드러지는 스타일을 '유니크(unique)'라고 표현하고 있습니다. 즉, 어떤 사물, 또는 대상만이 가지고 있는 본질과도 같은 것이라 할 수 있죠. 우리가 하게 될 모든 프로젝트들의 계획도면을 그릴 때는 바로 그 도면만이 가지고 있는 유니크한 본질, 핵심내용이 잘 들어나도록 그려야 합니다.

그러기위해서는 최종 확정된 계획안의 컨셉과 전략, 세부계획내용들을 충실하게 반영할 수 있는 상당한 집중력이 필요합니다. 우리가 집중력 있게 도면을 그려야지만, 배치, 평면, 입면, 단면 등의 각 분야별 계획도면의 핵심내용들이 한눈에 잘 들어오게 될 것입니다.

클럽하우스를 계획할 때 가장 중요한 본질, 핵심내용은 다른 무엇보다도 공용/사무영역과 락카/식당영역의 기능분리, 그리고 고객동선과 직원동선을 얼마나 명쾌하게 처리해주느냐 입니다. 그러므로 당연히 효율적이고 명쾌한 기능분리와 동선계획 시스템이 배치도에서, 각 층별 평면도에서, 그리고 입면도와 단면도에서도 확연하게 드러나야 할 것입니다.

이중 클럽하우스를 이용하는 고객동선과 그에 따른 기능들을 간단하게 살펴보면, '클럽하우스 도착(HALL&LOBBY) - 운동전, 후(LOCKER ROOM&SAUNA) - 식사, 휴식(DINING AREA)' 으로 구분할 수 있을 것입니다. 우선 클럽하우스에 도착한 고객은, 현관 앞에서 캐디백 하역담당자에게 캐디백을 전달하고 자신의 차량을 주차시킨 후 클럽하우스로 들어갑니다. 그리고는 로비에 있는 프론트에서 플레이시간과 예약자명을 확인시키고는 락카룸으로 가서 골프복으로 갈아입고 스타트하우스로 이동하여 플레이를 시작합니다. 플레이를 마치면, 다시 락카룸에서 탈의 후 목욕을 하고 프론트에 가서 금액을 정산하면 되는데, 의사에 따라서 식당공간을 이용하여 플레이후 식사와 휴식을 취할 수도 있습니다. 뭐 대략적으로 이렇게 정리해볼 수 있겠네요.

우리가 레이크사이드 C.C의 도면을 그릴 때는, 앞서 얘기한 것처럼 컨셉에 맞는 코스별 기능분리와, 고객동선에 따른 기능, 그리고 직원동선에 의한 기능들이 명쾌히 구분되도록 집중하고 또 집중했습니다.

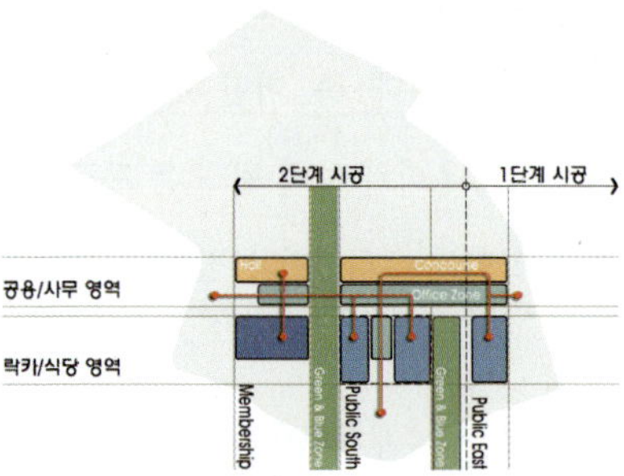

코스별 공용,사무 / 락카,식당영역 기능분리

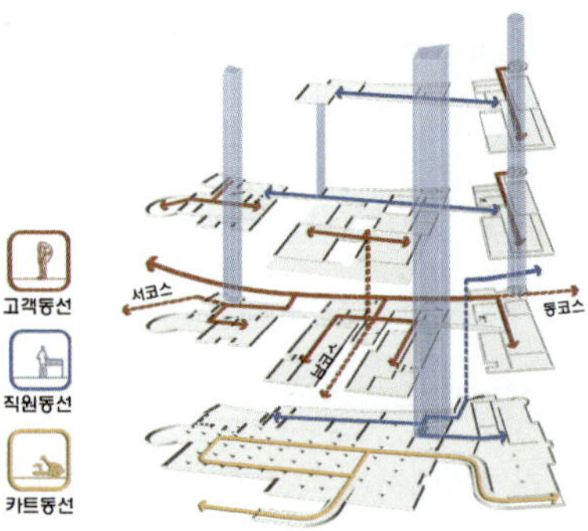

고객, 직원, 카트동선 분리

바로 우측의 도면들이 최종 제출도서용으로 정리한, 명쾌한 기능분리와 동선분리가 한눈에 보이도록 작업된 각 층별 평면도들입니다.

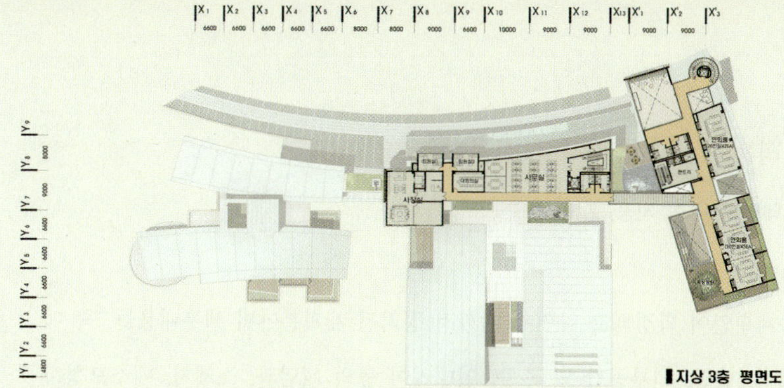

▌지상 3층 평면도 (3rd Floor Plan)

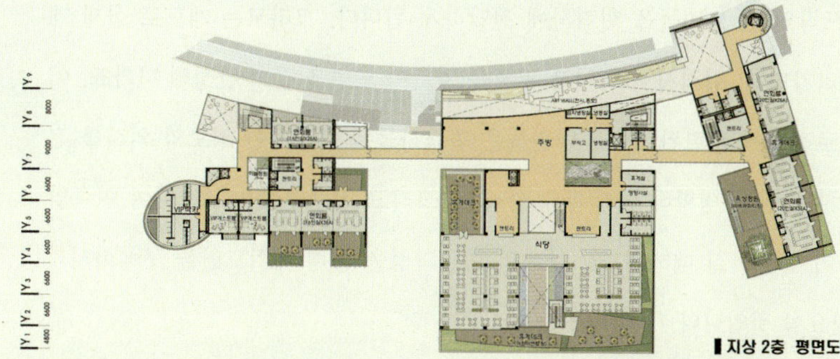

▌지상 2층 평면도(2nd Floor Plan)

▌지상 1층 평면도(1st Floor Plan)

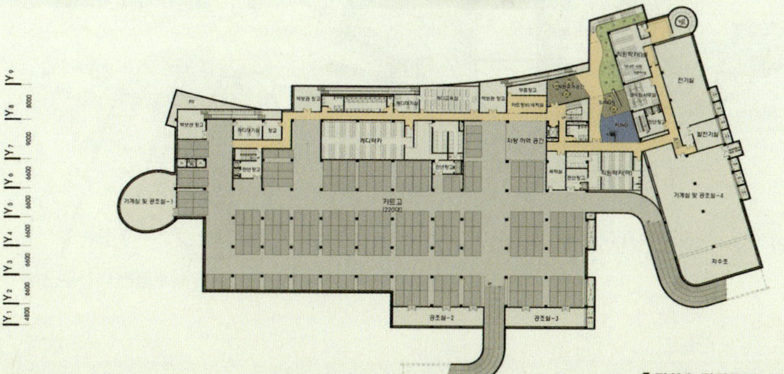

▌지하층 평면도(Basement Plan)

···› 업체관리의 법칙, '협력하여 선을 이루다!' ‹···

[조경, 인테리어, 구조, 시공, 설비]

보통 최종계획안이 확정되고 나면 그때까지 정리된 계획분야별 세부내용들. 즉 배치, 평면, 입면, 단면, 외부공간 및 주차, 인테리어 등의 개념과, 스케치, 매스모형사진, 일부 캐드작업 된 도면들을 협력사에 전달하게 됩니다. 그리고는 캐드로 실제 계획도면을 그려가면서, 협력사들과 서로 핑퐁을 치듯이 도면을 같이 완성해 나가죠. 이 과정에서 프로젝트에 관련된 PM과 팀원들은 협력사들에게 정확한 정보와 의사를 전달해주고, 업무분장도 명확하게 해줘야 합니다. 그리고 전체일정을 고려하여 만족할 만한 결과물이 만들어질 때까지, 몇 차례의 협업과정을 통해 계획도면을 구체화시키는 작업이 필요할 것입니다.

레이크사이드 C.C의 경우는 계획안이 확정된 후에 최종 제출도서를 완성할 때까지, 분야별로 대략 3차례 정도의 협업과정이 진행됐습니다. 아래내용들은 협력사와 같이 협업과정을 진행하면서 구체화시킨 작업내용 중에 일부를 간략하게 정리해 본 것입니다.

조경

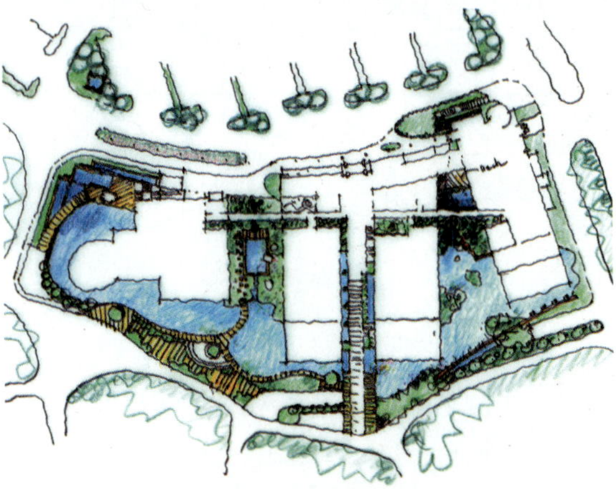

외부공간 - 호수위의 클럽하우스 개념을 만들기 위한 조경작업

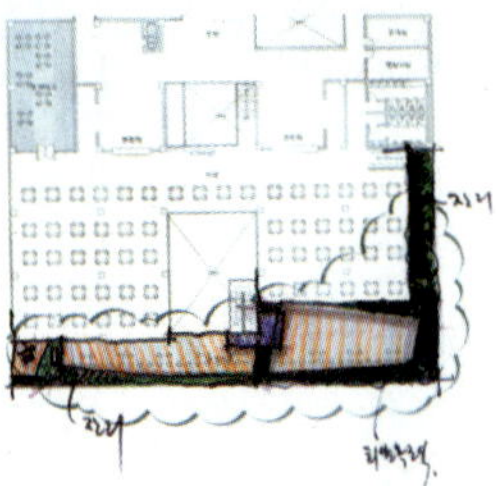

식당테라스 - 잔디,회양목군식

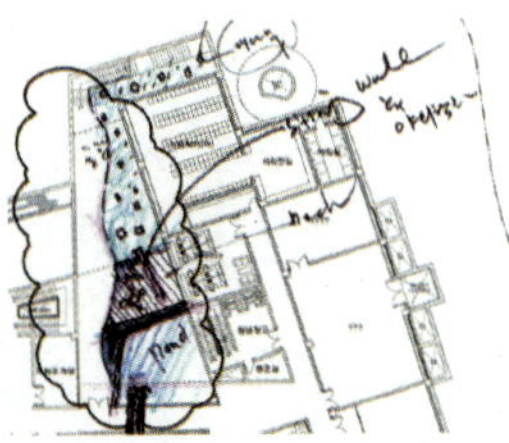

SUNKEN - 낙수공간,대나무군식

인테리어 (투시도 CG는 최종 제출용 이미지임)

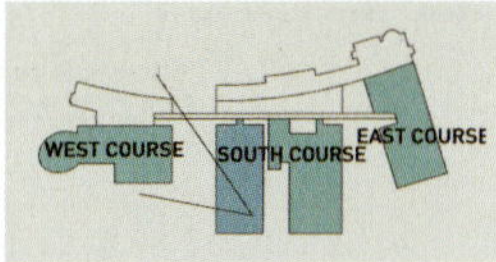

LOCKER ROOM & SAUNA

- 개인공간의 독립성 및 프라이버시 부여
- 최고의 시설과 수려한 자연경관의 조화

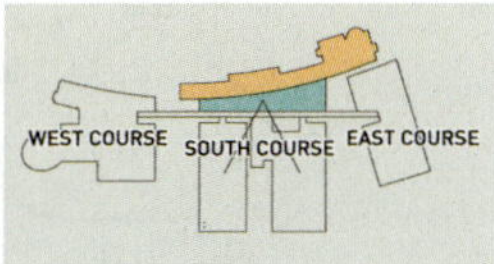

HALL & LOBBY

- 두개층을 아우르는 콘코스와 전면 VIEW의 시원한 개방감
- 전시공간사이로 2층 DINING AREA까지 연장되는 시선

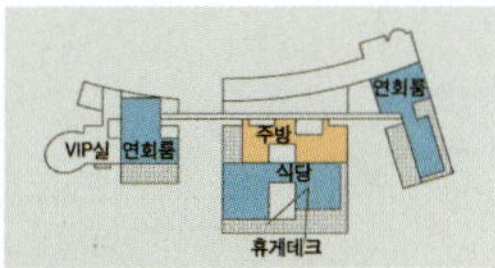

DINING AREA

- 편안하고 안락한 내부와 외부로 열려 있는 DECK
- 코스가 한눈에 내려다 보이는 최고의 조망감

구조

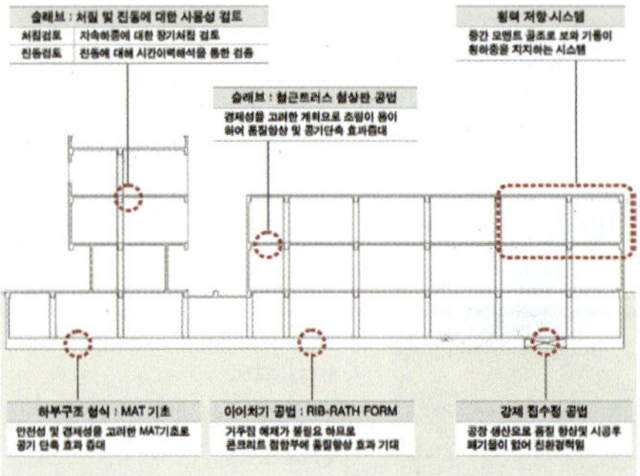

STEP1 기존구조체계 이용한 구조방식

· 기존 구조보강에 따른 공기 지연 및 불안정성 문제

⇩

STEP2 기존건물 철거 후 신축방식

· MAT 기초로 안정성 확보 및 공기단축이 가능한 구조방식을 채택

시공

STEP1

· 기존 클럽하우스 운영
· 클럽하우스 EAST동, 골프연습장 신축

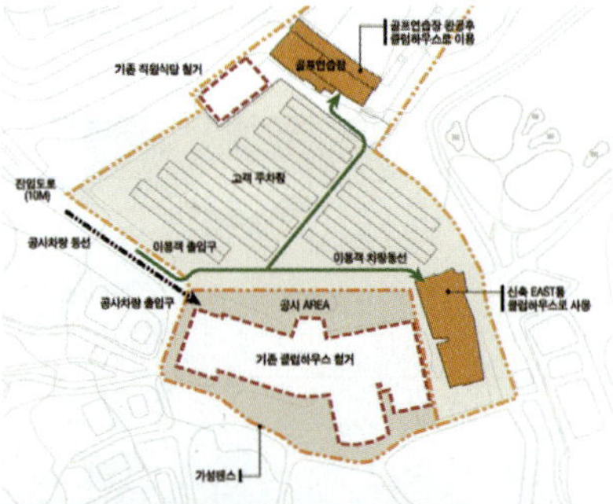

STEP2

· 기존 클럽하우스 철거
· 클럽하우스 EAST동, 골프연습장 완공 및 임시 운영

STEP3

· EAST동, 골프연습장 완공 후 클럽하우스로 임시운영
· 클럽하우스 가운데동 신축공사

STEP4

· 클럽하우스 EAST동과 가운데동의 브릿지 연결 공사
· 클럽하우스 마무리공사 및 부대공사

설비

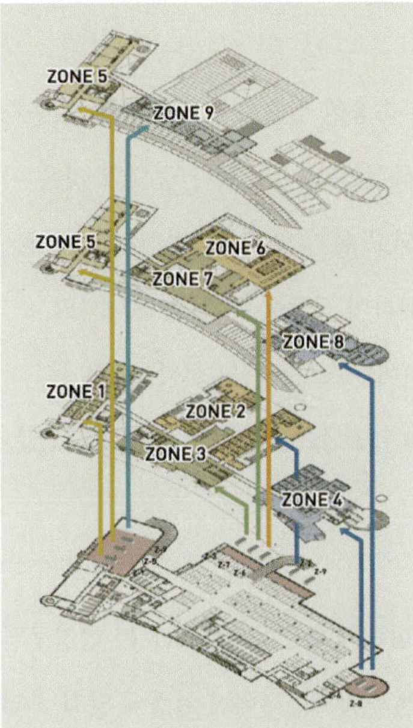

지하실에 모든 공조실 집중(왼쪽)

- 개별공조방식보다 공간을 적게 사용
- 직원시설이 집중된 지하에 배치
- 유지/보수 관리의 효율성을 높임

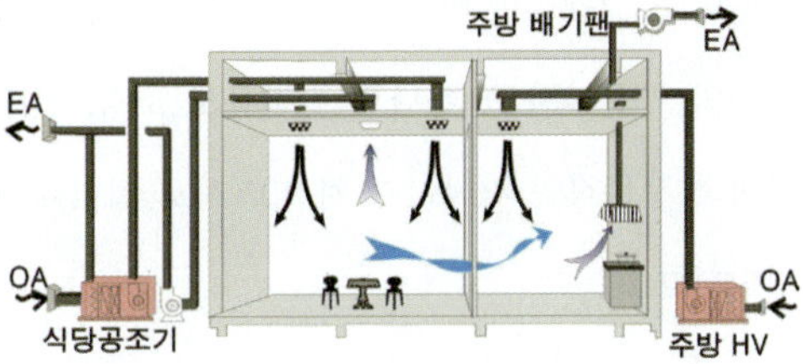

ZONE 6,7부분 식당 및 주방공조 방식(위쪽)

- FCU+AHU+HV(주방)
- 주방부압유지로 취기 확산방지

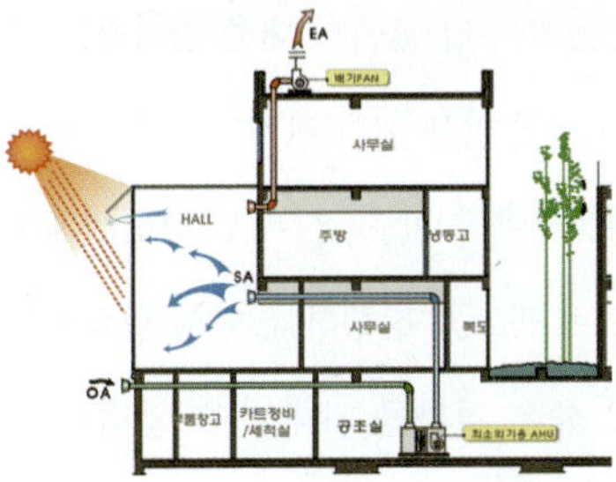

ZONE 3부분 콘코스홀 공조방식(왼쪽)

- AHU+방열기
- 상부에 개폐창 설치
- 배기팬을 이용하여 배기(환기가 원활 하지 않을 경우)
- 유지/보수 관리의 효율성을 높임

협력사들과 같이 일을 진행하다보면, 작업해온 결과물 하나하나가 왠지 마음에 안 들 때가 참 많습니다. 그러다보니 의견조율 하는 것 자체가 여간 힘든 게 아닙니다. 특히나 조경업체와의 협업은 제 경험상으로 볼 때 정말 쉽지 않은 작업이죠. 조경 담당자도 나름대로 조경철학을 가지고 디자인을 해오겠지만, 건축에서 생각하는 큰 그림들과 왜 그리 다른 것인지… 아마 같은 컨셉이라도 바라보는 시각이 틀려서 그럴 테지만, 정말 시간적 여유가 있다면 그냥 조경파트까지 다 작업해버리고 싶은 생각이들 때가 많습니다.

그러나 여러분도 잘 아시겠지만, 건축은 절대로 혼자서 할 수 있는 작업이 아닐뿐더러 혼자 해서도 안 될 작업입니다.

하나의 자동차를 완성하는 데는 약 오만여개의 부속품이 필요하다고 합니다. 자동차에게 있어서는 멋지고 잘빠진 외관 디자인도 중요하겠지만, 무엇보다 중요한 것은 바로 이 수많은 부품들이 정교하게 얽혀서 서로 통합되고 유기적으로 연결돼야만 한다는 것입니다. 그래야만 비로소 자동차가 제 기능을 발휘하며 작동될 수 있을 테니까요.

이와 마찬가지로, 하나의 건축물도 조경, 인테리어, 구조, 시공, 설비, 토목 등, 각 분야의 전문적인 지식이 합쳐지고 서로 협력돼야만 비로소 제 기능을 발휘할 수 있는 것입니다.

저는 협력사들과 협업작업을 할 때면 '모든 것이 협력하여 선을 이룬다.' 는 성경구절을 떠올리곤 합니다. 원하는 방향으로 의견조율이 잘 안될 때, 정해진 일정에 맞춰 작업해온 결과물들이 하나같이 마음에 안들 때, 더 이상은 싸우기 싫어서 대충 정리하고 싶은 생각이 머릿속을 가득매울 때… 그럴 때, 이 글은 제게 많은 힘을 가져다줍니다.

우리가 여러 협력사들을 관리하는데 있어서 잊지 말아야 할 것은 바로 경쟁설계를 하는 최종목표가 '당선'에 있다는 것입니다. 같이 프로젝트를 진행하고 있는 협력사들에게 지금 당장의 불만들만 생각하고 있다면 결코 좋은 결과를 기대할 수 없습니다. 결국, 우리가 협업을 하는 최종목표도 '당선'을 하기 위함이라는 것을 잊지 말고, 협력사들을 조율하고 관리해 나가야 할 것입니다.

모든 것이 협력돼야만, 선은 이루어지는 법입니다.

···› '목업부터 편집까지' 보고서 작업하기 ‹···

프로젝트마다 조금씩 차이가 있지만 보통 보고서 작업은 계획안이 어느 정도 확정돼야할 시점. 즉, 분야별 계획도면 작업이 들어가야 할 시점쯤에서 본격적으로 시작하게 됩니다. 그러나 보고서 작업의 시작인 목차(Contents) 작업의 경우, 첫 공개 크리틱 때 내용을 간략하게 전달하기위해 지침내용을 토대로 전체 페이지 수에 맞춰 목록을 1차적으로 작성하게 됩니다. 그 이후에 본격적으로 보고서 작업을 들어갈 때, 확정된 전략방향에 맞춰 전체 페이지를 재구성하고 보고서 레이아웃을 진행하게 되죠.

보고서 작업은 보통 최종 제출도서를 완성할 때까지 3~4차례 정도 목업작업을 진행합니다. 여기서 목업작업이란 발주처에서 요구하는 제출사이즈에 맞춰서 실제 작업해 놓은 목차에 따라 보고서 내용들을 출력하여 취합한 결과물을 말하죠. 1차목업은 대게 계획안이 확정되고 본격적으로 보고서 작업을 들어갈 때 진행됩니다. 이 단계는 위에서 언급한 것처럼 초기에 작업해 놓은 목차를 전략방향에 맞춰 전체 페이지를 재구성하여 최종 목차를 정하고, 페이지별 레이아웃을 설정하는 단계입니다. 1차목업이 완성되면 보고서 담당자는 각 분야별 담당자에게 작업할 페이지 수와 들어갈 내용 등에 대한 정보를 전달해 줍니다. 2차목업은 각 분야별 담당자들이 할당된 페이지의 레이아웃을 디벨롭하면서 들어갈 내용과 삽도들을 어느 정도 완성하는 단계입니다. 2차목업이 완성되면 편집팀에 내용을 전달해주고 보고서 편집을 진행하게 됩니다만, 대부분 시간 관계상 완성되는 페이지대로 편집을 진행하곤 합니다. 3차목업은 페이지별 수정 보완될 사항들을 반영하여 최종적으로 편집을 완성시켜서, 이후에 제출을 해도 전혀 문제가 없는 결과물을 만들어내는 단계라 할 수 있습니다.

일반적으로 현상설계 때 제출하는 보고서는 설계도면(A2 or A3 size)과 설계설명서(A3 or A4 size)로 나눌 수 있지만, 발주처의 요구에 따라서 이 둘의 내용을 하나로 합쳐서 제출하는 경우도 많습니다. 레이크사이드 C.C의 경우는 설계도면을 포함하여 20페이지 이하로 설계설명서를 작성하도록 지침서에 명기되어 있었죠. 아래내용은 초기에 지침내용을 반영하여 1차적으로 작성한 설계설명서 목차입니다.

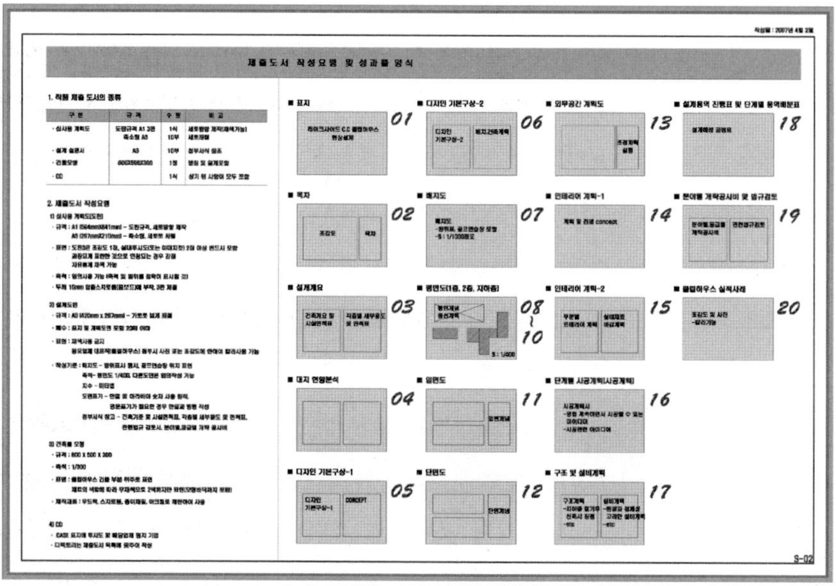

첫 공개 크리티컬에 사용된 1차 목차(Contents) 작업내용

이와 같은 보고서 작업을 할 때 제일 중요한 것은 확정된 계획안의 컨셉과 전략이 전체 페이지에 일관성 있게 나타날 수 있도록 스토리를 잘 구성해줘야 한다는 것입니다. 그러기위해서는 보고서 내용의 강약조절이 무엇보다도 선행되어야 하죠. 우리는 발주처에서 제한하고 있는 보고서 페이지 한도 내에서, 강조할 부분에 페이지를 더 할애한다든가, 중요도에 따라서 목차를 재구성하는 등의 방식으로 강약조절을 해야 합니다. 또한 하나의 페이지를 작업할 때도 전체적인 컨셉과 전략에 따라서 강조할 부분과 강조하지 않을 부분을 명확하게 구분하여 처리해주는 작업도 필요하죠.

결국은 이러한 작업들이 우리 계획안의 강점을 잘 설명해줄 수 있는 '보고서 작업의 전략'이 된다는 것을 꼭 기억해 두시길 바랍니다.

⋯→ '한 폭의 그림을 그리듯' 판넬 작업하기 ←⋯

일반적으로 판넬 작업의 경우는 보고서 내용과 삽도작업이 어느 정도 진행되면, 그 내용들을 바탕으로 전체 레이아웃을 짜고 들어갈 내용을 디벨롭하기 시작합니다. 시간이 정말 촉박한 경우에는 마감 일주일도 채 안남은 상태에서 보고서 내용과 삽도를 전부 끌어다가 레이아웃을 하고, 약간의 수정보완 작업만으로 마무리하는 경우도 있습니다만, 대게 그렇게 작업된 판넬은 완성도가 상당히 떨어지게 됩니다. 지금까지 여러 프로젝트를 경험하면서 느꼈던, 판넬 작업의 효과적인 타이밍은 바로 보고서 작업이 시작되는 시점에 같이 시작을 하는 것입니다. 그렇게 해야 단순히 보고서 내용과 삽도를 끌어 쓰는 것을 떠나서, 계획안의 컨셉, 전략, 세부내용들이 잘 설명될 수 있는 판넬 레이아웃과 삽도내용들을 완성도 있게 만들어갈 수 있습니다. 물론 그러기위해서는 앞서 얘기한 적정 타이밍에 맞춰 판넬 작업인원을 효율적으로 운영할 수 있도록, 무엇보다 철저한 스케쥴 관리가 필요할 것입니다.

보고서와 마찬가지로 판넬 작업에서도 가장 중요한 부분은 보여주고자 하는 내용이 한눈에 잘 보이도록 강약을 조절하는 작업입니다.

판넬은 모형과 함께 시각적인 영향을 상당히 많이 받는 결과물이기 때문에 전체적으로 하나의 일관된 주제아래 '한 폭의 그림을 그려놓은 듯'한 느낌을 주도록 프리젠테이션 하는 것이 좋습니다. 그 안에서 강조할 부분에 대한 강약조절 작업이 같이 이뤄지면 되는 것이죠.

보통 우리가 판넬 작업을 하는데 있어서 흔히 저지르게 되는 실수가 제한된 사이즈와 장수 안에서 너무 많은 정보를 담으려고 한다는 것입니다. 밤을 지세우면서 그동안에 계획했던 내용들을 하나라도 더 보여주고자 하는 욕심 때문인지, 판넬 레이아웃을 하다 보면 쉽사리 그 내용들을 버리지 못하는 우를 범하게 됩니다. 그러다 보니 판넬은 점점 복잡해져서 결국 계획의도가 잘 드러나지 못하는 경우가 종종 발생하게 되는 것입니다.

제대로 지워내는 일도 훌륭한 아이디어라 했습니다.

판넬 작업에 있어서도 불필요한 계획내용들을 과감히 지워낼 줄 알아야만, 보여주고자 하는 것을 한눈에 잘 들어오게 함은 물론, 평가자들에게 계획의도를 정확하게 전달할 수 있는 '한 폭의 그림 같은 판넬'을 완성시킬 수 있을 것입니다.

PANEL LAYOUT

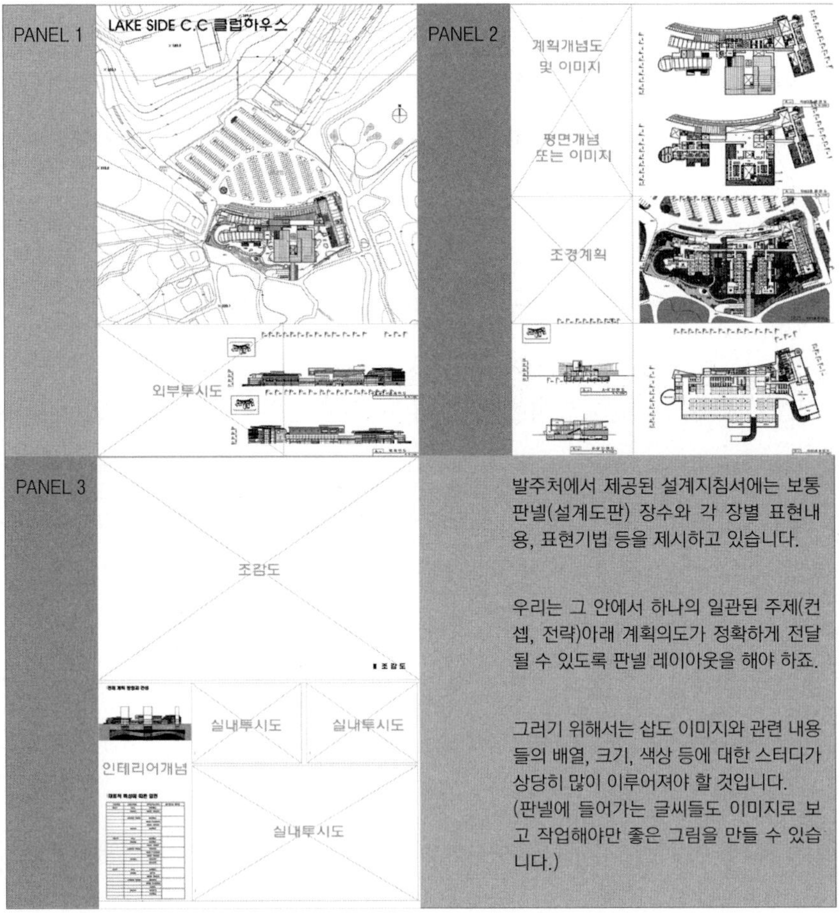

발주처에서 제공된 설계지침서에는 보통 판넬(설계도판) 장수와 각 장별 표현내용, 표현기법 등을 제시하고 있습니다.

우리는 그 안에서 하나의 일관된 주제(컨셉, 전략)아래 계획의도가 정확하게 전달될 수 있도록 판넬 레이아웃을 해야 하죠.

그러기 위해서는 삽도 이미지와 관련 내용들의 배열, 크기, 색상 등에 대한 스터디가 상당히 많이 이루어져야 할 것입니다.
(판넬에 들어가는 글씨들도 이미지로 보고 작업해야만 좋은 그림을 만들 수 있습니다.)

PANEL PRESENTATION

발주처에 제출했던 판넬 중에 첫 번째 판넬 입니다. 한 폭의 그림 같은 구도 안에서 계획의도를 정확하게 나타내는 프리젠테이션을 하고자 했습니다.

···› '만질수록 훌륭해진다?' CG, 모형의 경계 ‹···

[CG/ 모형작업 및 관리]

대부분 현상이나 턴키설계 등의 경쟁설계를 진행할 때, 프리젠테이션에 관련된 CG(computer graphic)와 모형은 외주처리를 해서 일을 진행시키게 됩니다. 앞서 '모든 것이 협력돼야만, 선은 이루어지는 법'이라 했듯이, 다른 협력사들과 협업을 할 때와 마찬가지로 CG, 모형업체와 작업을 할 때도 협업은 상당히 중요한 부분입니다. 물론, 프리젠테이션 결과물을 만드는데 있어서는, 기본적으로 CG, 모형업체들의 노하우?가 중요한 요소로 작용하게 되겠지만, 그 업체들을 관리하는 담당자의 역할에 따라서도 결과물의 완성도는 천차만별이 될 것입니다.

설계사무실에서는 직접 CG, 모형의 퀄러티를 관리하고 있는 담당자 외에 그 결과물들을 체크하고 있는 많은 윗분들이 있습니다. 특히 대형 설계사무실일수록 체크 받아야 하는 윗분들이 한둘이 아니죠. 팀장부터 시작해서, 본부장, 부사장, 사장… 다들 개인의 취향 때문인지, 체크하는 사람마다 어떻게 그렇게 의견이 다를 수가 있는지… 의견을 다 받아들였다간, 퀄러티는 둘째치고, 일정을 제대로 맞추기도 힘들어 보입니다. 이런 상황에서 윗분들과 의견조율, 그리고 정해진 시간 내에 CG, 모형의 퀄러티를 높이기 위한 담당자의 역할이 참으로 중요할 따름입니다.

CG와 모형은 만져줄수록, 꼼꼼하게 잘 체크해줄수록 원하는 그림에 가깝게 완성되는 것은 사실입니다. 사무실내에서 이러쿵저러쿵 얘기하기 좋아하는 윗분들도, 직접 빨간펜으로 체크해가며 관리하고 있는 담당자도 결과물을 지켜보면서, "음… 계속 수정시키니까 좀 낫네!" 라고들 말하고는 합니다. 그래서 마감시간이 몇 시간 안남은 긴급한 상황 속에서도 '조금만 더, 조금만 더 손보면 좋아질 것 같은데…'라는 생각을 쉽게 버릴 수 없게 됩니다. 그쯤 되면 더 손을 봐봐야 별 반 차이도 없을 텐데 말이죠.

그간 CG와 모형업체를 관리해온 경험으로 볼 때, 최대의 퀄러티란 마지막 순간까지 수정시키고 손본다고 해서 결코 얻을 수 있는 것이 아닙니다. 작업의 경계는 늘 '타이밍' 입니다. 정해진 시간 내에서 얼마나 적정 타이밍에 맞춰 일을 수정시키고, 끊어주고, 업체직원들의 컨디션을 관리해주느냐에 따라서 프리젠테이션 결과물의 퀄러티는 상당히 달라지는 법입니다.

PERSPECTIVE CG [Rendering]

MODEL [Final]

이 프로젝트도 막바지에 이르러 퀄러티를 높이기 위한 작업이 한창이었습니다. 그 와중에 내부적으로는 윗분과의 갈등이 정말 많았죠. 단지 회사 윗분이 아닌 같이 조인해서 일을 진행했던 교수님과의 마찰이 보통이 아니었습니다.

작품 제출하기 하루 전날 모형사무실에서 일어났던 일입니다. 모형이 거의 완성단계에 이르렀는데, 교수님이 뭐가 맘에 안 드시는지 한참을 쳐다보다가, "상부에 돌출된 코아 매스를 잘라버립시다. 그리고 조감도도 같이 수정합시다." 라고 말씀해버리는 겁니다. 천정벽력 같은 소리죠. 마감시간이 얼마 남지도 않았는데… 사실 수정을 하려고 맘만 먹으면 시간 내에 얼마든지 수정은 가능했습니다. 그런데 아무리 생각해봐도 디자인적으로 느낌이 많이 틀려질 것 같아서 교수님을 설득시키려고 했지만, 그게 참 쉽지 않았습니다. 결국, 고민 끝에 비장한 목소리로, "교수님, 건축 잘 해보겠다는 후배의 마지막 자존심은 좀 지켜 주십시요. 현상 당선되고 나면 교수님 원하는대로 해드리겠습니다." 라고 말씀드렸죠.

뭐 어쨌든, 우여곡절 끝에 교수님의 양보로 인해 최종 프리젠테이션 결과물은 우리가 원하는 대로 잘 만들어지게 됐습니다.

···› 드디어 납품. 그러나 끝은 아니다! ‹···

[최종검토 및 편집, 인쇄 / 제출, 제출후 PT]

한 달여간의 전쟁을 마무리할 때입니다.

'아 드디어 끝나는 구나…', '뭔가 좀 아쉬운데…' 마음속에는 두가지 생각이 교차합니다. 상황이야 어떻게 됐든, 이제 납품하기 위해 막판 스파트를 내야할 때가 된 것입니다.

앞서 현상설계 프로세스에서 '6. 검토보완 및 제출단계'를 통해 마지막에 진행해야 할 업무들을 자세히 설명 드린바 있지만, 이 단계에서는 각 파트별 담당자들의 시간관리 능력과 협업 능력이 무엇보다 중요한 때라 할 수 있습니다. 한두 시간이 정말 아쉬운 상황 속에서, 제때에 필요한 결과물들이 반영되지 않으면… 또한, 수면부족으로 정신이 몽롱한 상태에서 자칫 실수를 저지르게 된다면… 당선을 떠나 제출하는데 큰 난관을 겪을 수 있기 때문입니다. 우리팀은 프로젝트를 위한 신생팀이었지만, 막판에 각 담당자들의 시간관리 능력과 협업 능력은 정말 타의 추종을 불허할 정도였습니다.

마감 27시간 전. 저는 우선 모형사무실에서 보고서와 도판에 들어갈 사진을 찍고 보고서 편집업체와 도판을 진행하는 CG업체에 사진 컷을 넘겼죠. 그리고는 모형을 담당하는 우리팀원 및 업체직원에게 보완할 사항을 전달하고, 제출일 점심시간까지 본사로 가져오라는 당부 말과 함께 담당 팀원에게 뒷일을 맡기고 편집업체로 넘어갔습니다.

디테일한 부분에 뭔가 아쉬운 점이 많지만, 이제 어쩔 수 없습니다. 담당자를 믿을 수밖에요.

마감 24시간 전. 지금은 편집업체입니다. 최종 CG(배치도, 조감도, 투시도)는 아직 반영이 안 된 상태지만, 모형사진을 포함하여 보고서 편집은 거의 완료 단계입니다.

보고서 담당과 저는 설계개요와 법규 등, 내용에 오타가 있는지, 이미지들은 제대로 들어갔는지 최종검토를 시작했습니다. 검토 후 체크된 일부 수정사항을 반영하게 하고, 저는 CG업체로 달려갑니다.

마감 20시간 전. CG 사무실입니다. 한쪽에선 최종 CG(배치도, 조감도, 투시도)를 마무리하고 있고, 다른 한쪽에선 설계도판을 한창 업그레이드 하고 있습니다. 우선 CG 컷을 빨리 마무리 져야 합니다. 지금까지 수차례 CG컷을 수정하고 또 수정했지만, 아직도 뭔가 부족한 것 같습니다. 그러나 이것도 이제 어쩔 수 없습니다.

마감 19시간 전. 최종 CG컷들을 보고서 편집업체에 넘깁니다.

마감 18시간 전. 보고서 담당인 팀 막내로부터 인쇄소에서 시험출력 후 최종 출력하겠다는 연락이 왔습니다. 저는 제출일 오전 본사에 차질 없이 도착할 수 있도록 시간관리 잘 하라는 말을 전하고는, 다시 도판 담당자와 함께 막판 스파트를 올리고 있습니다. 최종 CG컷들을 반영하여 색상도 보정하고, 모형사진도 리터치 작업해서 얹혀놨습니다.

이제는 계속해서 도판 전체가 한눈에 잘 읽힐 수 있도록 다이어그램 및 도판 색상을 보정하는 작업을 해야 합니다.

마감 13시간 전. 현재시각 제출일 새벽 4시. 도판 보정작업이 거의 완료 되었으나, 도판 면 배색을 두가지 ALT를 놓고 결정을 못하고 있습니다. 정신이 몽롱한 상태라 모니터로 봐서는 뭐가 나은지 판단이 잘 안될 것 같아 두가지 ALT 다 시험출력을 보내기로 했습니다. 새벽 5시. 저는 도판 담당자와 CG업체 직원들의 의견을 수렴하여 ALT 하나를 정한 후, 그 배색에 맞춰 일부 색상 보정작업을 지시합니다.

마감 6시간 전. 도판 담당자와 저는 인쇄소에서 도판 출력 나오기를 기다리고 있습니다. 아~ 드디어 출력이 나왔네요. 이제 우리는 도판을 조심조심 모시고 본사로 들어갑니다.

마감 4시간 전. 사무실 본사. 회의실 한쪽에는 팀 막내가 담당했던 설계보고서가 제출부수에 맞춰 잘 포장되어 있고, 몇몇 임직원들은 제출모형을 구경하고 있네요.

자, 이제 발주처에 작품 제출하러 떠나야 할 시간입니다.

우리는 준비해두었던 제출도서(설계보고서, 설계도판, 제출CD, 기타 구비서류 등)들과 제출모형을 잘 포장하여 조심스레 차에 실고는 마침내 발주처로 향했습니다.

우여곡절이 많았던 한 달여간의 전쟁을 잘 이겨내고 우리팀은 큰 문제없이 작품을 제출할 수 있었습니다. 그러나 이걸로 모든 것이 끝난게 아니었죠. 빨리 집에 가서 한 일주일은 아무것도 안하고 정말 잠만 자고 싶은 마음이 굴뚝같지만… 우리는 이제 발주처에서 3일후에 있을 설명회 준비를 해야만 합니다.

여러 경쟁설계를 하다보면, 발주처의 의지에 따라 어떤 프로젝트들은 제출도서를 납품한 후에도 계획안에 대한 PT(presentation)를 해야 하는 경우가 종종 발생합니다. '레이크사이드 C.C 클럽하우스'가 그중에 하나였죠. 정해진 짧은 시간동안 심사위원들이 우리 계획안에 높은 점수를 줄 수 있도록 PT하는 것이 얼마나 중요한지는, 길게 설명하지 않아도 아마 공감하실 겁니다.

우리가 판넬 작업할 때 흔히 저지르는 실수가 제한된 사이즈와 장수 안에서 너무 많은 정보를 담으려다 발생한다고 얘기한 바 있습니다.

이와 마찬가지로, PT작업을 할 때도 제한된 시간 안에 너무 많은 정보를 담으려다 보면, 결국 무엇을 설명하려는 것인지 심사위원들을 잘 이해시키지 못하는 정말 안 좋은 시나리오를 만들게 되는 경우가 종종 발생하게 됩니다.

한 휘씨가 지은 〈화술의 달인〉을 보면 다음과 같은 글이 나옵니다. 「공식적인 회사의 브리핑이나 경쟁사를 상대로 한 프리젠테이션에서 고전처럼 활용되는 법칙으로 'KISS(Keep It Simple, Stupid) 법칙' 이라는 것이 있다. 이 법칙은 단어의 의미 그대로 쉽고 간단하게 누구나 알아들을 수 있도록 말하라는 것이다. 이 법칙은 회의석상이나 비즈니스에서뿐만 아니라 …(중략)… 대화의 고전으로 불리는 래리 킹의 〈대화의 법칙〉에는 KISS 법칙은~」

경쟁설계에서 경쟁력 있는 PT를 하기위해서는 좋은 시나리오가 뒷받침되어야만 합니다. 이 좋은 시나리오란 바로 'KISS(Keep It Simple, Stupid) 법칙'이 의미하는 것처럼, 쉽고, 간단하게, 누구나 알아들을 수 있도록 만들어져야만 비로써 완성되는 것입니다.

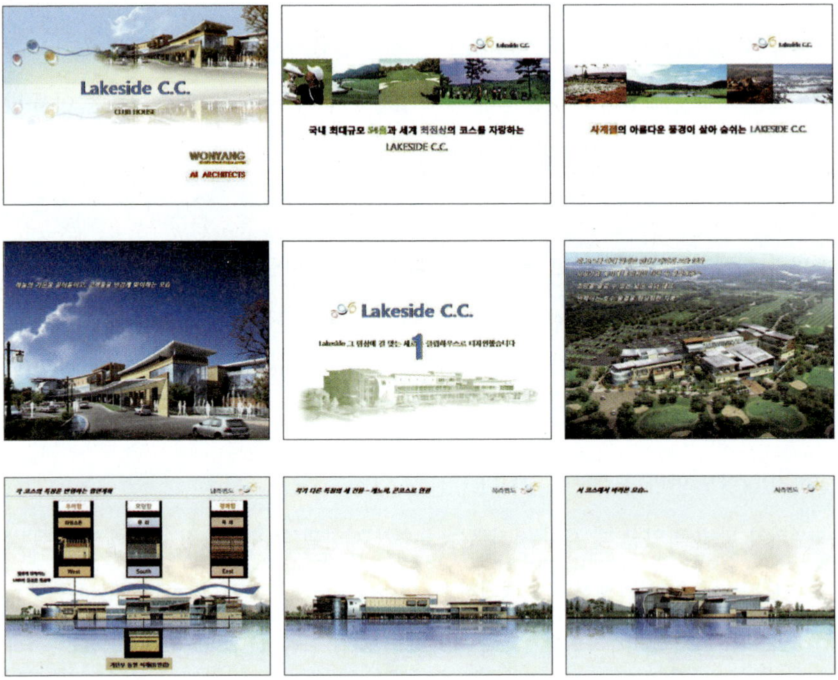

최종 프리젠테이션에 사용된 시나리오 중 일부내용

지금까지 '레이크사이드 C.C 클럽하우스' 프로젝트와 함께 일반건축 현상설계 프로세스를 같이 들여 다 보았습니다. 하나의 프로젝트를 이렇게 단계별로 꼼꼼히 들여다본 이유는, 모든 경쟁설계(현상, TK, BTL, PF 등)의 계획안을 만들어가는 일련의 과정들은 거의 유사하기 때문에, 이 프로젝트를 통해 경쟁설계를 이해하고 자신만의 프로세스를 갖추는데 조금이나마 도움을 주고자 한 것입니다.

자, 이제부터 여러분들은 어떤 종류의 프로젝트를 수행하게 되더라도, 자신만의 프로세스를 갖고 자신감 있게 일을 수행하면서도, 더욱 더 즐겁게 경쟁설계를 즐길 수 있을 것입니다. 파이팅~!

일반건축 현상설계 [즐기기] II

디자이너로
성공하기 위한
『현상설계 즐기기』

Part 1

02 일반건축 현상설계 [즐기기] II

02 일반건축 현상설계 [즐기기] Ⅱ

일반건축 현상설계 엿보기

【 영등포 교정시설 및 이적지개발사업 】

한국토지공사는 대한주택공사와 지금의 LH로 합병하기 이전인 2008년 초에, 본 프로젝트를 민관합동 공모형 PF(Project Financing) 사업으로 발주하였습니다.

민관합동 PF사업의 취지는 공공기관이 땅을 제공하고, 인허가를 담당해 사업 속도

를 높이면서 민간의 아이디어와 자본을 결합해 시너지효과를 내고, 공공을 위한 다양한 공간 확보와 편의시설을 적기에 건립한다는데 있습니다. 그러나 아쉽게도 사업비가 수조원에 달하는 공모형 PF사업은 2008년 말 이후 부동산경기침체로 사업성이 불투명해지면서, 금융권들이 자금조달을 외면하는 상황이 벌어져 지금은 사업규모를 전면 재조정하는 사례가 부지기수입니다.

설 연휴 하루전날 시작하게 된 이 프로젝트는 민관합동 공모형 PF사업의 거의 마지막 프로젝트라 할 수 있으며, 기존 PF사업의 복합단지개발 외에 '교정시설(교도소 및 구치소)'이라는 처음 접해본 시설을 계획해야했던 꽤 의미 있는 프로젝트였습니다.

···› 프로젝트 실행원칙1, '두려워 말라!' ‹···

새로운 도전을 해보겠다는 결심으로 원양건축에서 SWY건축으로 사무실을 옮긴 해에, 첫 프로젝트로 '영등포 교정시설 및 이적지개발사업'을 진행하게 됐습니다. 당시

장용호 본부장님과 저는 OO개발사로부터 이 프로젝트를 같이 하자는 제의를 받았죠. OO개발사와 협의를 하고 돌아가는 길에 장용호 본부장님이 제게 묻습니다. "시간이 많이 부족하긴 한데, 그래도 이 일을 해야 하지 않겠냐?" 여러 가지 상황들을 종합해 본 저는 부정적인 의견을 내세웠죠. 그러나 수주와 관련된 몇 가지 이유들로 이 프로젝트는 결국 진행해야만 했습니다.

팀 내의 프로젝트 진행여부를 결정해야 하는 저로서는, 어쩔 수 없이 이 일을 해야만 한다는 것에 대해 약간의 회의감을 가지고 있었습니다. 또한, 이전에 이렇게 큰 규모의 도심복합기능단지(MXD)는 해본적도 없을뿐더러, 교정시설이라는 한 번도 다뤄보지 못했던 시설을 계획해야 했기에 상당히 심적으로 부담감이 컸죠. 무엇보다 설 연휴를 제외하고 3주라는 짧은 기간 안에 모든 계획을 마무리해야 했기 때문에 '과연 내가 할 수 있을까?'라는 두려움이 앞섰습니다.

그러나 주사위는 던져졌죠. 이왕 하기로 했으니, 이제는 좋은 결과를 기대하며 팀원들과 함께 최선을 다하는 수밖에 없습니다.

'영등포 교정시설 및 이적지개발사업'은 기존 서울시 구로구 고척동 100번지 일원의 교정시설을 SH공사의 천왕도시개발사업지구와 연접한 구로구 천왕동 120번지 일원으로 이전·신축하고, 원부지를 공동주택과 MXD단지로 개발하는 프로젝트입니다. 발주처는 이 개발을 통해 도시기능의 증진 및 도시미관을 개선하면서 지역주민의 복지와 편의를 도모하고, 지역발전을 선도하여 구로구의 균형적 발전을 이루고자 했죠. 또한 노후된 교정시설의 적기이전 및 현대화로 교정행정의 선진화를 도모하겠다는 의도도 있었습니다.

녹음이 풍부한 도시자연공원과 연접하여 두개의 큰 봉우리가 있는 대체교정시설이 들어설 부지와 기존 영등포 교정시설 부지를 답사하면서, 문득 교정시설은 사회와 단

〈대체교정시설 및 이적지개발사업 개발방향〉

대체교정시설

· 기존의 폐쇄적이고 기피시설로서의 이미지를 탈피, 주민과 함께하는 교정시설 설치
· 경관,미관 고려한 건축계획 및 주민친화시설 계획 수립
· 서측 천왕도시자연공원과 연계하여 녹지 공간 조성 및 동측 천왕도시개발사업지구를 차폐할 수 있는 녹지계획 필요
· 기존 녹지의 최대한 보전 및 자연지형에 순응하는 토공 설계로 친환경적 계획수립과 지역 주민의 활용성 제고방안 도입

이적지개발사업

· 구로구 개봉·고척 생활권 중심지 육성을 위한 복합단지 개발
· 창의적인 개발컨셉, 다양한 테마와 첨단건축이 어우러지는 랜드마크 개발
· 도로,공원,녹지,공공청사 등 주변 환경과 연계한 쾌적하고 편리한 단지조성
· 인근 주거단지와 이적지 연계를 통하여 상호 보완이 되는 기능도입
· 서울시 건축심의 개선방침에 부합하는 디자인과 환경친화적 건축계획 유도

절되어 단지 재소자를 단죄하는 곳이어서는 안된다는 생각을 하게 됐습니다. 그래서 신축될 대체교정시설은 그들의 마음을 치유하고 건강한 정신과 마음으로 세상 밖으로 나갈 수 있게 도와주는, 새로운 개념의 교정시설이 돼야 한다는 전제로 접근하게 됐죠. 또한 교정시설이 이전한 후에 들어설 이적지개발사업은 과거의 흔적을 기억하고 미래의 비전을 바라보며 만들어져야 한다는 전제를 세우면서, 본 프로젝트를 시작하게 됐습니다.

설계사무실 생활을 하다보면 자신의 의사와는 상관없이 항상 새로운 프로젝트와 새로운 업무를 만나게 됩니다. 물론 그 종류도 다양하죠.

이때 실무진들에게는 그 프로젝트를 성공적으로 실행하기 위해서 필요한 원칙들이 있습니다. 그 첫 번째가 바로 '두려워 말라!'입니다.

치열한 경쟁상황에서 한 번도 경험하지 못한 새로운 시도를 해야 할 때, 누가 봐도 짧은 일정 내에 프로젝트를 끝내야할 때, 아마도 저를 포함한 대부분의 실무진들은 부담감과 두려움을 갖게 될 것입니다.

앞서 얘기했듯 이 프로젝트도 짧은 일정, 신생 팀, 익숙치 않은 시설 등 여러 이유들로 시작이 두려운 프로젝트였습니다. 그러나 그럴 때 일수록 같은 방향을 달리고 있는 팀 동료들을 믿고 의지하며, 스스로에게 할 수 있다는 자신감을 심어줄 필요가 있습니다. 그래서 저는 프로젝트를 시작할 때마다 이렇게 외쳐봅니다. "혼자 꾸는 꿈은 꿈이지만, 만인의 꿈은 현실이다." 잘 아시다시피 징기스칸의 말입니다.

건축이 다양한 공간들을 다루는 업이다 보니 실무를 하면서 우리는 정말 다양한 프로젝트를 접하게 됩니다. 그때마다 회피하며 익숙한 것을 쫓을지, 아님 자신감과 자기확신을 가지고 새로운 도전을 즐길지는 결국 각자의 몫일 겁니다.

라틴어 '케 세라 세라(Que Sera Sera)'라는 말이 있습니다.

될 것은 되기 마련이다. 난 겁내지 않는다. 이것도 운명이다…

시작이 두려운 이들에게는 어쩌면 모든 두려움을 없애줄 수 있는 이 한마디 말이 필요한지도 모르겠습니다.

⋯› 프로젝트 실행원칙2, '상상하는 대로, 생각하는 대로!' ‹⋯

새롭고 다양한 프로젝트를 실행함에 있어서 필요한 두 번째 원칙은 익숙하지 않은 것들에 겁먹지 말고 '상상하는 대로, 생각하는 대로!' 원하는 그림을 그릴 수 있다는 마인드를 갖는 것입니다.

이러한 마인드를 위해서는 매사에 상상력을 키우는 노력과 함께 자신이 상상한, 생각한 아이디어들을 거침없이 표현하는 연습이 필요하죠. 그것이 그림이든, 글이든, 어떠한 사물이든, 뭐든 상관없습니다. 자신의 아이디어가 '유치하면 어쩌지?'라는 걱정 따윈 하지 마십시오. 간혹 누군가가 아이디어를 내면 유치하다는 시선으로 바라보는 사람들도 있을 테지만, 그런 생각을 시도조차 하지 않는 그들의 시선 따윈 생각 안 해도 될 듯합니다.

"어린아이처럼 상상하라."는 말도 있습니다. 아이들은 자신의 양팔이 날개가 되어 하늘을 날기도 하고, 지구를 지키는 용사가 되어 팔에 찬 손목시계에 대고 로봇을 부르기도 합니다. 이런 그들의 상상력을 결코 유치하다고 할 수 없을 것입니다. 아이들의 눈으로 본 세상은 그들의 상상대로, 생각대로 존재하는 것이니까요.

이 프로젝트도 누군가는 유치하게 여길지 모를, 그런 어린아이 같은 발상이 만들어낸 아이디어들이 메인 컨셉이 되고, 전체 디자인을 이끌면서 프로젝트를 실행시킨 경우입니다.

현장답사를 다녀온 후 팀원들과 먼저 대체교정시설의 컨셉을 잡기위해 브레인스토밍을 시작했습니다. 열띤 회의 도중 현황사진과 사이트 모형을 유심히 바라보던 팀원 한명이 조심스럽게 얘기를 합니다.

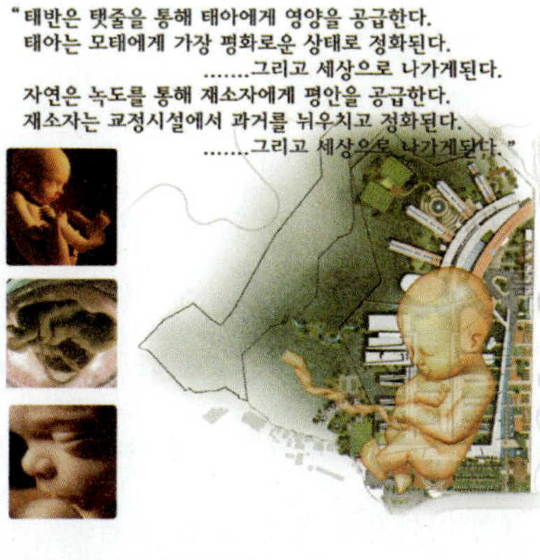

〈대체교정시설 계획구상〉

"천왕도시자연공원에서 부지 내부로 흘러들어와 맺힌 두개의 큰 봉우리가 마치 어머니의 젖가슴 같아요. 어머니의 젖으로 재소자의 마음을 치유한다는 개념으로 접근하면… 좀 유치한가요?"

팀원 중 몇 명은 유치하다는 반응이었죠. 하지만 저는 이 아이디어를 듣고, 모태공간에서 영양을 공급받는 태아의 이미지와 녹음이 풍부한 두 봉우리에서 흘러나온 자연의 기운을 받아 치유되는 재소자의 모습이 떠올랐습니다. 태아가 모태에서 가장 평화로운 상태로 정화되어 세상으로

나가는 것처럼, 자연의 기운은 재소자에게 평안을 공급하고 재소자는 교정시설에서 과거를 뉘우치고 정화되어 세상으로 나가게 된다는 상상을 하게 됐죠. 결국 이러한 생각들로 'BORN, 인간탄생(人間誕生)'이라는 메인타이틀을 정리했으며, 수용동들 사이로 두 봉우리의 자연을 깊숙이 끌어들일 수 있는 방사형태의 배치로 전체 교정시설의 마스터플랜을 디자인하였습니다.

건축계획측면에서 교정시설은 공간활용과 관리를 고려하여 시설의 집약배치를 통해 토지이용의 효율성을 높이고 차폐대상면적을 최소화 할 수 있도록 해야 합니다. 또한 교도소와 구치소는 그 기능은 유사하지만 각각의 독립된 영역이 필요하죠. 이 기본적인 계획사항들을 해결하면서 우리는 교정시설의 특성상 외부의 시각을 최대한 차단할 수 있는 방법과 기피시설로 인식된 교정시설의 이미지를 탈피하는데 중점을 두었습니다. "교정시설 담장 전체가 큰 낙서판이 되면 지역 아이들이 좋다고 와서 놀지 않을까요?" 팀원 한명이 쉽게 던진 말입니다. 이 아이디어에 힌트를 얻은 우리는 교도소와 구치소를 길게 감싸는 청사 및 주벽동이 '아트월(Art Wall)'이 되면, 교정시설과 주

민들을 완충시키고 부정적인 이미지를 완화할 수 있는 주민이용시설이 될 수 있을 거라는 상상으로 전체 디자인을 발전시켜 나갔습니다.

이적지개발사업은 초기 MXD단지의 마스터플랜 스케치가 나올 때까지 이렇다 할 컨셉이 없는 상황이었습니다. 당시 해외출장을 다녀온 장용호 본부장님은 저의 마스터플랜 스케치를 보며 이렇게 얘기했죠.

"부지형상을 닮은 한 마리 불사조를 보는 듯하다. 불사조는 불꽃 속으로 몸을 던져 사라져야 다시 태어난다. 그리고 그렇게 영원히 존재하지. 기존 교정시설을 철거한 이 자리에는 새로운 MXD단지가 만들어진다. 불사조가 사라짐 속에 다시 태어나듯이, 이 대지는 그렇게 다시 태어나는 것이다." 결국 이 불사조는 전체 디자인을 이끄는 메인 컨셉 이미지가 되었죠. 우리는 이 아이디어를 담아 새롭게 다시 태어난다는 개념을 살리면서도 교정시설의 'BORN'이라는 키워드와 일관성을 고려하여, 'RE-BORN, 도시재생(都市再生)'이라는 타이틀을 설정할 수 있었습니다.

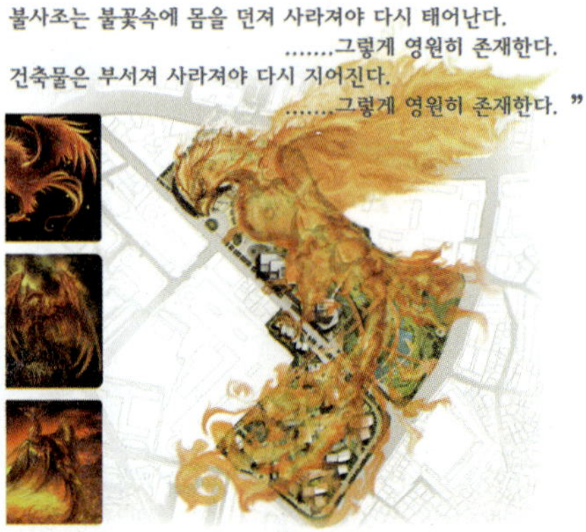

〈마스터플랜 스케치 및 이적지개발사업 계획구상〉

MXD단지의 실질적인 디자인을 위해서 우리는 '첨단복합단지, 지역상징단지, 주민문화단지, 자연생태단지'라는 4가지 큰 테마를 설정하고 각각의 테마에 맞는 구체적인 아이템을 만들어갔습니다. 그런데 첨단복합단지 테마를 뒷받침할만한 포인트 되는 디자인요소를 찾지 못해 고민하고 있었죠. 그때 마침 팀의 막내사원이 이런 얘기를 합니다.

"각종정보가 구름처럼 둥둥 떠다니는 미래도시 이미지는 어떨까요?" 이 얘기를 듣는 순간, 아직 그 기능을 고민하고 있던 단지중앙의 큰 우산모양 구조물에 대한 구체적인 디자인과 아이디어가 떠올랐습니다. 구조물은 주민들에게 각종행사정보나 뉴스정보 등을 어디에서나 쉽게 공유할 수 있게 하는 정보제공의 매개체 역할을 하며, 첨단복합단지 이미지를 구현하게 되죠. 우리는 그것을 'INFO-CLOUD(정보구름)'라고 불렀습니다.

인포클라우드[INFO-CLOUD]

프로젝트 디자인이 한창인 시점에 "디자인을 하는 여러분은 만화가가 되어야 합니다."라는 말을 우연히 듣게 됐습니다. 그 짧은 한마디가 정말 마음에 와 닿았죠. 건축 디자인을 하는 저로서는 자신이 상상하는 대로, 생각하는 대로 세상을 그려내는 만화가처럼, 도시를 상상하고 건물 하나하나의 디테일한 모습과, 그곳의 거리를 그려내고 싶은 욕심이 많아서일 것입니다. 설 연휴도 쉬지 못하고 야근철야에 지치고 피곤한 상태였는데, 그래도 그 짧은 한마디 말 덕에, 마지막까지 유쾌한 상상을 하며 디자인을 잘 마무리했던 기억이 납니다.

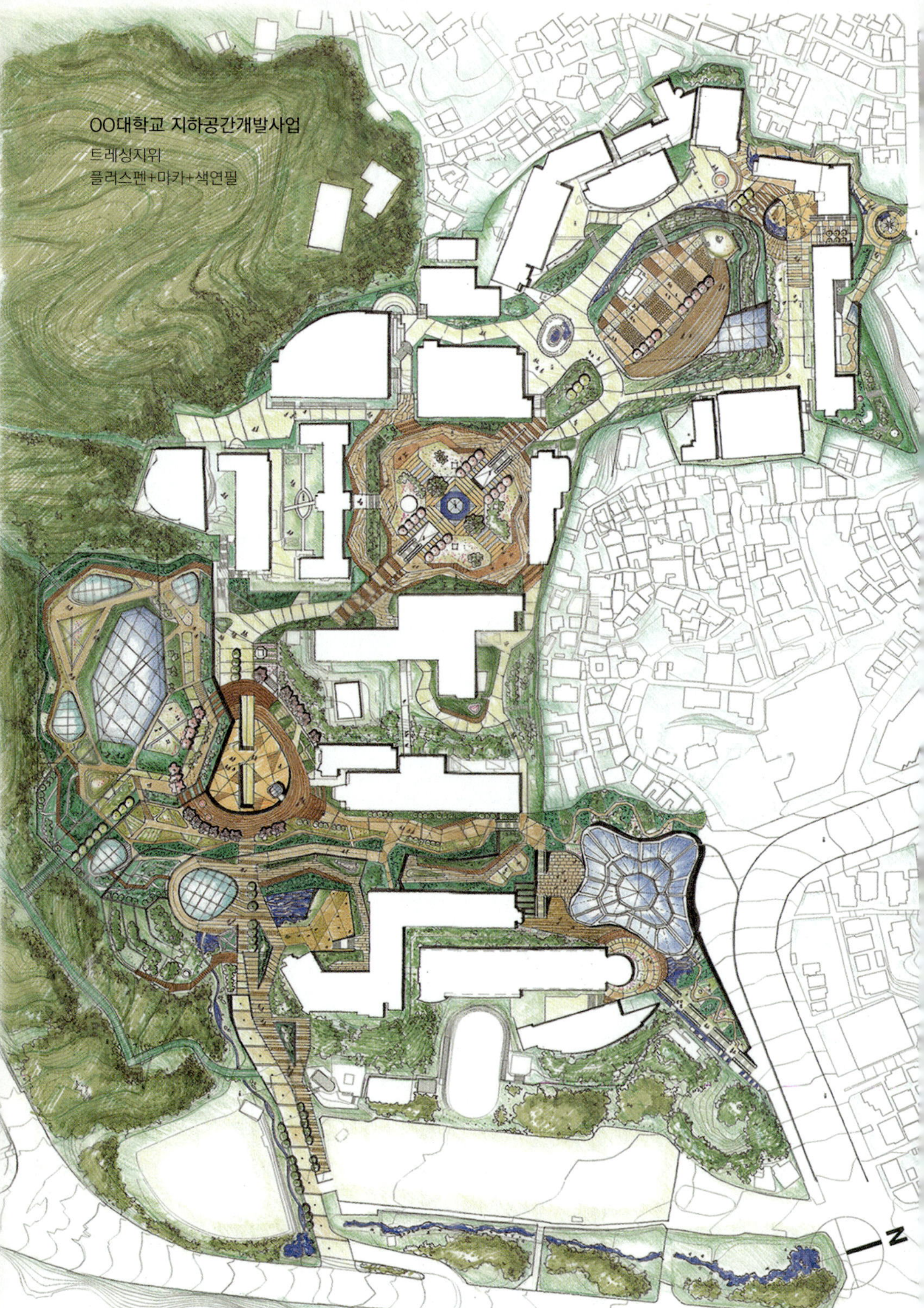

OO대학교 지하공간개발사업

트레싱지위

플러스펜+마카+색연필

【 OO대학교 국제협력관 】

최근 국내·외적으로 지하공간활용의 중요성이 대두되고 있는 가운데, 서울시도 지하공간개발을 위한 '서울지하도시' 마스터플랜을 구체화하고 있습니다. 좁은 땅덩어리에 인구는 집중되어 있고 미개발지가 거의 없는 서울시의 경우, 기존 도시개발방식으로는 녹지훼손 등을 피할 수 없고, 환경문제, 교통문제 등 여러 문제를 야기 시키기 때문에, 도시재생사업의 일환으로써 지하공간개발이 중요한 과제로 등장한 것입니다.

서울지역 대학들도 트렌드에 맞춰 좁은 캠퍼스의 효율을 높이고 대학을 활성화시키는 방안으로 캠퍼스 내 운동장, 잔디, 도로 밑의 지하공간개발에 힘을 쓰고 있습니다. 2008년 서강대학이 지하3층, 연면적 2만2,200㎡ 규모의 '곤자가 플라자'를 개발했고, 최근에는 서울대, 이화여대, 숭실대 등도 지하공간개발 계획을 수립하고 있는 추세입니다.

좌측의 그림은 제가 2008년에 수행했던 OO대학교 지하공간개발사업의 마스터플랜 스케치입니다. 남산에 연접하여 있는 OO대학은 남산 전체를 문화예술 특화공간으로 다자인한다는 당시 서울시의 '남산르네상스'개발 계획과 연계하여 대학을 글로벌하게 발전시키겠다는 목표를 가지고 이 사업을 추진하게 되었습니다.

OO대학교 캠퍼스 모형

국제협력관 계획부지

'OO대학교 국제협력관' 프로젝트는 바로 이 지하공간개발사업 마스터플랜에 포함된 대학 후문지역개발사업의 하나로, 사업의 빠른 진행을 위해 대학 캠퍼스기획단에서 별도로 발주된 프로젝트입니다. 연면적 10,000㎡ 내외로 건립될 이 시설은 후문을 포함한 일단의 부지에 국제회의장, 교육 및 편의시설, 기숙사, 게스트하우스 등의 프로그램과 함께 각각의 용도를 수용할 수 있는 적정규모의 공간을 요구하고 있었습니다.

···› 대지 안에 해답 있다! ‹···

계획대상지는 대학 후문의 심한 레벨차이 때문에 일부 옹벽으로 처리된 경사지형으로, 기존 학림관 건물 옆의 일부 공간만이 평지로 조성된 부지입니다.

대학 측에서는 이 부지에 새로이 들어설 국제협력관이 학림관과 조화를 이루며 후문의 중앙에 위치한 랜드마크적인 건축물이 되기를 바랐죠. 현장을 다녀온 우리는 회의를 통하여 대학 측의 바람과 부지 북쪽에 인접한 주거 밀집지역의 민원을 해결하는 방법으로써 5층 이하의 독특한 매스형태를 갖는 건축물로 기본 디자인방향을 설정하는 것이 좋겠다는 판단을 했습니다. 그러나 현 경사지형에서 10,000㎡ 내외의 요구 프로그램들을 해결하기에는 실제 가용할 수 있는 부지면적이 상당히 적었죠. 게다가 계단식으로 처리된 기존의 후문은 보행자들만을 위한 진입공간으로, 추후 국제협력관으로써 기능을 하려면 차량진입에 대한 대책을 마련해야 했습니다.

여러 차례 회의를 했지만 이렇다 할 아이디어가 없었습니다. 우리는 피드백 하여 현황분석부터 다시 시도하면서 해결책을 찾기 시작했죠.

대지위치도

결국 그 모든 해답은 대지 안에서 찾을 수 있었습니다.

계획대상지와 동일레벨인 학림관 레벨은 대학 후문의 레벨과 약 20m 차이가 납니다. 물론 후문에서의 차량진입은 불가능한 상황이구요.

대지단면을 그려가며 부지 주변현황을 종합적으로 검토해 본 우리는 이 20m 레벨차를 적극 활용하는 계획이 필요하다는 판단을 하게 됐습니다. 결과적으로, 국제협력관의 요구 프로그램과 적정 면적들을 고려한 수직조닝으로 20m 레벨차를 활용하는 지하 3개층에는 주차장을 포함한 국제회의 및 교육기능을, 지상 5개층에는 기숙사 및 게스트하우스 기능을 계획할 수 있었습니다. 또한 후문의 차량진입 문제는 레벨을 활용한 입체동선계획으로 차량 및 보행자 진입동선을 동시에 해결할 수 있도록 했죠.

아래 그림은 이러한 레벨활용 계획의 고민이 담긴 각 층별 프로그램과 지하공간 채광문제, 동선문제 등의 해결을 위한 단면개념도입니다.

층별 프로그램

지상	5층	게스트하우스, 휴게라운지
	2~4층	기숙사(외국인학생/국내우수학생)
	1층	외국인교원연구실, 외국인서비스센터
지하	1~2층	국제회의장, 최첨단 원격화상강의실, Lab실, 일반강의실, 카페테리아
	3층	지하주차장

SUNKEN 계획

· SUNKEN계획으로 지하층까지 자연채광 유입

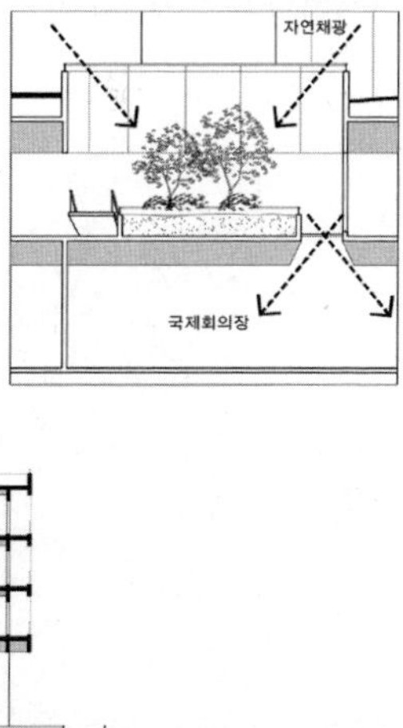

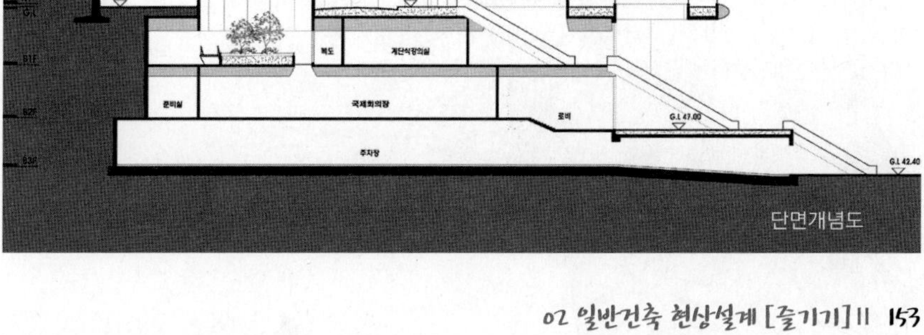

단면개념도

···› 때론 익숙한 프로세스를 깨야 합니다. ‹···

경영학에서는 기업의 '프로세스 혁신'이라는 말이 있습니다. 프로세스 혁신이란 제품 및 서비스를 생산하는 방법이나 절차를 획기적으로 개선하는 작업을 통해서 가치를 창출하는 것을 말합니다. 이는 제품 자체의 혁신도 중요하지만 제품을 생산하는 프로세스를 바꾸는 혁신도 중요하다는 것을 의미하죠.

경쟁설계에서도 프로세스 혁신이 필요할 때가 있습니다.

발주처에 제출할 각종 성과물을 만들어야하는 경쟁설계는 앞서 '현상설계 프로세스'에서 얘기했던 '단계별 프로세스'에 의해서 작업을 진행하는 게 일반적이죠. 경쟁설계를 많이 하는 대부분의 디자이너들이 이 프로세스에 익숙해져 있습니다. 그러나 터무니없이 짧은 일정, 과도한 제출물, 투입인원변동 등에 의해 일반적인 프로세스로는 도저히 진행이 어려운 경우가 발생하기도 합니다. 이런 상황에서 익숙한 프로세스를 던져버리고 설계프로세스를 과감히 혁신(변경)하여 작품을 만들어내는 것도 디자이너

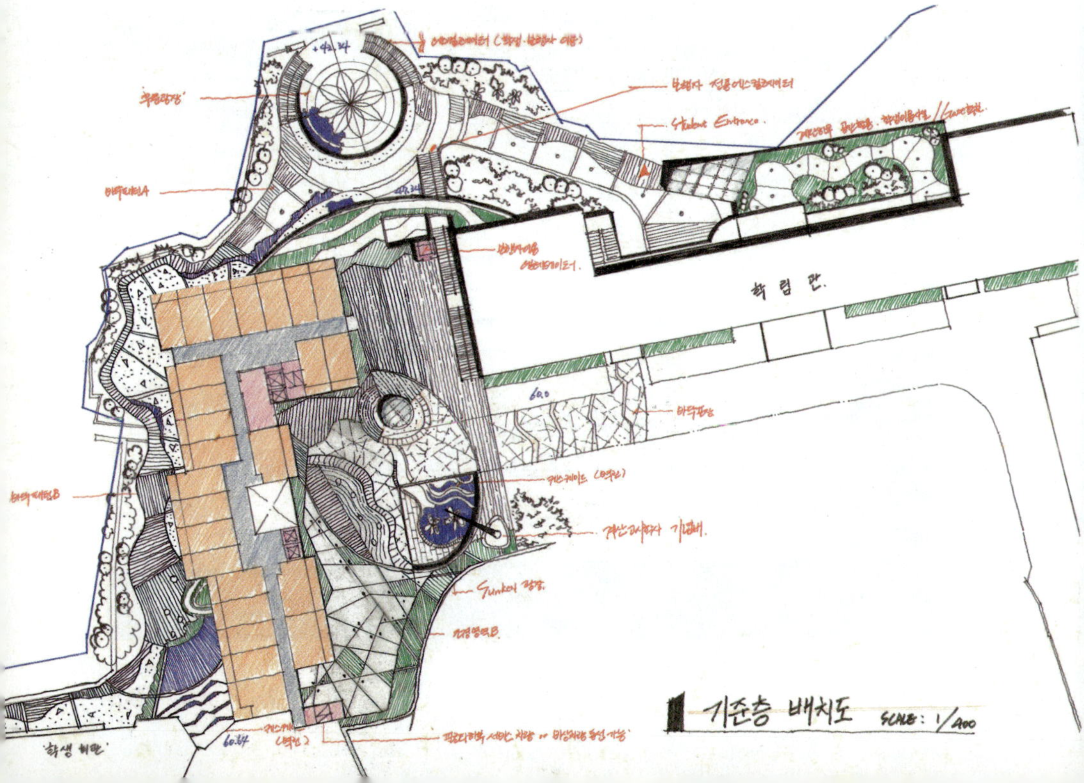

의 한 능력일 것입니다.

2주라는 짧은 시간만이 허락된 이 프로젝트도 컨셉을 설정하고, 도면을 그리고, 프리젠테이션하는 일련의 프로세스로 업무를 진행하기에는 절대적으로 시간이 부족했습니다. 우리는 고민 끝에 계획과 프리젠테이션을 동시에 진행해보기로 했죠. 일정상 여러 대안을 검토할 시간이 없었으므로, 회의를 통해 설정한 디자인방향을 토대로 캐드로는 면적 등 기능적인 검토만 하고 감각적으로 1개안을 빠르게 스케치했습니다. 기능, 동선, 주변과의 어울림을 고려한 1장의 배치도스케치와 투시도스케치만으로 우선 CG업체와 협력하여 조감도 및 투시도, 도면집에 들어갈 입면도 등을 작업했으며, 동시에 디테일한 각층 평면도들을 완성해 나갔습니다.

건축물은 지하공간활용에 의한 공사비 증가를 감안하여, 기능과 시공성을 고려하고 학림관과 조화를 이루도록 장방형의 매스형태로 디자인하였습니다. 독특한 매스형태로 디자인하자는 초기의도와는 맞지 않았지만, 입면을 보다 세련되게 디자인하여 대학 후문의 랜드마크 역할을 담당할 수 있도록 했죠. 입면컨셉은 글로벌 지식사회의 미

래가치를 선도한다는 대학의 비전을 나타내고자, 경사지형을 활용한 원형의 지하공간 매스로는 글로벌한 세계를, 지상의 매스로는 크루져를 모티브로 세계를 거침없이 항해하는 대학의 인재상을 의미하도록 하였습니다.

후문전경-스케치만으로 작업한 CG

···› 가능성이 있는 대안은 빠른 결정을 이끈다! ‹···

얼마 전에 네이버캐스트에서 건축가 승효상씨가 디자인에 관해 얘기한 기사를 본적이 있습니다.

「사실 디자인은 독재적 결정의 결과입니다. 의논해서 민주적으로 선택할 수 없어요. 선의의 독재죠. 그렇다고 해서 잠자다가 뛰어나와서 "이게 디자인이다!"라고 하면 허무맹랑한 것이고요.」

디자인은 정답이 없는 것이어서 보는 사람마다, 계획하는 사람마다, 많은 의견차가 있기 마련입니다. 하지만 그 모든 의견을 받아들이며 디자인을 결정하기에는 경제적으로나 심리적으로 많은 손실이 따르게 되죠. 그래서 디자인엔 늘 대안(ALT)이 필요한지도 모르겠습니다.

각종 경쟁설계를 진행할 때, 당선되어 발주처와 협의할 때, 민간수주된 프로젝트의 디자인을 건축주와 협의할 때, 우리는 그들에게 보여주기 위한 대안이 아닌 가능성이 있는 여러 가지 대안으로 빠른 결정을 이끌어내도록 해야 합니다. 그것이 실무진입장에서 스스로를 위하고 사무실의 경제적 부담을 줄일 수 있는 하나의 방법일 테니까요.

본 프로젝트도 협의과정에서 대학 측의 요구에 따라 계획안을 변경해야만 했습니다. 우리는 대학 측의 빠른 결정을 이끌어내기 위해 그들이 만족할 만한 가능성이 있는 대안을 기존 안을 포함하여 4개안을 만들고, 각 대안별 장단점을 비교하여 협의를 시도했습니다.

ALT1은 기존 안으로 학림관 및 대학 전체 캠퍼스와 어울리는 형태로써 경제성과 시공성을 고려했으며, ALT2는 ALT1의 변형으로 학림관과 동일한 축으로 좀 더 매스형태를 축소시켜 넓은 외부공간을 가질 수 있도록 했습니다. ALT3과 ALT4는 단순한 매스형태를 탈피하고자 곡선형으로 매스를 디자인했습니다. ALT3의 경우 가급적 기존의 현황을 그대로 유지한다는 의도로 디자인을 접근한 것이며, ALT4는 매스를 보다

ALT1 [원안]

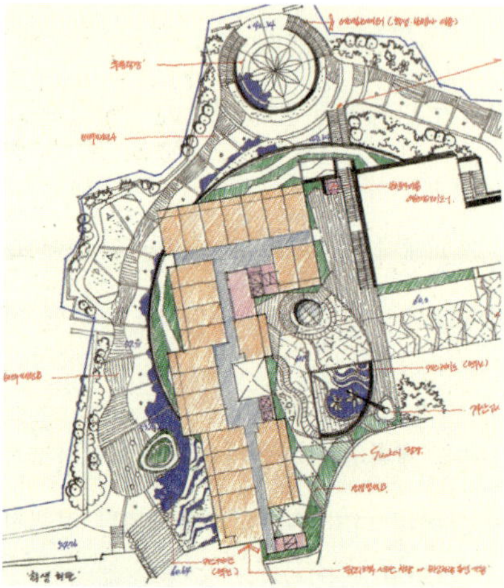

캠퍼스와의 조화	○		
외부공간계획		△	
랜드마크 조형성		△	
경제적 시공성	○		
외부조망성		△	

ALT2

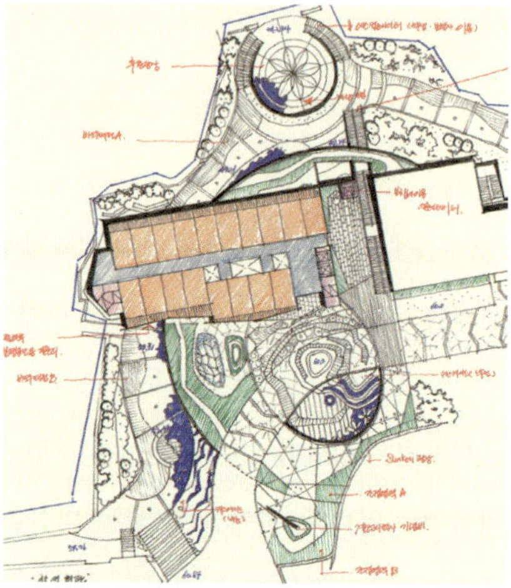

캠퍼스와의 조화		△	
외부공간계획	○		
랜드마크 조형성			X
경제적 시공성	○		
외부조망성			X

ALT3

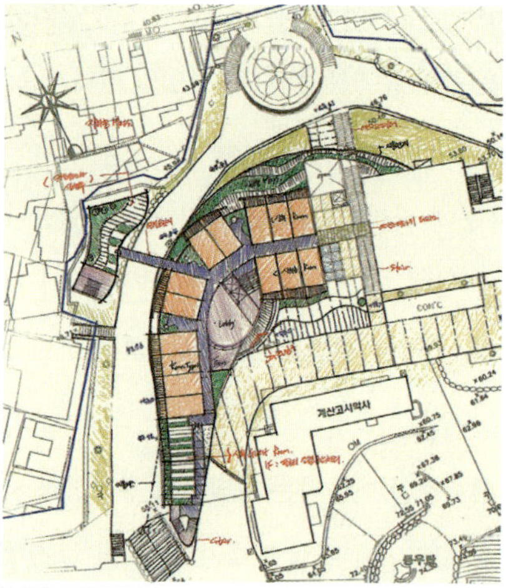

캠퍼스와의 조화		△	
외부공간계획			X
랜드마크 조형성		△	
경제적 시공성		△	
외부조망성	○		

ALT4

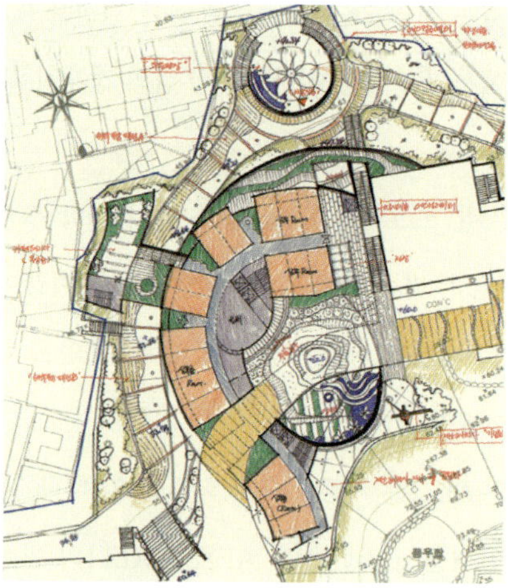

캠퍼스와의 조화		△	
외부공간계획	○		
랜드마크 조형성	○		
경제적 시공성		△	
외부조망성	○		

적극적으로 디자인하기 위해 곡선을 좀 더 과감하게 사용했고 그로인해 기숙사 및 게스트하우스의 외부조망 및 실내환경을 좋게 할 수 있었습니다. 지하공간개념은 4개 ALT 모두 원안과 동일한 방식으로 처리했습니다.

협의 후 최종계획안은 ALT4로 결정됐습니다. 지하공간과 매스는 변경이 거의 없었고 지상매스는 완전히 바뀌었죠. 뭐 그래도 다행입니다. 계획당시 초기디자인 의도가 원래 단순 매스보다는 독특한 매스형태를 시도하려고 했었으니까요.

대학 측과 협의하며 일을 진행하면서, 몇해 전 중국의 한 대형설계사무실을 방문한 기억이 떠올랐습니다. 그들은 협의를 위해 사용한 통신요금까지도 서류화하여 건축주에게 청구한다는 말을 듣고 놀란 적이 있었죠. 그만큼 프로페셔널한 마인드가 일상생활에 녹아 있는 듯 했습니다. 우리나라는 협의 시 발생되는 부대비용들까지도 설계비에 포함되어 있는 상황이죠. 그러다보니 프로젝트 끝나고 나면 남는 게 별로 없다는 식으로 말하는 사람들이 많습니다. 비단 비용문제만이 아니라 아직은 사회적 인식이

변경된 대학후문 전경

나 시스템이 건축가에게 유리하지 않다는 생각에 마음이 아프더군요. 그래도, 인간과 사회, 공공의 이익을 위해 부단히 노력하는 우리 건축가들의 모습이 언젠가 빛을 바랄 거라는 희망을 가져보며 대학 후문 국제협력관의 입면디자인을 완성해 나갔던 기억이 납니다.

【 OO대학교 본관 리모델링 】

국제협력관 프로젝트를 마감하고 'OO대학교 지하공간개발사업' 프로젝트를 한창 진행하고 있던 그해 여름, 또다시 대학 캠퍼스기획단에서 대학의 본관 리모델링사업이 발주되었습니다.

리모델링(Remodeling)사업은 기존 건축물의 물리적·사회적 수명을 연장시켜 건물의 가치상승 및 경제성을 높이는데 그 목적을 두고 있습니다. 따라서 기존 건축물을 철거하지 않은 상태로 기본골조를 유지하면서 구조, 기능, 미관, 환경적 성능이나 에너지 성능을 개선하여 시설의 노후화를 방지하거나, 그 기능을 향상시키게 됩니다.

우리나라에서는 지난 2000년쯤부터 건물의 신축사업보다는 기존 건축물의 리모델링사업이 급증하게 되었죠. 또한 2002년에 발효된 지구온난화방지협약은 이러한 리모델링사업을 증가시키는 결정적인 요인으로 작용하고 있습니다.

'OO대학교 본관 리모델링사업'. 기존의 낡고 오래된 대학의 본관 건물을 리모델링 하는 이 프로젝트도 그동안 제가 한 번도 경험해보지 못한 것이어서, 3주간의 일정으로 진행하는 동안 내내 흥미로움과 부담감이 함께했던 프로젝트였습니다.

···› 사업의 의도를 파악하라! ‹···

OO대학 본관은 1958년에 신축된 건물로 현재에 이르기까지 두 번의 증축이 이루어졌습니다. 95년에 강당을 증축하고, 06년에는 4층이었던 건물을 일부 5층으로 증축했죠. 학생서비스시설과 학사행정 및 학사운영시설로 사용되는 지금의 본관건물은 수성페인트로 마감된 지극히 모던한 콘크리트 건물입니다. 본관건물 우측에는 01년에 리모델링한 다향관이 있으며, 좌측에는 02년에 신축된 중앙도서관과 1956년에 신축된 명진관이 자리하고 있습니다. 명진관은 건립당시 한국석조 건축상을 받은 석조건물로 OO대학의 대표건축물이라 할 수 있죠.

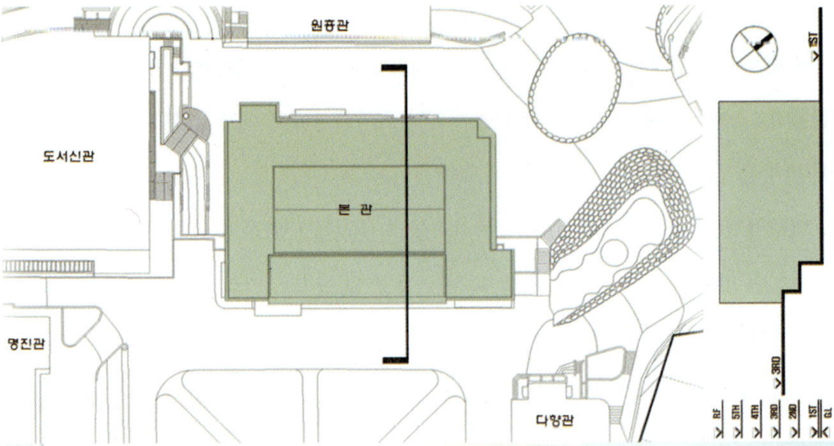

현재 5개층으로 된 대학본관은 북서쪽으로 약 7m정도의 레벨차이가 있는 경사지형에 앉혀졌기 때문에 중앙광장 쪽에서 바라보면 3개층만이 보이게 됩니다. 건물의 높이도 낮아 보이는데다가, 최신자재로 리모델링을 하고 신축된 주변건물, 그리고 석조로 웅장해 보이는 명진관 건물은 낡고 오래된 대학본관을 상대적으로 더욱 노후화돼 보이게 하고 있었습니다.

리모델링사업은 기존건물의 문제점을 개선한다는 측면에서 무엇보다 현실적인 디자인 접근이 필요하게 됩니다. 우리는 이를 위해서 대학 측의 본 사업의도를 집중적으로 파악해야 했죠. 현장을 돌아보면서 그들이 한 얘기들 중에 핵심적인 얘기는 크게 3가지 정도였습니다.

대학 측은 처음오시는 외부사람들 대부분이 명진관을 대학본관으로 착각하는 경우가 많다고 얘기합니다. 웅장한 석조건물에 그 상징성이 밀리는 것이죠. 또한 본관은 내부의 강당인원을 고려한 적정한 로비공간이 부족하다고 했습니다. 그러면서도 강당 수용인원을 좀 더 늘리려는 계획이 잡혀있다고 했죠. 결국 대학이 본관 리모델링사업을 통해 얻으려고 한건 대학본관의 상징성을 살리는 외관디자인, 넓은 로비공간마련, 강당객석 추가확보 등에 있다는 것을 알 수 있었습니다.

경쟁설계를 진행함에 있어서 초기에 발주처의 사업의도를 파악하는 것은 두말할 나위 없이 중요한 작업일 것입니다. 사업의도 파악은 프로젝트의 메인전략 및 디자인을 접근할 때 결정적인 많은 영향을 미칠뿐만 아니라, 추후 당선여부와도 밀접하게 관련되기 때문입니다.

본관 VIEW

현 문제점 및 새로운 방안 제시

현재의 문제점
본관으로서의 상징성 부족
강당로비의 부재에 따른 공간의 이질감
강당의 좌석수 부족/휴게공간 부족
친환경계획요소 부족
기존건물 노후화로 냉난방 효율저하

⇩

리모델링후 개선점
상징성이 강한 외관디자인 계획
3층높이의 로비계획으로 공간의 이질감 해소
강당 2층 객석 증축/홀,복도 휴게공간설치
옥상녹화계획과 더블스킨 도입
기계,전기설비 교체에 따른 효율 극대화

···› 순간적으로 떠오른 아이디어를 활용하라! ‹···

위대한 발명가들의 공통점 중에는 논리보단 상상력으로 이미지를 캐치하여 현실화하는 능력으로 업적을 이룬 경우가 많다고 합니다. 논리는 단지 타인에게 이미지를 전달하는 수단에 불과했던 것이죠.

건축디자인은 타인의 집을 짓는 일이다보니 그들에게 디자인을 납득시키기 위한 뚜렷한 개념과 논리가 뒷받침돼야 하는 건 당연한 일입니다. 그러나 가끔 우리는 개념을 위한 논리를 찾다가 논리에 너무 얽매이게 되는 경우가 있습니다. 그러다보니 정작 처음에 느꼈던 감성적인 아이디어들을 하나 둘씩 잊어버리기도 하죠. 개념이 살아있는 디자인은 감성적으로 다가오는 경우가 많아 순간적으로 떠오르는 영감이나 아이디어들에서 나올 확률이 더 많은데도 말입니다.

이 프로젝트는 사업의도를 생각하며 사이트를 방문할 당시 현장에서 순간적으로 떠오른 아이디어스케치 하나가 전체 디자인을 이끌었던 경우입니다. 프로젝트 타이틀은 '크리스탈 클라우드(Crystal Cloud)'죠.

타이틀에서 느껴지는 것처럼, '보석처럼 변함없고 소중한, 구름처럼 높이 상승하는' 대학본관으로써의 상징성을 의미하고 있습니다. 현장에서 사이트 북쪽의 주변현황을 조사하다가 본관건물을 바라보는데, 순간 건물상부에 맑고 투명한 크리스탈 느낌의 스킨이 구름모양의 링형태로 떠있는 이미지를 상상하게 됐죠. 저는 바로 노트에 그 이미지를 스케치하고 기존구체를 이용하는 더블스킨 시스템의 개략적인 단면개념까지 스케치했습니다. 그리고는 'Crystal Cloud'라고 썼죠. 이 프로젝트의 외관디자인과 타이틀은 그렇게 탄생한 것입니다.

입면컨셉스케치

순간적으로 떠오른 아이디어를 현장에서 바로 그려본 이미지스케치

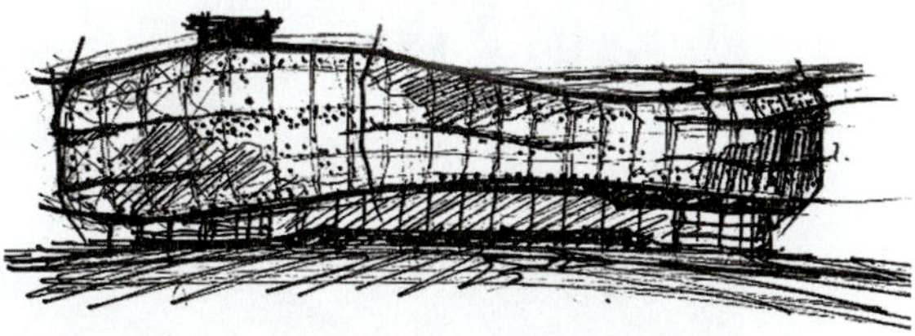

단면컨셉스케치

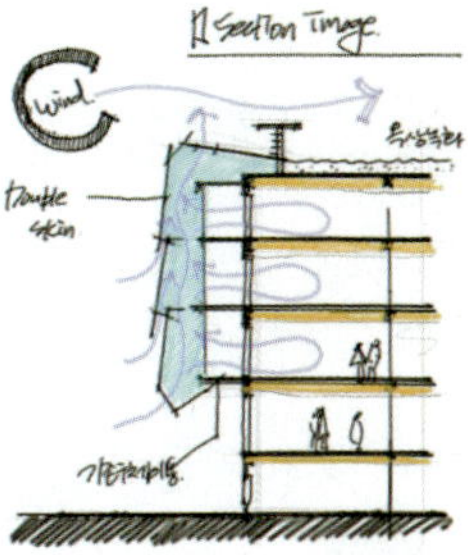

최종입면스케치

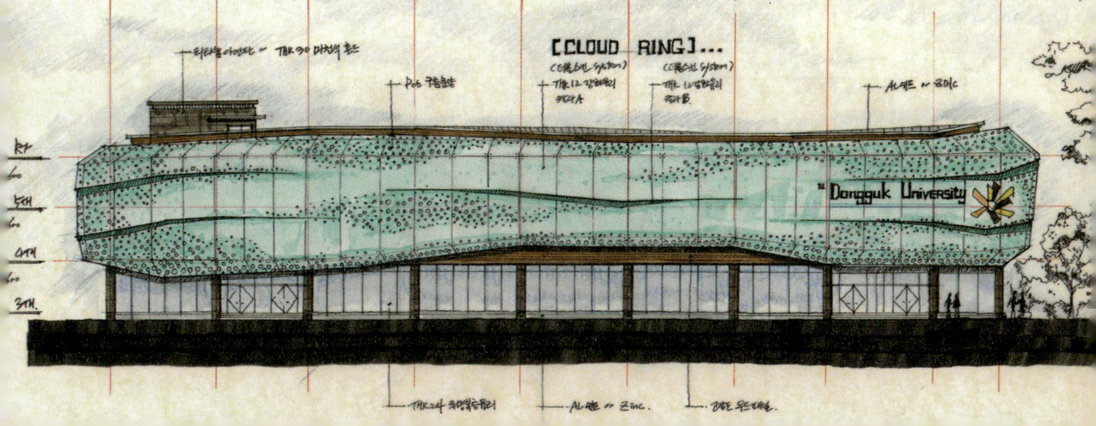

본관의 내부를 둘러보니 3층 강당 출입구 앞쪽의 사무공간으로 인해 가뜩이나 공간이 없던 홀이 더 비좁고 답답해 보였습니다. 문득 5층까지 오픈된 넓은 로비공간이 있었으면 좋겠다는 생각을 하게 됐죠. 이 생각은 5층의 일부만을 증축했던 본관 나머지 옥상부위를 이용하여 사무공간을 증축하는 아이디어를 떠오르게 했습니다. 그로인해 넓고 쾌적한 로비공간조성은 물론이고 각층 곳곳에 휴게공간을 마련하여 좁고 긴 복도공간에 빛이 들어오게 할 수 있었죠. 또한 장래의 강당수용인원 증가에 대비해서 기존 강당의 상층부에 270석의 객석을 위한 공간을 만들고 4~5층 복도를 이용하여 출입이 가능하도록 평면을 조정할 수 있었습니다.

3층평면도 [로비]

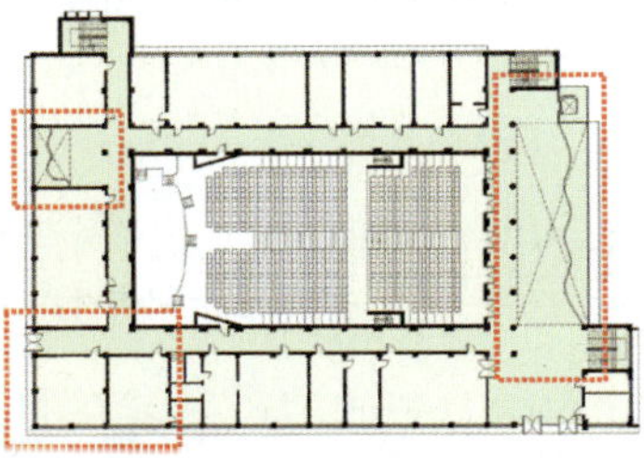

강당이 있음에도 홀공간이 없었던 기존평면을 변형하여 넓은 로비공간조성

광장레벨에서 비슷한 크기였던 두출입구의 위계를 조정하여 로비와 연계된 출입구 강조

4~5층평면도 [강당]

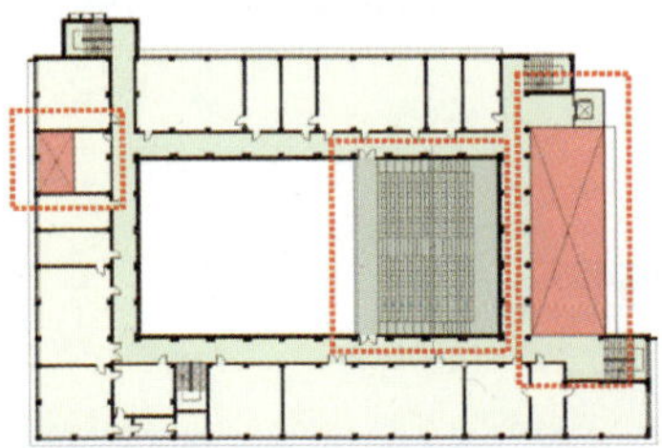

1개층이던 기존강당을 2개층으로 변형하여 객석 270석을 추가확보 하고, 로비상부공간 오픈 및 복도 휴게공간조성

'Sustainable'. 지속가능한 이라는 말이 있습니다. 환경에 직간접적으로 많은 영향을 미치고 있는 건축분야에서는 지속가능한 개발이라는 의미로 이 단어를 자주 사용하고 있습니다. 그런데 건축이라는 게 원래 반환경적인 것이어서 환경을 파괴할 수밖에 없는 것이라고 누군가는 얘기하더군요. 공감되는 말이었습니다. 최근에 친환경건축이니 생태건축이니 하는 말들로 지속가능한 건축을 얘기하고 있지만, 어쩌면 옛것을 허물지 않고 고쳐서 다시 쓰는 리모델링이야말로 진정한 지속가능한 건축이 아닌가 생각해 봤습니다.

북측 대학본관 전경

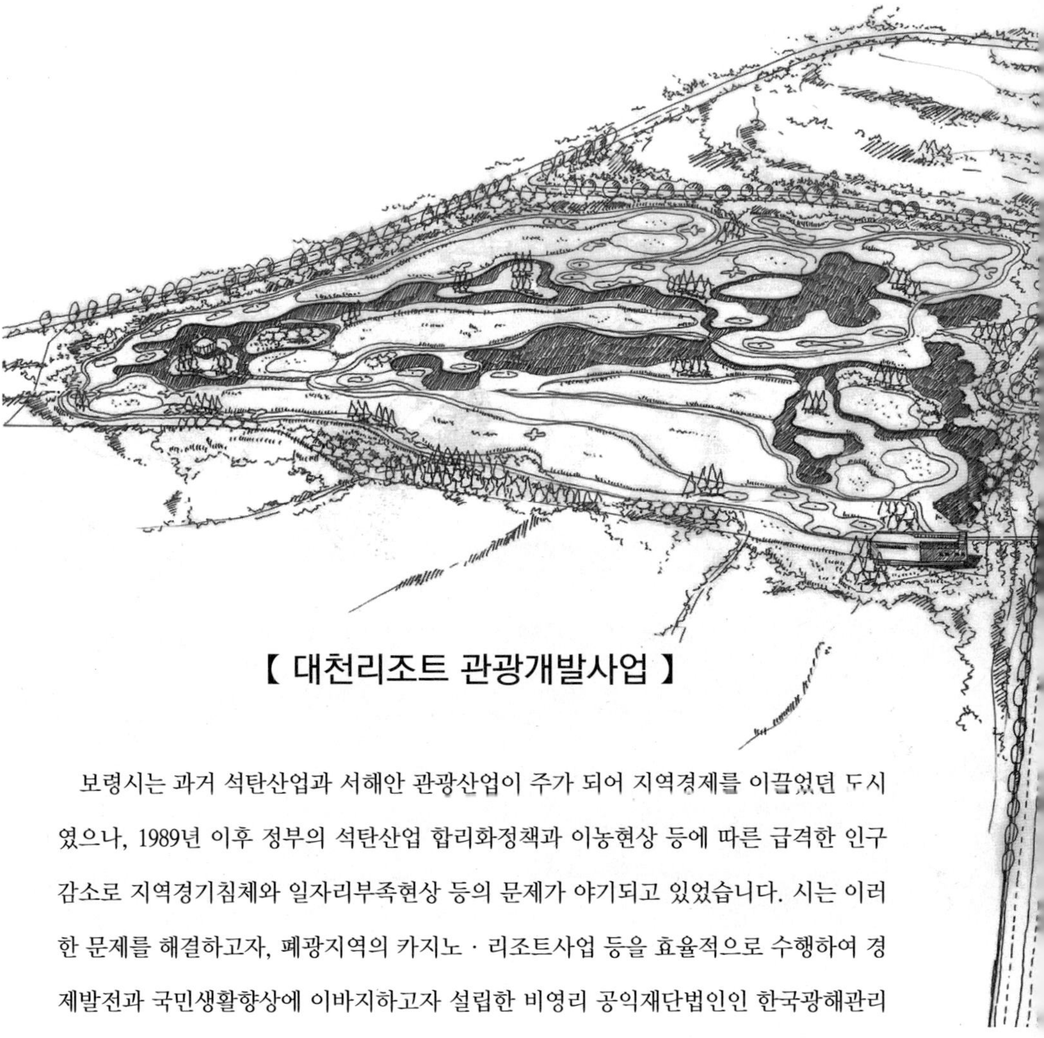

【 대천리조트 관광개발사업 】

보령시는 과거 석탄산업과 서해안 관광산업이 주가 되어 지역경제를 이끌었던 도시였으나, 1989년 이후 정부의 석탄산업 합리화정책과 이농현상 등에 따른 급격한 인구감소로 지역경기침체와 일자리부족현상 등의 문제가 야기되고 있었습니다. 시는 이러한 문제를 해결하고자, 폐광지역의 카지노 · 리조트사업 등을 효율적으로 수행하여 경제발전과 국민생활향상에 이바지하고자 설립한 비영리 공익재단법인인 한국광해관리공단과 협력하여 (주)대천리조트 법인을 설립하였습니다.

(주)대천리조트는 지역주민의 고용창출유도와 지역경제를 활성화시키고, 지속가능한 관광개발을 위한 수익사업을 추진하며, 폐광지역 경제 활성화사업과 연계한 폐광지역 거점관광지를 조성한다는 거창한 사업목적을 가지고 본 프로젝트를 발주하게 됐죠. 건강리조트, 지역과 함께하는 관광중심지로서의 리조트, 골프리조트를 테마로 하는 개발방향은 '건강과 웰니스를 추구하는 신개념의 가족형 건강리조트'를 만들겠다는 그들의 의지가 담겨있는 듯 했습니다.

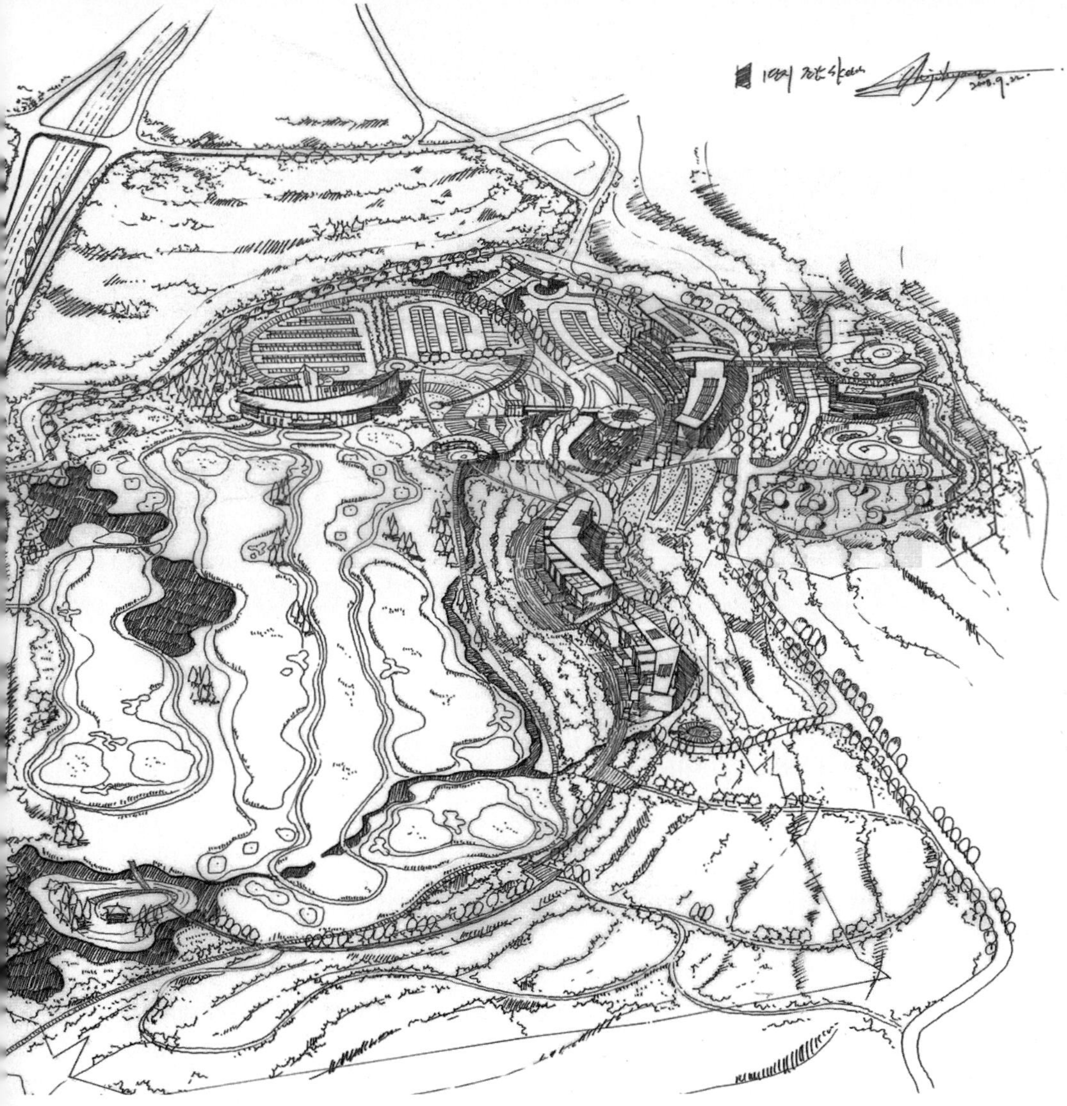

2008년 9월. 프로젝트는 한 달의 시간만이 주어졌습니다. 전 그때 건축사시험까지 봐야했죠. 프로젝트도 당선시키고 싶었고, 건축사시험도 잘 보고 싶었고. 두 마리 토끼를 한꺼번에 잡으려다보니, 정신적으로나 육체적으로 상당히 힘들었던 시간이었죠. 그래도 끝까지 긴장을 늦추지 않고 매일매일 열정으로 최선을 다했던 프로젝트였습니다.

제출용 조감도

9홀 골프장, 콘도, 체험시설, 커뮤니티시설 프로그램이 들어서게 될 본 사업은 클럽하우스, 그늘집, 관리동, 레일바이크스테이션, 타워형콘도, 페어웨이형콘도, 커뮤니티센터, 웰니스센터 등 다양한 시설들을 요구하고 있었습니다. 앞장의 스케치는 제가 마스터플랜을 마무리하고 판넬에 넣을 용도로 그린 것이죠. 스케치가 완성된 새벽, 전 바로 건축사시험장으로 달려가야만 했습니다.

···› 컨셉 키워드를 찾아라! ‹···

계획대상지는 충남보령시청의 인근에 위치한 약 400,000㎡의 넓은 구릉지형의 대지입니다. 대지 중앙에는 추후 도시계획도로인 국도 21호선 대체우회도로가 지나갈 예정이죠. 이 도로를 기준으로 우측의 대지는 경사도 22%~43%정도의 산 바로 아래의 구릉지형이며, 현재 폐광지역으로 과거 석탄을 채굴하고 연탄을 제조하던 공장의 흔적과 폐선로 및 폐갱도가 고스란히 존치되어 있습니다. 도시계획도로 좌측의 대지는 현재 논, 밭 등으로 사용되고 있으며, 경사도 6%정도의 완만한 지형으로 이루어져 있습니다.

사이트를 방문할 당시 대지를 본 첫 느낌은 폐광지역의 느낌 때문인지 적막함이 이

사이트현황분석

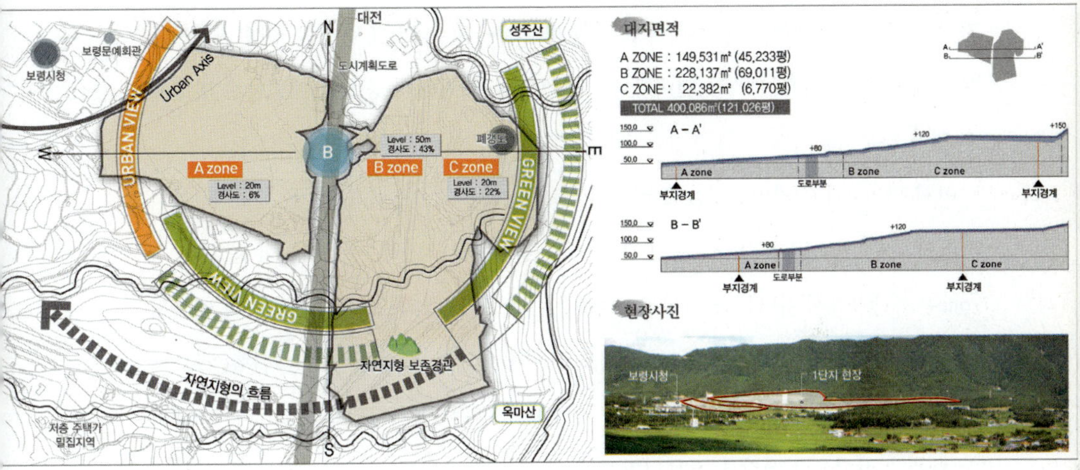

루 말할 수 없었죠. 하지만 시간을 갖고 대지를 둘러보면서 그 속의 대자연이 눈에 들어오기 시작했습니다. 산 바로 아래에 서있었을 때는 먼 곳의 서해바다 풍경이, 시원한 산들바람이, 울창한 자연의 숲이 느껴졌죠. 저는 바로 현장에서 느껴지는 이러한 자연의 소리, 바람의 소리, 대지의 소리에 귀를 기울이며 그 이미지들을 노트에 메모하기 시작했습니다.

현장답사 후, 우리는 주변현황과 대지분석을 심도 있게 진행하면서 대지가 얘기하는 무언의 영역을 구분하고, 현장에서 메모했던 사이트 이미지에 맞는 키워드들을 찾아 그 영역별로 키워드를 매치시켜보기로 했습니다.

도시계획도로 좌측의 대지는 A zone으로 빼어난 호수위의 평탄한 골프코스 이미지를 상상하며 '호수위의 그린' : [水(물), Water]라는 키워드를, 우측의 대지는 B zone으로 바람 부는 언덕위의 고난이도 골프코스 이미지를 상상하며 '바람의 언덕' : [風(풍), Wind]라는 키워드를 떠올렸습니다. 폐갱도와 접해있는 산 바로 밑의 대지는 C zone으로 숲속 체험과 커뮤니티 쉼터를 상상하며 '자연의 쉼터' : [林(숲), Wood]라는 키워드를 떠올릴 수 있었습니다.

이렇게 대지가 말해주는 느낌, 이미지들을 컨셉 키워드로 전환시켜보는 작업은 디자인을 진행함에 있어서 중요한 작업 중의 하나입니다. 대지에서 얻은 컨셉 키워드들은 전체 계획을 이끄는 핵심 언어가 될 수 있으며, 디자인의 중요한 개념들로 반영될 수 있기 때문이죠.

이제 위의 3가지 영역특성을 고려하여 지침이 요구하는 프로그램들을 분류 및 분석하면서, 영역별 건축공간과 외부공간이 가질 컨셉 이미지들을 만들어가야 합니다. A zone은 '운동+휴식'이라는 성격이 있으며 주로 대중골프장과 그늘집, 관리동이 배치될 것입니다. B zone은 '운동+숙박'의 성격으로 대중골프장, 클럽하우스, 타워형콘도, 페어웨이형콘도, 그리고 폐선로를 활용한 레일바이크시설이 배치되죠. C zone은 폐갱도를 활용한 전시공간과 각종 커뮤니티시설, 체험시설이 배치될 것입니다. 이중 체험시설은 실내·외시설로 구분되죠. 실내시설에는 머드와 해양요법 체험시설인 웰니스센터가 있으며, 실외시설에는 여러 가지 자연요법을 일정한 시간동안 단계별로 체험하는 내추럴팜센터와 자연을 이용한 놀이 체험시설인 내추럴플레이센터가 있습니다.

[대지분석을 통한 영역별 컨셉 키워드 도출]

Concept - (키워드 / 프로그램 / 건축 및 외부공간 이미지 / 단면개념)

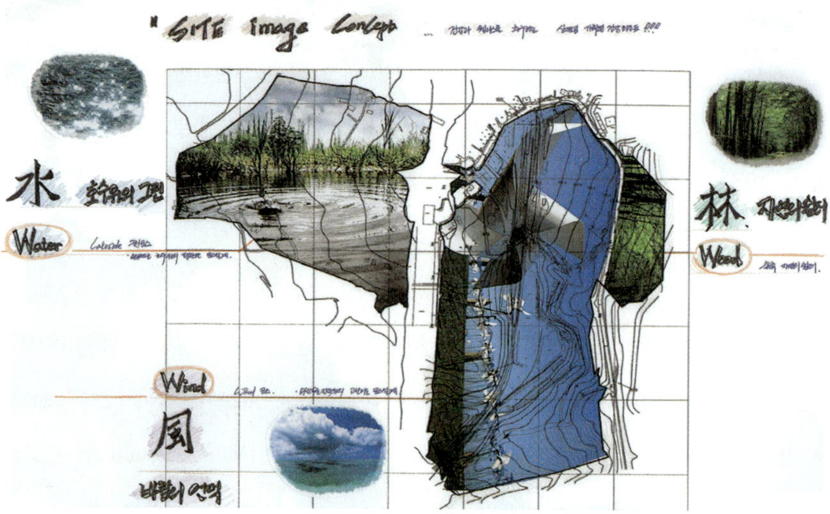

[영역특성과 지침이 요구하는 프로그램 분류 분석]

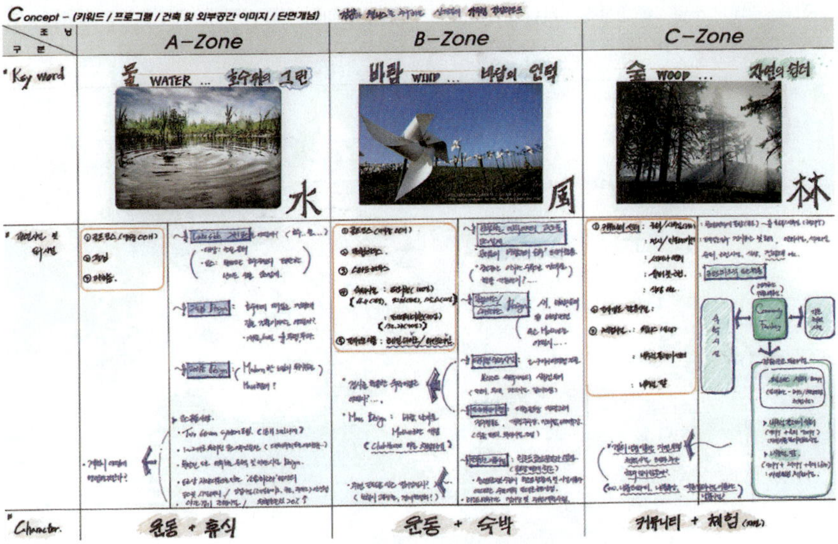

···› 간단한 스케치는 설득에 유용 합니다. ‹···

'경쟁하고 있는 외부의 적보다 내부의 적이 더 위험하다.' 가끔 이런 말을 들을 때가 있죠. 이 말을 좋게 표현하면, 같이 일하고 있는 팀원이나 그 조직의 윗분들을 설득시키는 것이 더 어렵다는 말을 하는 것입니다. 좀 안 좋게 표현하면, 일하는데 방해만 되고 전혀 도움이 안 되는, 뭐 그런 부류의 사람들? 어쨌든, 자신이 속한 조직의 사람들에게 '이 디자인은~입니다.' 라고 설득을 못시키는데, 그 결과물을 가지고 경쟁에서 이기겠다고 자신 있게 말할 순 없을 것입니다.

그럼, 자신이 생각하고 있는 개념들을 상대방에게 설득시킬 수 있는 방법은 무엇이 있을까요? 키워드 뽑아내기, 이미지 및 사례활용하기, 매스모형 만들기, 스케치하기, 혹은 시나 문구를 활용하기 등 여러 가지 방법이 있을 수 있습니다. 이중에서도 전 스케치를 자주 이용하는 편이죠. 자신이 생각하고 있는 개념들을 간단하게 그린 스케치는 상대방을 빠르게 설득하는데 정말 효과적이기 때문입니다.

[숙박동-타워형 콘도]

활공하는 갈매기의 날개를 형상화한 타워형 콘도는 경사지를 이용하는 저층부 테라스와 상층부의 타워형 숙박시설로 구성되는 친환경 건축물입니다.

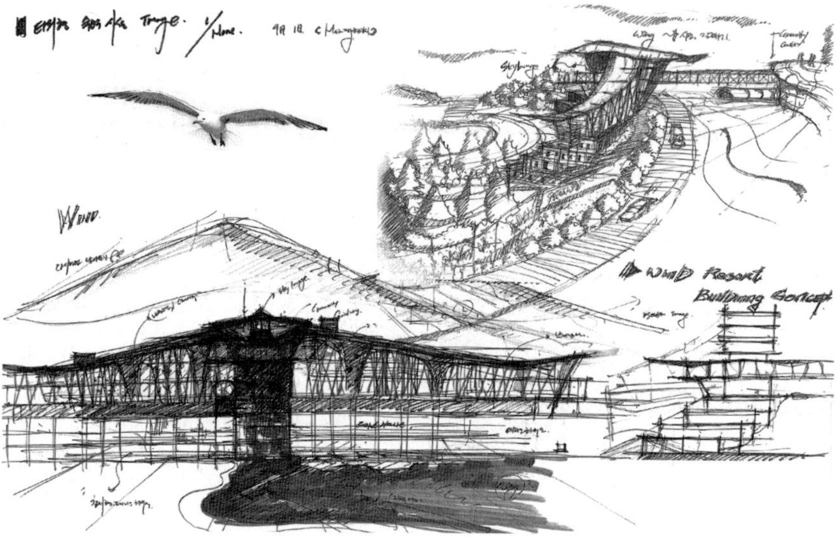

[숙박동-페어웨이형 콘도]

바람을 가르는 부메랑을 형상화한 페어웨이형 콘도는 지형에 순응한 테라스형 숙박시설로, 모든 객실에서 골프장 조망이 가능하며, 객실별 주차장과 각종 부대시설 계획을 통해 리조트 내에서의 독립성을 확보합니다.

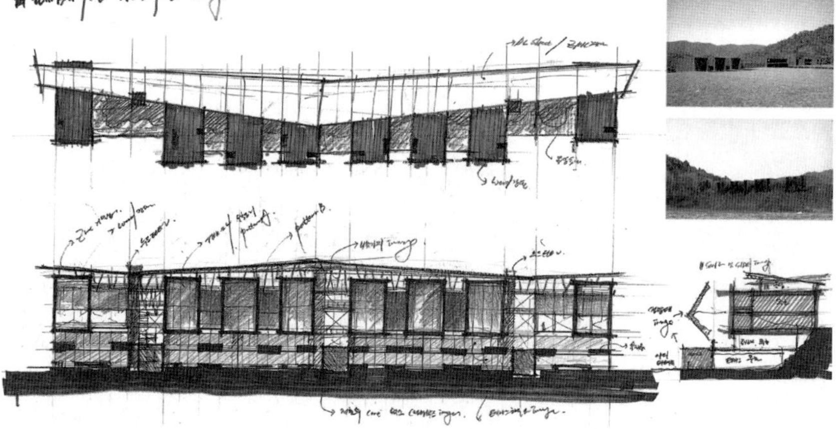

[클럽하우스, 그늘집]

부메랑의 이미지를 모티브로 부드러운 유선과 강한 축, 방향성을 갖는 매스형태로 디자인한 클럽하우스는 지붕전면의 태양광전지판을 활용하는 에너지절약형 건축물입니다.
그늘집은 호수위에 떠있는 전망대가 연상되도록 매스형태를 디자인한 골퍼들의 쉼터입니다.

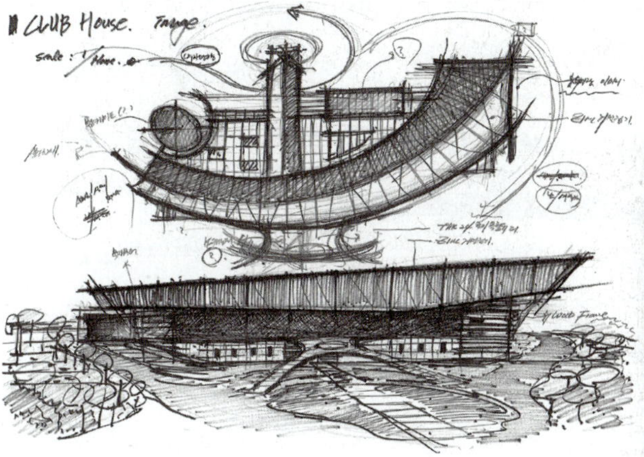

간단한 스케치들로 어느 정도 매스형태와 컨셉 등 디자인 방향이 결정되고 나면, 이제 본격적으로 입면, 재료, 색상 등의 디테일한 디자인 스케치를 진행하면서 계획도면을 완성시켜 나가면 됩니다.

[레일바이크스테이션]

달팽이를 닮은 역사 디자인을 구현함으로 폐선로를 활용하는 레일바이크의 친환경적 이미지를 표현하고자 했습니다. 자연을 닮은, 느려도 환경을 생각하는 레일바이크 역사입니다.

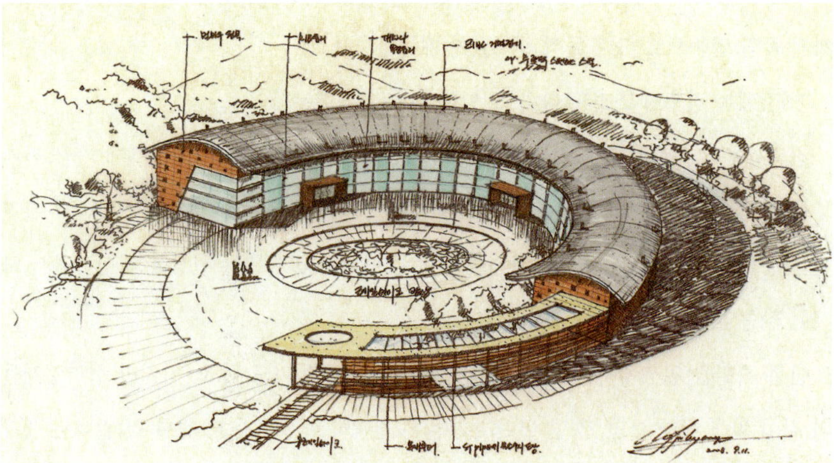

[웰니스센터]

자연과 건물이 하나되고 내부와 외부가 연계되어 걷고 즐기는 숲속의 길을 만들고자, 길과 건물이 하나되는 랜드폼 형태로 디자인한 웰니스센터는 기존의 능선을 최대한 활용하는 친환경 건축물입니다.

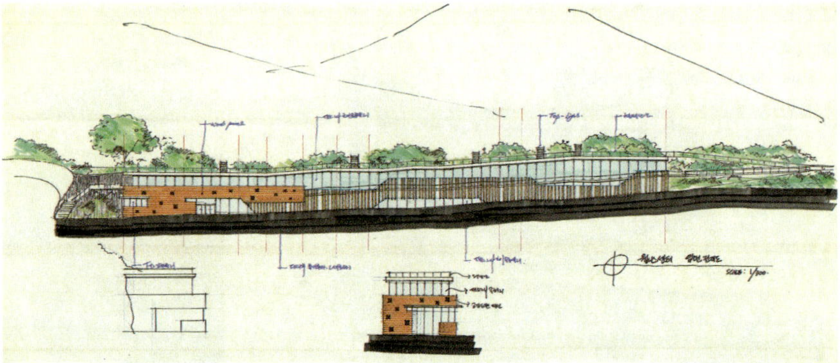

···› 건축가는 조경도 했다? ‹···

건축설계를 하는 것은 자신이 속한 팀원뿐만 아니라, 인테리어, 조경, 기계, 전기, 토목, 구조 등 여러 협력업체들을 총괄하는 통합능력과 탁월한 일정관리능력으로 프로젝트를 성공적으로 완수해야하는 일종의 경영을 하는 것과 비슷합니다. 일 처리하기 복잡하도록 이렇게 다양한 협력업체들이 생겨나는 이유는 건축과 관련된 업무들이 전문성을 갖게 되고, 점점 분업화가 되다보니 예전에 건축사무소에서 처리했던 업무까지 독립 업종으로 하나 둘씩 생겨났기 때문입니다.

"예전에는 건축이 조경도 다하고, 인테리어도 다 했는데~"

건축사무소를 운영하는 소장님들이나 경력이 많은 윗분들이 직원들에게 가끔 들려주는 말입니다. 설계비는 10년 전이나 지금이나 변함이 없는데 계속해서 건축과 관련된 업종들이 생겨나고, 건축이 차지하는 포션이 점점 줄어드는 현상을 걱정하면서 하시는 말씀입니다.

물론 직원들 입장에서는 옛날 얘기 한다는 생각이 들기도 하죠. 하지만 협력업체들과 같이 일을 하다 보면, 정말 어떤 부분들은 건축하는 우리가 더 잘할 것 같다는 생각

Masterplan Sketch

백상지위

플러스펜+색연필+마카

이 들 때가 있습니다.

경쟁설계를 진행하다 보면, 건축하는 사람들과 계획적으로 가장 많이 부딪히는 업체는 조경업체인 듯합니다. 마스터플랜을 진행하는 건축이 바라보는 조경의 선형들, 개념들과 조경이 바라보는 시각이 다소 차이가 있기 때문이죠. 우리가 생각하는 개념들을 제대로 조경담당자에게 전달하기 위해서는 유사사례든, 이미지든, 아니면 직접 스케치를 하든, 정확한 개념전달을 하기 위한 노력이 필요할 것입니다.

위의 그림은 앞서 정리한 개념들을 바탕으로 조경계획까지 직접 진행한 마스터플랜 스케치입니다. 제가 조경까지 스케치하는 모습을 보고서 주변사람들은 이렇게 반응하곤 합니다.

"왜 조경까지 스케치해요? 그거 원래 조경에서 해야 하잖아요."

원래 그런 거잖아요, 다들 그렇게 하잖아요… 이 말은 참으로 디자인하고자 하는 열정을 식게 만드는 말 중에 하나인 것 같습니다.

그럼, 과연 우리 건축가들의 역할은 원래 어디까지인걸까요? 스스로 의문을 가져보게 됩니다.

···› 개념정리는 승리의 지름길! ‹···

프로젝트 계획안이 어느 정도 정리단계가 되면, 뒤를 돌아보는 의미에서, 그리고 계획안이 엉뚱한 방향으로 가거나 초반에 의도했던 개념들이 빠진 것이 없는지 체크해 보는 의미에서, 글로 정리해 보는 계획개념정리는 꼭 필요한 작업입니다. 개념정리는 무엇보다도 계획안을 잘 포장하여 설명하게 될 중요한 자료가 될 것이며, 계획안의 질을 높여, 결국 우리를 승리로 한걸음 더 다가가게 해줄 것입니다.

대천리조트 관광개발사업의 최종 개념정리는 다음과 같습니다.

A ZONE 물 Water : 호수위의 그린_ (운동+휴식)

① 디자인 제시
· 코스설계 : 비치코스-레이크 사이드에 둘러싸인 차별화된 SEA 코스설계 (Two Green system 도입)
· 그늘집 : 영화 '레이크하우스'를 연상케 하는 호수위에 떠 있는 전망대
· 관리동 : 친환경 자재를 이용한 모던한 분위기를 제시하여 기존의 창고 이미지 탈피

② 소음완화계획
· 도로상 차량이동으로 인한 '소음최소화 방안'의 코스 및 시설배치를 위해 수공간 (저류지), 녹지대, 산벽을 적극 도입 활용하고 각 주요 시설물의 위치는 도로로부터 거리가 멀도록 배치하였음

③ 친환경 / 경사활용 계획 [시공성, 경제성, 운영비절감, 환경친화 실현 방안]
· Water Slope : (골프장) 완만한 경사에 알맞은 골프그린 조성 기존에 거의 평지로 구성된 땅으로 코스설계 또한 평지를 활용
· 골프코스 : 저류지를 적극 도입하여 우수집수 및 활용 방안 마련
· 친환경 옹벽계획 : 분할된 도로 옹벽에 벽천, 녹지대, 산벽을 도입 및 차단시설 차폐 계획 (2개로 분할된 골프코스 사이를 지나면서 자연을 바라보며 지나갈 수 있도록 이와 같은 친환경 요소들을 옹벽에 계획 함)
· 그늘집(레이크하우스) : -투명한 유리면 위에 친환경 자재인 목재루버 이용
-지붕층 옥상녹화로 에너지 절감
· 관리동 : 친환경 자재를 이용(목재패널이용)
· 식재이용 : B, C zone 으로부터 이식식재 적극 활용

[비치코스]

[친환경 옹벽]

[그늘집]

B ZONE 바람 Wind : 바람의 언덕_ (운동+숙박)

① 디자인 제시

· 코스설계 : 와인드코스-바람부는 언덕에서의 고난이도 코스설계 (Two Green system 도입)'골퍼들의 바람과의 한판승부' 테마 활용

· 클럽하우스 : 부메랑의 이미지를 모티브화 화여 골퍼들이 운동을 하고 다시 클럽 하우스 공간으로 돌아온다는 스토리텔링 반영

· 타워형콘도 : 시조인 갈매기를 형상화하여 바람을 타고 날아올라 전 골프코스를 조망 가능토록 계획

· 페어웨이형콘도 : 바람을 가르는 부메랑의 이미지를 모티브로 자연과 건물, 인간의 상호교류를 통해 자연과 함께하는 친환경쉼터 조성

· 레일바이크 스테이션 : 친환경구현이라는 제목아래 오염물질 배출이 없는 운송수단인 레일바이크의 친환경적 이미지를 표현 하고자 달팽이의 이미지를 형상화함

② 소음완화계획

· A zone과 동일한 방식임

③ 친환경 / 경사활용 계획 [시공성, 경제성, 운영비 절감, 환경친화 실현 방안]

· 마스터플랜 : 기존지형의 흐름에 순응하여 시설물의 배치를 유선형으로 계획함으로 시공성, 경제성 중속 및 환성친화건축 실현

· Wind Slope : (숙박시설) 자연지반을 고려한 테라스하우스 구성 및 다양한 커뮤니티 공간구성(골프장) 언덕을 형성하고 있는 기존 경사를 조정하여 고난이도 골프코스 설계

· 골프코스 : 저류지를 활용한 우수집수 및 활용 방안 마련

· 친환경 옹벽계획 : A zone과 동일한 방식임

· 클럽하우스 : 남쪽지붕의 전면을 태양전지판을 이용하여 에너지절감 계획

· 타워형콘도 : -바람길을 열어주기 위한 자연친화설계로 건물 전면부에 큰 필로티 공간을 두었으며, 폐갱도에서 흐르는 지하수를 집수하여 정화하고 골프코스로 흘려보내주기 위해 건물 중앙 전면부에 테라스를 활용하여 벽천을 계획

-건물 전면에 더블스킨으로 목재루버를 설치하여 서향의 빛을 차단 토록 계획

-경사를 활용한 저층부 테라스하우스 설계로 시공성 및 경제성 고려

· 페어웨이형콘도 : -경사를 활용한 테라스하우스로 시공성 및 경제성 고려

-친환경 자재이용(목재압축패널 등)

④ 가변공간 계획

· 클럽하우스 : 2층에 넓은 옥외데크를 형성하여 장래 수용인원 증가에 대비할 수 있는 증축공간 확보

· 주차장활용 : 클럽하우스 주차장(주차장1)의 오른쪽에 '주차장2'를 계획하여 레일바이크와 와인트레인이용인원 및 장래 수용인원에 대비할 수 있도록 여유로운 주차장을 계획하였으며, 비수기 때 계획된 주차장을 활용하여 보령시의 문화행사와 대천리조트의 홍보행사를 할 수 있는 가변적 공간으로의 야외무대가 가능하도록 주차장의 레벨을 스텝형식으로 계획하였음

· 숙박시설 : -내부평면의 세대별 공간벽을 가변벽으로 구성하여 성수기에 확장가능토록 계획

-타워형콘도는 장래 이용인원의 증가로 인한 공간부족을 해결하기 위한 방안으로 1층, 5층 필로티 공간과 8층의 옥외데크 공간을 마련하여 추 후 증축가능토록 계획하였음

[타워형콘도]

[클럽하우스]

[페어웨이형콘도]

C ZONE 숲 Wood : 숲속의 쉼터_ (커뮤니티+체험)

① 디자인 제시
· 커뮤니티센터 : 숲속에 우뚝 솟은 커다란 바위를 모티브화
· 웰니스센터 : 건축과 자연이 하나 되는 랜드스크래퍼 디자인을 구현함
· 내추럴플레이센터 : 자연경사를 이용하여 활동적인 것을 좋아하는 이용자들을 위한 옥외 머드슬라이드 공간을 마련
· 내추럴팜센터 : 옥외체험시설물들의 디자인은 신약의 형상을 모티브화하여 그곳에 들어갔다 오면 정신과 몸이 깨끗하게 치유될 것을 그리면서 시서물의 디자인 반영

② 친환경 / 경사활용 계획 [시공성, 경제성, 운영비 절감, 환경친화 실현 방안]
· 커뮤니티센터 : -토목량을 줄이고자 내부공간의 1층, 2층은 기존경사의 경사도를 반영/상부에 천창을 두어 에너지절감 계획
· 웰니스센터 : -지형에 묻힌 랜드스크래퍼 디자인으로 토목량 줄임
-인접한 땅을 활용한 지열이용/지붕층 옥상녹화
-굴뚝효과를 활용한 친환경설비 반영으로 에너지절감 및 환경친화 건축물 구현/친환경자재사용(목재루버, 목재패널)
· Wood slope (옥외체험시설) 내추럴플레이센터 와 내추럴 팜 센터는 자연경사를 적극 활용한 자연체험 시설계획

③ 가변공간 계획
· 커뮤니티센터 : 1층에 마련된 폐갱도 체험관련 전시시설공간을 활용하여 계절별 전시테마를 달리하여 수용인원의 흥미를 유발
· 웰니스센터 : 내부공간의 프로그램들을 계절별, 시기별 운영프로그램을 마련하여 항상 움직이는 체험공간이 되도록 계획
· 내추럴플레이센터 / 내추럴팜센터 : 내외부 공간의 프로그램을 웰니스센터의 가변 프로그램에 맞춰 계절별, 시기별 운영 프로그램을 마련

[커뮤니티/웰니스/내추럴플레이/내추럴팜센터]

이와 같은 개념정리는 딱히 방법이 있다기보다는 프로그램별로, 조닝별로, 아님 계획안의 진입순서별로 자신이 정리하기 쉬운 방법을 선택하면 됩니다. 대천리조트 관광개발사업은 '물, 바람, 숲'이라는 키워드로 대지가 가지는 영역별로 성격이 너무나 분명했고, 그 영역에 따라 프로그램들의 위치와 개념이 결정되었기에, 앞서 살펴본바와 같이 A, B, C zone 으로 나눠서 개념을 정리해 나간 것입니다.

한 시간이 정말 아쉬운 촉박한 경쟁상황이지만, 계획안을 빠르게 완성시켜야하는 '속도'만큼이나 최고의 결과물을 만들어내기 위해 우리 계획안의 '질'을 높이는 작업은 상당히 중요할 것입니다.

개념정리가 바로 우리 계획안의 질을 높일 수 있는 효과적인 방법 중에 하나죠. 경쟁설계를 하면서 우리가 시간이 없다는 핑계로 개념정리를 하지 않고 곧바로 계획도면을 그린다거나 디테일한 공간을 다루는 것은, 당장은 계획이 빨리 진행되는 것처럼 보일지 모르나, 어딘가 정리되지 않은 문제들로 인해 결과적으로는 계획안의 질적인 면에서 완성도가 떨어질 수 있을 것입니다. 그러므로 여러분도 누가 시키지 않더라도, 자신이 진행하고 있는 프로젝트의 개념들을 스스로 정리해보는 시간을 가져보도록 해야 합니다. 이러한 개념정리 작업은 아마도 프로젝트 후반에 본인이 담당하게 될 보고서 작업이나, 패널작업, PT작업 등의 각종 성과물과 관련해서도 아주 유용하게 쓰일 것입니다.

경쟁불패(競爭不敗)
#2-전략세우기

디자이너로
성공하기 위한
『현상설계 즐기기』

Part 1

경쟁불패(競爭不敗) #2 전략세우기

경쟁불패(競爭不敗)#2 - 전략(Strategy)세우기

경쟁설계에서 이기기 위한 '경쟁불패(競爭不敗)'. 두 번째는 '상대를 이기기 위한 전략세우기'입니다. 태어나면서부터 경쟁에 노출되어 있는 우리는 경쟁에서 이겨야 살아남을 수 있다는 것을 본능적으로 배웁니다. 경쟁에서 이기기 위해서는 전략적 사고와 행동이 중요합니다. 경쟁설계도 결국 승리하기 위한 싸움이고, 그 승리를 위한 총체적인 방법이 바로 우리가 알아볼 '전략'입니다.

"전략이란 생존에 중요한 역할을 하는 것으로써 삶과 죽음의 문제이기도 하며, 안전과 존망에 영향을 미치는 것이다.

어떠한 경우라도 전략을 소홀히 여겨서는 안 된다."

-손자의 〈손자병법孫子兵法〉-

손자가 말했듯이 경쟁설계의 전략은 한 프로젝트의 승패로 끝나지 않고, 회사의 흥망까지 좌지우지 할 수 있는 중요한 것입니다. 현상설계에서 패하게 되면, 회사에 막대한 손해만 입히고 끝나기 때문에 무조건 당선해야한다는 절박함으로 임하게 되죠. 턴키설계의 경우, 낙선하더라도 건설사에서 기본 설계비를 보장 받을 수 있기 때문에 설계사무소의 부담은 줄 수 있습니다. 그러나 건설사의 입장에서는 그만큼의 위험부담을 안고 진행하는 것이므로 당선을 위해 최선을 다해야 한다는 것에선 변함이 없습니다.

패배를 피하고 승리하기 위해, 그리고 궁극적으로 살아남기 위해 우리가 할 수 있는 것이 '전략 세우기'입니다. 그렇다면 우리를 승리로 안내해 줄 수 있는 전략은 무엇이고, 또 그것은 어떻게 세워야 하는 걸까요?

【 전략은 승리하기 위한 노하우! 】

고대부터 현대까지 인간의 역사에서 경쟁은 끊임이 없었습니다. 인류사는 곧 전쟁사이기도 하죠. 고대부터 전해지는 역사서에는 전쟁에서 이기기 위한 다양한 전략과 전술이 전해지고 있습니다. 서양사의 시작인 로마사나 고대 중국사도 결국 전쟁을 승리로 극복하기 위한 '전략의 싸움'인 것입니다.

전략(strategy)은 고대 그리스어로 '군대 지도자'를 의미하는 스트라테고스(strategos)에서 유래했습니다. 군사용법에서 사용되기 시작한 전략은 '전쟁을 전반적으로 이끌어가는 방법이나 책략'을 뜻했으나 현대에 들어와서는 '인생과 비즈니스의 모든 활동에서 어떤 목표에 도달하기 위한 최적의 방법'으로 그 의미가 확장되었습니다.

전략이 공식적인 학문으로 다뤄지기 시작된 것은 19세기경에 프러시안의 장교였던 클라우제비츠에 의해서입니다. 전략분야의 고전인 〈전쟁론(1834)〉의 저자로도 매우 유명한 그는 이 시기 유럽에서 승승장구하고 있던 나폴레옹 군대에 패했던 경험을 바탕으로 학교에서 전략을 가르치기 시작합니다. 이렇게 19세기 초에 시작한 전략에 대한 관심은 19세기 후반에 군사학문에서 비즈니스분야로 확장되었고, 오늘날에는 경쟁이 있는 모든 곳에서 유용하게 활용하고 있습니다.

전략의 개념을 경영학에 처음 도입한 챈들러(Alfred D. Chandler)는 "전략이란 기업의 장기적인 목표를 결정해서, 그 목표를 달성하기 위한 방식을 채택하고, 그에 소요되는 경영자원을 배분하는 것이다." 라고 했습니다. 전략은 '기업경영의 방법'이라는 것이죠. 프로젝트별로 당선이라는 목표를 위해 기획과 관리를 하는 경쟁설계는 '기업경영의 축소판'이라고 할 수 있습니다. 따라서 경쟁설계에서 전략을 세울 때에 비즈니스분야에서 많은 힌트를 얻을 수 있을 것입니다.

경쟁설계에서는 당선을 위한 올바른 계획방향이 필요하고, 프로젝트별 성격에 따라 스케줄 관리와 함께 인원구성 및 인원배분으로 경영자원의 적절한 운용이 요구됩니다. 결국 경쟁설계의 전략도 다른 분야에서 말하는 것과 다르지 않습니다. 전체적인 시각에서 목적과 방향이 분명한 계획을 하는 것, 곧 '승리를 위한 최선의 방법'이 전략인 것입니다.

'전략'의 하위 개념으로 '전술'이 있습니다. 전략이 장기적인 목표를 달성하기 위한 전체적이고 포괄적인 행동계획이라면, 전술은 전략적 목표를 달성하기 위한 직접적이고 세부적인 행동계획을 의미합니다. 개개의 전술은 전략에 의해 컨트롤 되어 하나의 목표를 향해 갈 수 있도록 해야 합니다. 전투에 필요한 것이 전술이라면, 전쟁에 필요한 것이 전략인 것입니다.

경쟁설계의 측면에서 보면, 프로젝트의 '무기'를 결정하고, 계획의 모든 힘이 한 방향을 향할 수 있도록 하는 의사결정의 영역이 전략입니다. 이러한 전략에 부합하는 영역별 세부계획이 전술이 되어 전략을 뒷받침 합니다.

세부계획이 잘못되면 비교적 수정하기 쉽지만 전략이 잘못되면 프로젝트의 근간이 흔들리게 되죠. 전술의 실패는 전략으로 만회할 수 있지만 전략의 실패는 곧 경쟁설계 자체의 실패로 이어집니다. 전략만 견고하다면 실패한 전술로 전투에서 패배하더라도 전쟁에서 이길 수 있습니다. 경쟁설계에서 계획의 뿌리인 전략수립이 매우 치밀하고 신중하게 이루어져야 하는 이유입니다.

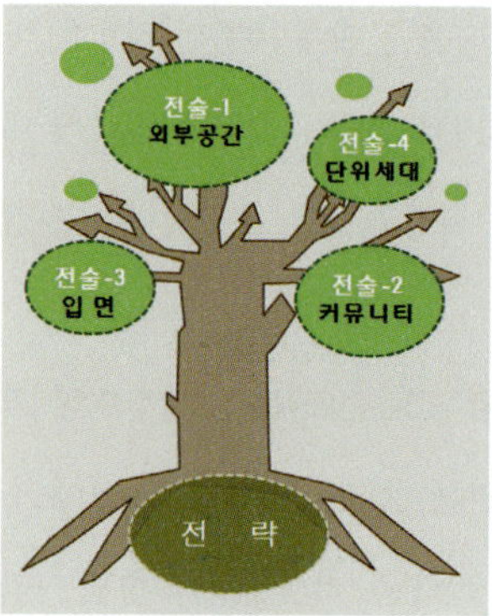

이러한 전략수립은 경쟁이 생활화된 현대인에게는 더욱 중요하게 다가옵니다. 인간에게 경쟁은 숙명과도 같죠. 진학, 취업 등의 통과 관문으로써 경쟁은 끊임없이 우리를 따라다닙니다. 사회생활을 하다보면, 겉으로 드러나든 심리적인 문제든 '관계'는 곧 '경쟁'을 의미하는 경우가 대부분입니다. 이런 경쟁사회에서 우리가 강자의 입장에서 경쟁할 수 있는 상황이 과연 얼마나 될까요? 대부분 우리는 약자의 입장에서 강자를 이기기 위해 고군분투합니다. 그렇다고 의기소침해 할 필요는 없습니다. 강자라고 해서 항상 승리하고, 약자라고 해서 항상 실패하진 않으니까요. 대신에 승리하는 사람에게 반드시 존재하는 '전략'을 알아야 합니다.

악조건이나 불리한 상황에 놓여 있더라도 전략이 있다면 이길 수 있습니다. 전략은 오히려 약자를 위한 승리방법으로, 약자가 강자를 이길 수 있는 일종의 비법인 것이죠. 자신의 강점으로 상대방의 아킬레스건을 집중 공략하는 것이 핵심입니다.

"군대는 물에 비유된다. 흐르는 물은 높은 곳을 피하고,
낮은 땅으로 흘러가듯이 군대도 적의 강점을 피하고, 약점을 친다."

-손자의 〈손자병법孫子兵法〉-

로마의 스키피오 장군과 카르타고의 한니발의 대결은 전략의 중요성을 잘 보여줍니다. 지중해에 면한 아프리카대륙에 위치했던 카르타고는 로마와 몇 차례에 걸친 포에니 전쟁에 의해 부흥했던 시대를 뒤로 하고 멸망해 버린 고대국가입니다.

제 2차 포에니 전쟁 때 지금의 스페인에 거점을 둔 카르타고 출신의 한니발은 코끼리 부대를 이끌고 겨울의 알프스산을 넘어 로마로 진격해 옵니다. 적진에 고립되어 전쟁을 치르면서도 그는 이탈리아 반도를 휘젓고 다니면서 로마시민들을 불안에 떨게 하죠. 이에 로마의 스키피오 장군은 한니발을 제압하기 위해 상대의 뿌리를 흔드는 전략을 세웁니다. 한니발의 본국인 카르타고와 군사적 거점인 스페인을 공격하자 근거지를 수비하기 위해 한니발은 로마에서 물러나게 되죠.

결국 한니발은 스키피오 장군에 의해 최후를 맞이하게 되고, 아프리카를 제패했다는 의미로 스키피오 장군은 '대 스키피오 아프리카누스'란 칭호를 얻습니다. 위기를 기회로 삼아 상대의 약점을 공략한 것이 승리를 위한 전략이었습니다.

〈스키피오와 한니발〉

경쟁상황을 전체적인 관점으로 통찰함으로써 정확한 전략 포인트를 찾아낼 수 있다면, 어떤 상황에서도 승리의 방법은 있습니다. 전략은 위기 상황에서 힘을 발휘하는 중요한 생존방법인 것이죠.

〈한니발의 이동경로〉

타사와의 치열한 경쟁 중에 위기가 닥쳐오더라도 '전략'을 잘 활용한다면, 그 상황을 얼마든지 극복할 수 있다는 것을 잊지 마시길 바랍니다.

【 '란체스터 법칙'과 경쟁설계의 전략 】

과거의 싸움이 칼을 사용하는 일대일의 경쟁이었던 반면, 현대의 싸움은 점점 진화하여 기관총이나 전투기와 같은 확률무기에 의해 승패가 결정이 납니다. 현대사회의 경쟁도 이러한 확률무기라고 할 수 있는 것들에 좌지우지 되죠. 다양한 환경과 요소들의 영향으로 결과를 쉽게 예측할 수 없습니다. 마케팅 분야를 보면 일방향 광고만이 존재하던 과거와 달리, 현재는 소비자들의 활발한 SNS활동이 제품의 성공과 실패를 만들어가기도 합니다. 이러한 다양한 물리적, 환경적 여건이 작용하는 현대의 경쟁체계에서 승리하기 위해서는 전략수립이 더욱 중요해졌습니다.

그럼 승리를 위한 필수적인 전제조건인 전략은 어떻게 수립해야 하는 걸까요? 여기서 우리는 '란체스터 법칙'을 통해 경쟁설계에서 승리할 수 있는 전략수립의 방법을 알아볼까 합니다.

란체스터 법칙은 1차 세계대전을 전후로 하여 영국에 살았던 F.W 란체스터(Fedric William Lanchester)가 발견한 전투 법칙입니다. 과학자이자 항공이론가였던 그는 항공기가 처음 등장한 1차 세계대전에서 항공기 엔진 설계에 참여하면서 전투기에 의한 공중전의 결과에 관심을 가지게 되었죠. 그 승패의 결과 분석을 통해 '전력 차이의 제곱만큼 그 전력 격차가 더 커지게 된다.'는 법칙을 발견하게 됩니다.

예를 들면, A국의 무사 4명과 B국의 무사 2명이 싸울 경우, A국의 무사 2명만 살아남게 됩니다. 그러나 전투기에 의한 공중전에서 A국의 전투기 4대와 B국의 전투기 2대가 싸울 경우, A국의 전투기 4대만 남게 되죠. 처음의 전력차인 2의 제곱인 4의 전력차로 승패가 결정나는 것입니다.

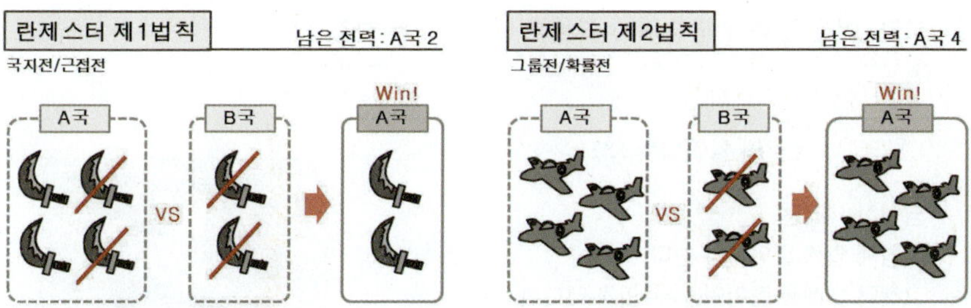

전자는 '란체스터 제1법칙'으로 칼이나 창으로 싸우는 근접거리의 전투에서는 처음 전력차로 승리한다는 법칙입니다. 후자는 확률무기를 사용하는 현대전에서 실제 전력보다 더 큰 전력차, 즉 처음 전력차의 제곱에 비례하여 승패가 결정난다는 '란체스터 제2법칙'입니다.

란체스터 제1, 2법칙 모두 표면상으로는 경쟁상태에서 무조건 강자가 유리하다는 힘의 논리를 다시한번 강조하는 것과 다르지 않습니다. 제1법칙이 적용되는 국지전은 병력수가 많은 쪽이 전력차만큼 유리하고, 제2법칙이 적용되는 확률전은 병력수가 많은 쪽이 전력차의 제곱만큼 유리하다고 하기 때문입니다. 그러나 이것은 동일한 방법으로 정면대결을 벌였을 경우에 한정됩니다.

란체스터법칙을 조금만 비틀어보면, 약자가 강자를 이길 수 있다는 것을 내포하고 있습니다. 약자임에도 불구하고 경쟁조건을 달리하면 승리할 수 있다는 것이 란체스터법칙이 시사하고 있는 '전략'인 것입니다. 결국 이 법칙의 근본 출발점은 약자와 강자가 서로 다른 전략을 사용해야 한다는 데에 있습니다. 그러므로 자신이 약자인지 강자인지를 파악하여 싸움에 임하는 방법을 달리해야 합니다. 이것이 전략수립의 기본이라고 할 수 있습니다.

내가 강자라면 약자의 도전을 초기에 총력을 다해 분쇄해야 하고, 만약 약자라면 경쟁조건인 전쟁터와 병력수, 무기를 달리 해야 합니다. 이 세 가지 조건 중 한 가지만 달리해도 싸워볼만 하죠. 이것을 증명하는 사례는 전투를 비롯한 여러 역사적인 상황에서 많이 찾아 볼 수 있습니다. 그럼 각각의 경쟁조건을 달리하여 승리한 사례들을 살펴보고, 이를 통해 전략수립의 지혜를 배워보도록 하겠습니다.

〈일찍 일어나는 새〉

당신이 새라면
아침에 일찍 일어나야 한다.
그래야 벌레를 잡아먹을 수 있을 테니까.
만일 당신이 새라면 아침에 일찍 일어나라.
하지만 만일
당신이 벌레라면
아주 늦게 일어나야 하겠지

–쉘 실버스타인

새와 벌레도
각자의 입장에 따라
전략을 세워야 합니다.

1. 전쟁터 선택. 치열한 경쟁에서 승리하기 위해서는 유리한 경쟁장소를 선택해야 합니다. 원정경기보다 홈경기가 유리하듯이 경쟁장소는 심리적 안정감과 전력증진의 토대가 되기도 합니다.

〈충무공 이순신 / 명량해전〉

충무공 이순신 장군은 명량해전에서 12척의 배를 가지고 왜군 함선 113척을 무찔렀습니다. 이런 싸움은 정면대결로 이기는 것이 불가능합니다. 충무공의 전략은 왜군의 많은 함선을 나누어서 싸우는 것이었습니다. 이를 위해 명량의 좁은 해협인 울돌목으로 왜군을 유인하였고, 12척의 배로 대군을 차례대로 격파하여 대승을 거뒀습니다. 결국 경쟁조건 중 하나인 '장소'를 아군에게 유리한 쪽으로 바꿔서 적을 분산시키고, 우리의 전력은 집중하여 승리할 수 있었습니다.

경쟁설계에서도 마찬가지입니다. 많은 비용과 높은 업무강도로 진행되는 만큼 손해를 최소화하고, 이익을 극대화하기 위해서는 이길 수 있는 싸움을 해야 합니다. 그러기 위해서는 해당 프로젝트의 설계비 규모와 상대사의 전략을 파악해서 유리한 경쟁장소를 찾아야겠죠. LH와 SH, 그리고 각 지방의 도시개발공사 등의 공공발주는 택지개발의 경우가 대부분이므로 한꺼번에 여러 블록이 나오는 경우가 많습니다. 각 설계사무소는 적합하다고 생각되는 블록에 입찰하게 되는데, 여기에서도 전략은 필요합니다. 어떤 전쟁터로 입장할 것인지를 결정해야하기 때문입니다.

대규모 회사가 들어가는 경쟁설계에 소규모 회사는 알아서 피하게 됩니다. 또 비슷한 규모의 회사끼리도 천적관계는 존재해서 기피하는 상대가 있기 마련이죠. 같은 상대에게 몇 번 지고나면 상대를 꺾을 자신도, 의지도 없어집니다. 가능성 있는 쪽으로 도전하는 것이 전략적으로 유리하다는 것을 아는 것입니다. 물론 경쟁설계의 입찰에 대한 부분은 좀 더 복잡한 사항들로 얽힌 회사차원의 전략이지만, 직원들도 어느 정도 파악을 하고 있는 것이 좋을 것입니다.

2. 전력의 집중. 나의 강점으로 상대의 약점에 전력을 집중해야 경쟁에서 승리할 수 있습니다. 이를 위해서는 나와 적의 전력을 면밀히 분석하여 인원투입, 무기 등의 전력을 어떻게 집중하여 활용할 것인지 고민해야 합니다.

전력집중에 의한 승리는 정치적 상황에서도 매우 중요하게 작용합니다. 영국 여왕인 엘리자베스 1세와 펠리페 2세의 싸움은 나의 강점으로 상대의 약점을 집중 공략해서 승리하는 방법을 보여줍니다.

당시 유럽의 막강한 세력이었던 스페인의 황제 펠리페 2세는 구교도의 수호자로서 신교도를 쓸어버리고 싶었고, 이를 위해 영국을 쳐야 했습니다. 그래서 엘리자베스 1세의 사촌이자 스코틀랜드의 여왕이기도 했던 메리 스튜어트를 영국 왕으로 앉히고 싶어 했죠. 하지만 여기서 엘리자베스 1세의 전략이 힘을 발휘합니다. 그녀는 펠리페 2세와 곧장 맞붙어 싸우지 않고 자신의 강점으로 치밀하게 스페인의 약점을 공략했습니다. 강력한 해군을 무기로 신대륙에서 운반해오는 스페인의 보물섬을 포획하게 하여 재정난에 봉착한 스페인을 흔들었고, 결국 이 싸움을 승리로 이끌었습니다. 스페인의 약점인 재정구조를 집중적으로 공략한 전략이 승리한 셈입니다.

〈여왕 엘리자베스 1세〉

경쟁설계에서도 적절한 투입인력과 컨셉전략 등으로 전력을 집중해야 합니다. 이때 힘의 논리로 볼 때 다른 조건이 같다면, 초기 인원투입이 중요한 승패요인이 되기도 합니다.

대규모 회사가 전력을 나누어 여러 경쟁설계를 하는 것과 소규모 회사가 전력을 집중하여 하나의 경쟁설계를 하는 것, 둘 중 어느 쪽이 경쟁력이 있을까요? 소규모 회사라도 전력만 집중한다면, 대규모 회사와의 경쟁에서도 충분히 이길 수 있습니다.

경쟁설계의 경우, 너무 적은 인원이 투입되면 프로젝트가 불안정한 분위기로 진행되어 눈앞의 문제해결에만 급급한 상황이 벌어지기 쉽습니다. 이것은 자연스럽게 결과물의 완성도까지 떨어지게 하는 원인이 되며, 당연히 경쟁에서 승패의 결과로 이어지게 될 것입니다.

3. 무기의 차별화. 경쟁에서 패하지 않으려면, 우리만의 '무기'가 될 수 있는 강점을 만들어야 합니다. 즉 상대와 차별화 할 수 있는 그 무엇이 있어야 하죠.

초창기 미국의 자동차 시장에서 포드사의 대중화 전략에 대응한 GM의 고급화 전략도 실패를 면하고 시장에서 살아남을 수 있었던 차별화 전략사례 중 하나입니다. 포드사의 T-카는 생산 자동화 시스템으로 자동차의 대중화를 이루면서 시장을 석권했습니다. 이에 시장에서 밀려난 자동차 회사들 중 일부는 합병을 통해 생존의 길을 모색했죠. 그 중 하나가 GM(General Motors)입니다. 포드가 골리앗이라면 GM은 다윗에 불과했으나, 저가이면서 누구나 탈 수 있는 T-카의 대중화 전략에 반대되는 전략을 세우면서 반전을 꾀했습니다. 고급차를 생산하기 시작한 것이죠. 자동차 소유를 특권이라고 의식했던 중산층을 겨냥한 것입니다. GM은 시보레, 폰티악, 뷰익, 캐딜락 등의 다양한 브랜드로 1930년대 미국 자동차 시장을 되찾을 수 있었습니다.

〈1930년대 포드사의 T-카〉

〈1930년대 GM의 폰티악〉

경쟁설계를 할 때, 초반 전략회의에서는 항상 '우리안의 강점은 무엇인가?'가 주요 논의 사항입니다. 사실 프로젝트를 진행하다 보면, 우리만이 내세울 무기를 만들기란 결코 쉽지 않습니다. 비슷비슷한 지침서와 계획의 선을 그어 놓은 법규들, 그리고 고여 있는 우리의 생각 때문이죠. 그러나 같은 상황이라도 다른 무언가와 결합하여 새로운 전략으로 접근하다보면, 얼마든지 강력한 무기를 만들 수 있을 것입니다.

발주처의 의지나 현황에 따라 강점을 만들기 위한 이슈도 달라집니다. 2011년 행복청(행정복합건설청)에서 발주한 〈행복도시 생활권1-4 M10BL〉은 자료분석에서 놓친 '한국성'이라는 트렌드 때문에 이슈를 통한 무기를 만들지 못했습니다.

하지만 2010년의 LH 발주의 〈원주혁신도시 B2,3BL〉은 '건강'이라는 이슈를 지형적 특성과 결합하여 '건강한 한국적 경사지 활용'이라는 무기를 만들어 계획의 강점으로 내세웠습니다. 무기가 없었던 행복도시 프로젝트는 패하였고, 우리만의 무기가 있었던 원주혁신도시 프로젝트는 승리의 결과를 얻을 수 있었습니다.

경쟁설계를 하다보면, 처음엔 전략수립에 고심하다가도 프로젝트가 진행될수록 그것을 잊거나 무관심해지는 경우가 더러 있습니다. 혹은 여러 프로젝트를 연이어 하다보면 심신의 피로 때문에 타성에 젖어 진부해진 예전 전략을 그대로 사용하기도 하죠. 이것은 낙선의 결과로 이어지는 지름길이 되기 쉽습니다.

일단 경쟁을 시작했다면 승리하기 위해 최선의 노력을 해야 합니다. 전쟁처럼 당장의 목숨이 왔다갔다하진 않더라도 가장 중요한 먹고사는 문제에 영향을 미치기 때문입니다.

앞서 설명한 '란체스터 법칙'을 근간으로 전략수립의 기본개념을 숙지한다면, 100%의 성공은 보장하지 못하더라도 어이없는 대실패는 피해갈 수 있지 않을까요? 경쟁설계가 자신만의 작품을 내놓는 예술이 아니고, 비즈니스 분야에 발을 걸쳐놓은 이상, 승리하기 위해 좀 더 치열하게 전략에 대한 관심을 가져야 할 때입니다.

【 전략구상의 3가지 조건 】

싸움의 기술이 총집합된 손자병법에서는 싸우지 않고 이기는 것이 최선의 전략이라고 말합니다. 싸우지 않고 이기기 위해서는 절대강자가 되거나 경쟁할 필요가 없는 안전한 전쟁터를 찾아 다녀야 하겠죠. 그러나 경쟁에서는 절대강자도, 안전한 전쟁터도 없습니다.

"승리에는 두 종류가 있다. 적을 공격하지 않고서 얻는 승리와 적을 공격한 끝에 얻는 승리인데, 전자는 최상책이고, 후자는 차선책이다. '백번 싸워 백번 이겼다(百戰百勝)'해도 그것은 최상의 승리가 아니다. 싸우지 않고 상대방을 굴복시키는 것이야말로 최상의 승리인 것이다."

-손자의 〈손자병법孫子兵法〉-

그럼 어떻게 해야지만 경쟁에서 승리할 수 있을까요?

바로 '경쟁전략'을 위한 전략구상이 선행되어야 합니다. 하버드대 교수인 마이클 포터가 제창한 경쟁전략(Competittive Strategy)은 경쟁자에 비해서 경쟁우위를 가지는 방법을 말합니다. 포터는 기업의 경쟁전략을 저원가전략, 차별화전략, 집중화전략의 세 가지 유형으로 제시하고 있는데, 이는 경쟁설계에서도 그대로 적용 가능합니다. 세 가지 유형 중 하나의 경쟁우위를 갖게 되면 경쟁에서 좀 더 유리한 지점에 있을 수 있죠. 그렇기 때문에 경쟁설계에서도 이를 위한 전략구상이 필요합니다. 경쟁전략을 제대로 수립하기 위해서는 전략구상 시에 만족해야 하는 세 가지 조건이 있습니다. 첫째, '분석은 철저한가', 둘째, '방향은 올바른가', 셋째, '방법은 적절한가'입니다. 그럼 2011년 가을에 진행했던 남양주지금보금자리주택지구 다군(A3BL) 프로젝트를 통해 전략구상의 세 가지 조건을 어떻게 만족해야 하는지 하나하나 살펴보도록 하겠습니다.

[남양주지금보금자리주택지구 다군(A3BL)] 프로젝트는 경기도시개발공사에서 발주한 현상설계로 LH에서 발주한 것에 비해서는 비교적 긴 기간이 주어졌습니다. 덕분에 우리 팀은 여러 가지 측면에서 고민해 볼 시간을 가질 수 있었죠. 이러한 시간들은 고스란히 전략구상에 공들인 결과가 되었고, 결과물에 대한 만족도뿐만 아니라 당선이라는 좋은 결과까지 얻을 수 있었습니다.

···› 분석은 철저한가? ‹···

전략구상 시 가장 먼저 해야 할 일은 모두가 알다시피 자료수집입니다. 적보다 멀리 보기 위해 넓은 시야를 가지고 자료를 찾아야 합니다. 또한 수집한 내용에 대한 철저한 분석이 뒷받침 되어야 승리를 위한 초석이 다듬어 질 수 있습니다. 전략은 그냥 생각만 갖고 정해지는 것이 아닙니다. 모든 생각의 발상은 기본적인 상황파악이 선행되어야 이뤄질 수 있죠. 이것이 곧 분석입니다.

전략을 세울 때는 대상지 현황과 발주처의 의지, 예상되는 심사위원의 성향, 그리고 시회적 · 건축적 트렌드까지 광범위하게 파악하고 예상해야 합니다. 화가 파울 클레(Paul Klee)는 "미술은 보이는 것을 표현하는 것이 아니라 어떤 것을 보이게 하는 것이다."라고 했습니다. 즉 견(見)하지 말고 관(觀)해야 한다는 말입니다. 경쟁설계에서 자료 분석을 통한 전략구상 시에도 기억해야 할 덕목입니다. 전체적으로 모든 정보를 알고 있어야 전략 포인트를 찾아낼 수 있고, 이것을 프로젝트의 전략으로 흡수시킬 수 있습니다.

남양주 지금지구를 시작하고 가장 먼저 실행한 것은 현장답사였습니다. 대상지는 아직 개발이 되지 않아 녹음이 풍부했고, 대부분의 땅이 주말농장으로 사용되고 있었습니다. 대상지 서측으로는 부영아파트 단지가 주거환경을 이루고 있었죠. 이 단지는 대상지에 면해서 높다란 벽을 형성하고 있었고, 이는 프라이버시나 개방감 측면에서 불리한 조건으로 보여 졌습니다.

〈대상지 안으로 흐르는 녹지가 인상적인 남양주지금지구 다군 현황〉

그에 비해 대상지를 포함한 우측의 현황은 자연적으로 매우 좋은 환경이었습니다. 부영아파트 옥상에 올라가 보니 북측에서 '숲'이 흘러 들어오는 것을 알 수 있었죠. 가까이 가서 보니 질 좋은 소나무 군으로 이루어진 숲이었고, 이는 보존가치가 매우 높아 보였습니다.

답사 후, 본격적인 자료분석을 하면서 우리는 이 '기존 소나무 숲'이 도시 전체의 녹지체계의 일부라는 것을 알게 되었습니다. 우리는 이것을 적극 보존하고, 활용해야 한다는 것에 모두 동의했고, 프로젝트의 핵심 전략으로 발전시켰습니다.

〈토지이용계획과 광역현황〉

현장답사를 통해 중심녹지 보존에 대한 이슈와 함께 인접한 아파트 단지에 대한 프라이버시 보호 대응이 필요하다는 것을 파악했습니다. 또한 지침서와 트렌드 분석으로 자연과 도시가 조화를 이루는 계획도 고려할 수 있었습니다.

간혹 급박한 일정의 프로젝트를 할 때 현장답사를 건너 뛰는 경우가 있는데, 현장답사는 되도록 다녀오는 것이 현황파악에 도움이 됩니다. 만약 우리가 답사를 다녀오지

않았다면, 대상지의 녹지가 보존가치가 높은 '소나무 숲'이라는 것을 파악하기 어려웠

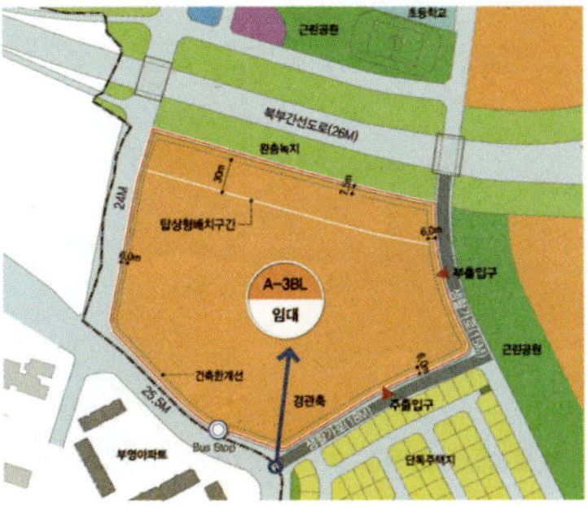

〈지구단위계획 분석〉

을 것입니다. 따라서 그것을 전략 삼아 적극적인 계획도 할 수 없었겠죠.

현장답사를 포함한 자료수집이 끝나면 이것을 팀원들 모두 공유할 수 있도록 현황분석 정리를 해야 합니다. 그래야 지침과 법규, 대상지 현황 모두 놓치는 부분 없이 전략을 구상할 수 있습니다.

···› 방향은 올바른가? ‹···

자료분석을 통해 전략 포인트가 파악이 되었으면 그것을 바탕으로 전략의 방향을 결정해야 합니다. 맞고 틀리고의 문제가 아니라 그저 우리가 제안하는 안이 설득력을 갖기 위해 근거를 찾는 것이 중요하죠. 그 근거가 전략적으로 힘을 가질 때 올바른 방향으로 나아가가고 있다고 말할 수 있습니다.

〈지금,숲으로 간다:Green Concert〉

지금지구에서 우리가 핵심전략으로 삼은 것은 대지 중심부까지 흘러들어온 지구 녹지체계 안의 '소나무 숲의 보존 및 활용'이었습니다. 이것은 자연친화적인 지금지구의 이미지를 부각시키는 데에도 적합하였고, 실제 현장답사를 통해서도 없애기엔 매우 아까운 부분이라는 판단이 들었죠. 여러모로 강력한 계획요소이자 전략 포인트라고 생각되어서 우리는 모든 계획을 여기에 집중하였습니다. '숲'이 흐르는 마을의 이미지로 타이틀은 '지금, 숲으로 간다'가 되었고, 전체개념은 'Green

Concert'로 정해졌습니다. 이 전략은 통했고, 우리 안은 당선되었습니다.

강력하고 올바른 방향의 전략이라는 판단이 들면, 그것을 돋보일 수 있도록 좀 더 적극적으로 계획해야 합니다. 그래야 계획안이 정해진 전략의 방향에 따라 힘차게 따라갈 수 있습니다.

···› 방법은 적절한가? ‹···

프로젝트의 핵심전략이 결정되었으면 구체적인 목표가 정해진 겁니다. 그 전략이 잘 드러나도록 계획을 진행하여, 그것이 우리의 강점이 될 수 있도록 모든 힘을 실을 방법을 고민해야 합니다.

이를 위해서는 전략의 하위개념의 세부 전략, 즉 각 분야의 전술이 필요하죠. 전략이 전술보다 중요한 것에는 이의가 없지만 그렇다고 전술을 등한시하면 안 됩니다. 하나하나의 전투에서는 계속 지는데 전쟁에서 이기는 경우는 없습니다. 각 전투에서 전술에 의한 승전보가 울려야 전쟁에서도 승리할 수 있죠. 경쟁설계에서도 마찬가지로 세부계획에서 매우 구체적인 방법으로 전체의 전략을 뒷받침해줘야 합니다.

지금지구에서는 기존의 소나무 숲을 보존하는 것이 핵심전략이었습니다. 그 때문에 주동배치와 외부공간 계획에서 소나무 숲을 비우고 시작하였고, 그에 따라 지하주차장 또한 기존 녹지 부분을 비우고 그 틈으로 자연환기가 가능한 친자연적 계획을 실현했습니다.

만약 외부공간에서 그림으로만 녹지를 살렸다면 소극적인 전략으로 크게 빛을 발하기 어려웠겠지만, 실제 '땅' 자체를 보존해서 전략을 극대화할 수 있도록 뒷받침 하였죠. 자연 지반을 살리면서 데크와 면하는 부분을 통해 지하공간에서도 자연채광과 자연환기를 누릴 수 있는 친환경 계획이 함께 이루어 질 수 있었던 일석이조의 아이디어였습니다.

커뮤니티 계획에서도 기존의 소나무 숲을 단지의 중심을 이루는 '마을숲'으로 구현했습니다. 자연과 커뮤니티가 어우러질 수 있도록 마을숲에 접하여 시설물을 집중시키고, 디자인도 이 기존녹지에 반(反)하지 않는 랜드폼으로 계획하여 주변 환경과 조화를 이룰 수 있도록 했습니다.

전체전략에 집중한 중요계획과 그 전략에 자연스럽게 어우러진 세부계획이 적절한 방법으로 조화를 이룬 〈지금, 숲으로 간다 : 마을숲과 녹색 산책로가 있는 전원마을 만들기〉가 탄생했습니다!

전략을 결정하고 거기에 집중한 결과, 이 계획안은 당선작이 될 수 있었습니다. 현장답사부터 현황분석, 여러 회 거듭된 전략회의 속에서 팀원 모두 열정을 갖고 고민했고, 하나의 전략이 수립되면서 그것에 집중하여 달려온 시간과 노력을 보상받은 기쁜 승리였습니다.

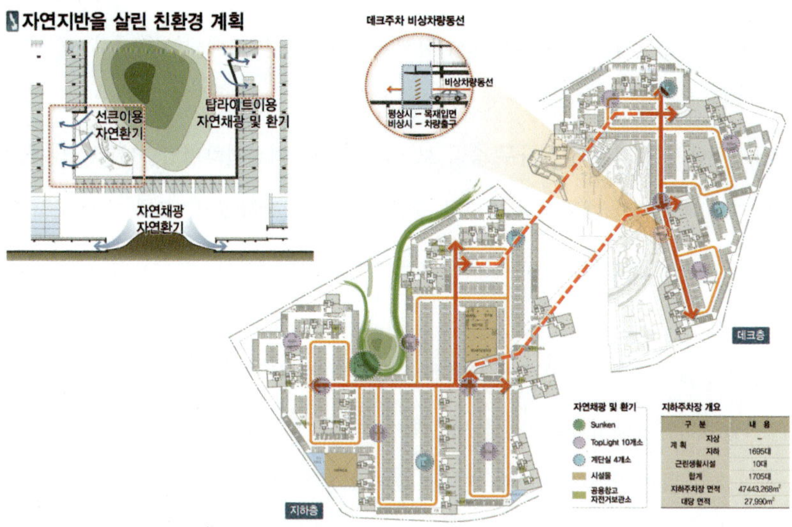

〈원지형인 소나무숲을 보존한 자연형 지하주차장계획〉

지금까지 지금지구 프로젝트를 사례로 '전략구상'의 세 가지 원칙인 '분석은 철저한가', '방향은 올바른가', '방법은 적절한가'에 대해 알아보았습니다. 전략구상 시 위의 원칙을 항상 염두에 둔다면, 각기 다른 프로젝트에서 강력한 강점이 되는 전략을 수립하는 데에 도움을 받을 수 있을 것입니다.

프로젝트마다 상황과 조건은 변하기 마련입니다. 지금지구에서는 땅의 현황인 기존의 '소나무 숲'이 중요했다면, 큰 이슈가 되었던 2008년의 〈광교에듀타운〉 프로젝트의 경우, '교육'이라는 인문적 현황이 계획의 중요한 전략이 될 수밖에 없었습니다. 이렇게 프로젝트마다 이슈가 달라지듯이 그에 맞는 전략이 필요합니다.

과거에 성공했던 전략이 현재의 성공도 보장하진 않습니다. 그 성공에서 빨리 벗어나서 현재의 프로젝트에 적합한 새로운 전략을 찾아야 합니다. 과거의 승리방법에 도착되어 반복하면 창의성 없는 맹맹한 계획안에 의한 패배만 있을 뿐입니다.

징기스칸(Chanz Khan)은 "성을 쌓고 사는 자는 반드시 망할 것이며, 끊임없이 이동하는 자만이 살아남을 것이다"라고 했습니다. 결국 전투상황인 전쟁터만큼, 경쟁설계에서도 각각의 상황과 조건에 변화무쌍하게 대응해 나가야 승리할 수 있다는 것입니다. 안주하거나 안일하게 대응해서는 결코 승리에 다가갈 수 없습니다.

상대와 상황을 면밀하게 연구하고 그에 따라 변화하는 전략을 구상하기 위해, 날카로운 분석력과 올바른 방향, 적절한 방법이라는 전략구상의 세 가지 원칙을 꼭 기억해둬야 할 것입니다.

【 '선택과 집중' 전략세우기의 핵심! 】

전략세우기는 곧 '선택과 집중'의 문제입니다. 전쟁에서도, 시장에서도, 경쟁설계에서도 결국 무엇을 선택하고 얼마만큼 집중하느냐가 승패를 가릅니다. 선택 없이는 집중도 없습니다. 또 좋은 선택을 했더라도 집중하지 않으면 초점 잃은 계획일 뿐입니다.

지금지구도 하나의 포인트를 선택하여 전략을 세우고, 거기에 모든 계획을 집중했기 때문에 '승리'라는 값진 결과를 얻을 수 있었습니다. 분야별 세부전략도 전체전략에 부합할 수 있도록 노력했죠. 다음 그림은 지금지구의 전략수립시 선택하고, 집중한 내용들을 간단하게 정리해 본 것입니다.

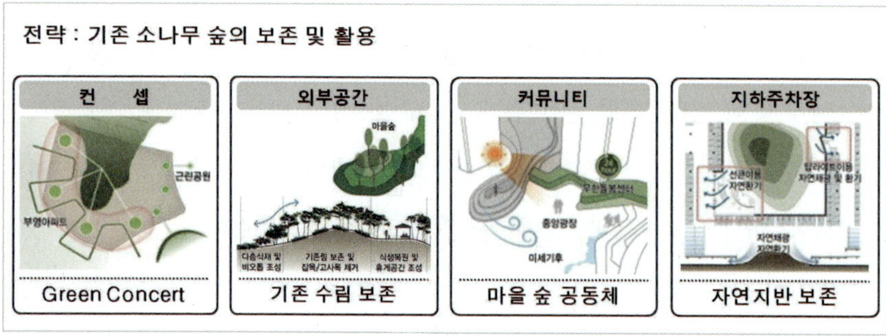

〈지금지구의 전략수립 - 선택과 집중〉

선택과 집중을 통한 전략수립시에는 프로젝트 PM의 역할이 매우 중요합니다. PM의 빠르고 정확한 판단력과 결단력이 프로젝트가 올바른 방향으로 나가는 데에 절대적인 영향력을 미치기 때문이죠. 선택과 집중을 하기 위해서는 먼저 PM의 결정이 떨어져야 합니다. PM이 이 사람 저 사람에게 이리저리 끌려 다니면서 결정을 제 때 해주지 않으면 프로젝트는 표류하는 배처럼 이리저리 떠돌다가 결국 목적지에 도착하지 못하는 최악의 상황까지 벌어질 수 있습니다. 적절한 시기에 팀원의 의견을 고려하여 빠르고 정확한 선택을 하는 것이 바로 PM의 역할인 것입니다.

PM의 결정만큼 팀원들의 역할 또한 중요합니다. 결정이 떨어지면, 팀원들은 설사 다른 생각이나 의견이 있더라도 정해진 사항에 잘 따라주어야 하나의 전략에 집중한 계획안이 완성될 수 있습니다.

란체스터법칙도 이 선택과 집중의 문제로 귀결됩니다.

'적군의 약한 부분에 아군의 전력을 집중하여 공격한다'는 것이 란체스터 법칙의 핵심이죠. 전쟁터와 무기 등의 경쟁조건을 아군에게 유리하도록 선택하고, 선택한 것에 최선을 다해 집중하여 공략하는 것이 승리를 위한 비법이라는 것은 앞서 강조한 바입니다.

경쟁 속에서 살아남은 기업을 보면, 이 '선택과 집중'의 문제를 중요하게 인식하고, 그에 따른 전략을 세워 왔다는 것을 알 수 있습니다. GE의 회장인 잭 웰치의 '1위 혹은 2위 전략'은 그래서 더욱 눈 여겨 봐야 합니다.

시장경제에서는 1위, 2위, 3위까지만 살아남는다는 '빅3(Big Three)'의 법칙이 있습니다. 1위, 2위까지는 수익을 내고, 3위는 그저 현상유지만 하게 된다는 것인데, 잭 웰치는 이를 바탕으로 회사의 전략을 세우고, 구조조정을 통해 1위 혹은 2위의 핵심산업에 집중해서 신화의 주인공이 될 수 있었습니다. 잭 웰치의 성공사례는 경쟁에서 승리하기 위한 선택과 집중의 중요성을 잘 말해줍니다.

인생을 살면서 우리는 매 순간 자의든 타의든 선택의 강요를 받게 됩니다. 어떤 선택을 하느냐에 따라 갈림길에서의 운명이 결정되죠. 이 때 여러 상황을 통찰하여 선택해야 합니다. 그리고 일단 선택을 했으면 그 선택이 잘못되지 않았다는 것을 증명하기 위해서라도 최선을 다해 집중해야 합니다. 할 수 있는 한 모든 것을 집중하면 없던 힘도 생기게 할 수 있죠. 파울료 코엘료가 쓴 〈연금술사〉에 나오는 유명한 문구를 떠올려 봅니다. "자네가 무엇을 간절히 원할 때 우주는 자네의 소망이 실현되도록 도와준다네." 간절히 원한다는 것은 그만큼 그것에 집중해 있다는 것이겠죠.

경쟁설계에서도, 우리 인생에서도 상대, 혹은 자신과의 싸움에서 승리하기 위해서는 '올바른 선택'과 함께 '최선의 집중'을 위한 노력이 필요한 법입니다.

공동주택 현상설계 [즐기기] I

디자이너로 성공하기 위한 『현상설계 즐기기』

Part 1

03 공동주택 현상설계 [즐기기] I

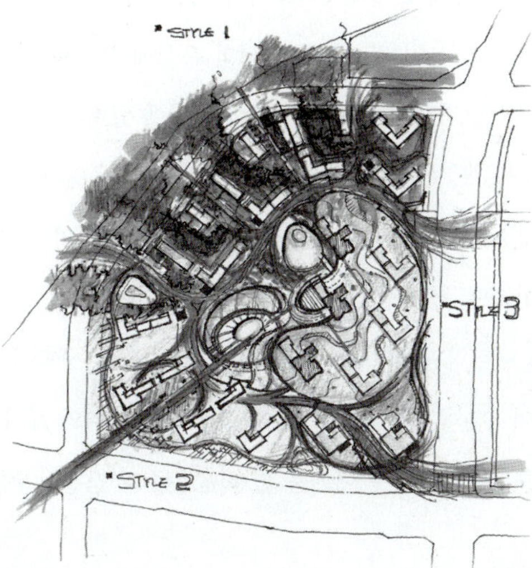

03 공동주택 현상설계 [즐기기] I

자신만의 프로세스 익히기

공동주택은 앞서 '현상설계 [이해하기]'에서 살펴본 것처럼, 신경써야할 부분과 해야 할 업무들이 상당히 많고 복잡합니다. 그러다보니 당연히 많은 인원이 프로젝트에 투입될 수밖에 없죠. 규모마다 어느 정도 차이가 있지만, 현상설계 한 프로젝트를 진행하는데 있어서 일반건축이 보통 5~6명 내외로 투입될 때, 공동주택은 10명 내외로 투입하게 됩니다.

이러한 공동주택 경쟁설계를 할 때에는 다음 몇 가지 사항을 염두에 둬야 합니다. 먼저, 담당 PM은 통합능력과 일정관리능력을 십분 발휘해야 할 것입니다. 많은 인원이 투입되다 보니 서로 의견조율이 쉽지 않을뿐더러, 자칫 잘못하면 전체 스케쥴에 차질을 가져올 수 있기 때문에 코디네이터로서의 역할을 확실히 해줘야 합니다. 그리고 각 분야별 담당자들은 법규 및 지침서를 상세히 분석해야 합니다. 공동주택의 핵심인 배치계획뿐만 아니라, 단위세대, 각종 부대시설계획에 있어서 적용할 법규 및 지침들이 서로 상이하기 때문에, 해당내용을 정확히 파악해서 계획해야만 감점의 그늘에서 벗어날 수 있을 것입니다. 또한, 분야별 담당자들은 맡은바 업무를 시간 내에 확실하게 처리해야 합니다. 모든 경쟁설계가 그렇지만, 특히 공동주택 경우는 계획분야가 많아서 한분야가 잘못돼버리면 나머지 분야는 어찌할 수없는 상황이 벌어질 수 있기 때문입니다. 앞으로 여러분이 프로젝트를 수행함에 있어서 위의 세가지 사항들만 잘 염두에 둔다면, 아마도 여러분은 큰 어려움 없이 공동주택 경쟁설계를 즐길 수 있을 것입니다.

자, 그럼 '송파위례 A1-10BL 택지개발사업 현상설계' 그 작업의 순간들을 같이 살펴보면서, 자신만의 프로세스 익히기에 도전해보도록 합시다.

【 송파위례 A1-10 BL 택지개발사업 】

2012년 1월 초부터 2월 중순까지 약 한달 반이라는 기간 동안, SH공사에서 발주한 '송파위례 A1-10 BL 택지개발사업'을 우리 팀의 첫 프로젝트로 진행하게 되었습니다. 사무실에서 매해 시작하는 첫 프로젝트는 그 수행 팀에게 많은 부담감을 안겨줄 수밖에 없습니다. 새해 출발이 순조로운지 혹은 그렇지 않은지에 따라서 팀 분위기나 사무실 분위기에 어느 정도 영향을 미치기 때문이죠. 경쟁에서 이길 수 있는 싸움만하면 참 좋겠지만, 그 결과는 아무도 예상할 수 없는 것이기에, 우리는 단지 좋은 결과만을 기대해보며 치열하게 달려갈 수밖에 없었습니다. '송파위례 A1-10 BL 택지개발사업'. 이 사업의 설계경기방식은 '제한공개공모경기방식'으로 진행되었습니다. 또한, SH공사의 의지로 본 사업은 창조적 디자인의 미래지향적 주거단지를 개발하기 위해서, 주변 자연환경에 어울리는 환경친화적 주거단지를 계획의 기본방향으로 하여 새로운 주거공간을 조성하자는데 그 목적을 두고 있습니다. 다음은 공사에서 제공한 사업개요와 공동주택 개발방향에 관한 개략적인 내용들입니다.

1. 사업개요

(1) 위　　치 : 서울시 송파구 거여, 장지동 택지개발 사업지구내
(2) 대지면적 : 120,415㎡
(3) 지역지구 : 제3종 일반주거지역 - 용적률 : 170%이하
(4) 규　　모 : 1개단지, 2,654세대

구 분		전용면적(이하)				계	비율
		39㎡	49㎡	59㎡	74㎡		
A1-10	공공임대 (국민임대40%이상)	250	1,006	754	644		
계		250	1,006	754	644	2,654	100%

2. 공동주택 개발방향

(1) 창조적 주거단지 디자인

· 획일적인 형태에서 벗어나 도시디자인에 어울리는 창조적 디자인 계획
· 주변 자연환경과 조화되는 색채와 외관으로 차별화된 단지 조성
· 지형, 자연을 이용한 다양한 주거유형 도입

(2) 미래형 커뮤니티 조성

· 자연스런 이웃 간의 교류가 일어날 수 있는 커뮤니티 공간제공
· 커뮤니티 시설 집중화, 다양한 계층이 어우러지는 마을공동체 형성

(3) 저탄소 녹색단지 구현

· 저탄소 녹색성장을 위하여 생태환경을 고려한 녹지환경 조성
· 단열 및 자연환기를 통한 쾌적한 실내환경 조성
· 환경친화적, 친환경 저에너지 계획기법 적극반영

(4) 환경친화적 주거단지 구현

· 주변 자연환경에 어울리는 친환경 전원도시(Green & Blue network)
· 대중교통 및 녹색교통을 이용한 인간중심의 네트워크 계획수립
· 경제성, 안전성을 고려한 자원절약형 단지조성

···› 전략적인 지분별 짝짓기 ‹···

[프로젝트팀 구성-Time, Cost, Manpower/ 일정계획]

아프리카 정글속의 생존경쟁에서 살아남을 수 있는 방법은 두 가지가 있습니다. 정글의 왕 사자처럼 월등하게 힘이 세거나, 아니면 하이에나들처럼 똘똘 뭉쳐 힘을 모으거나. 이 두 경우가 아니면 결국 다른 동물들에 의해 잡혀먹게 되고 맙니다.

경쟁설계 또한 마찬가지입니다. 하나의 프로젝트를 수주하기 위해선 내가 소속된 사무실이 경쟁사가 엄두도 못 낼만큼 큰 위력을 갖고 있거나, 만약 그렇지 않다면 상생협력 차원에서 타 회사와 전략적으로 협력을 해야 합니다. 그러다보니 경쟁설계의 시작은 항상 눈치작전부터 시작하게 됩니다. 마치 정글속의 하이에나들이 먹잇감을 물기위해 호시탐탐 기회를 엿보는 바로 그것처럼 말이죠.

요즘은 정보가 생명인지라 경쟁설계에 참여하는 대부분의 사무실들이 발주처에서 예정중인 프로젝트들을 어느 정도 파악하고 있습니다. 그래서 프로젝트가 정식으로 공고되기도 전에 어느 사무실이 참여의사가 있는지 사무실들끼리 네트워크를 통해 정보를 공유하게 됩니다. 그 과정에서 서로 눈치작전을 펼치다가 경쟁에 전혀 승산이 없다고 판단되면 프로젝트에 참여하지 않는 경우도 있고, 반대로 조금이라도 수주확률을 높이기 위해 업체 간에 전략적으로 컨소시엄(이하 컨소)을 만들어 경쟁에 참여하기도 합니다. 후자의 경우 컨소하는 업체들 간에 지분을 어느 정도 갖고 가느냐를 놓고 내부적으로 경쟁을 하게 되며, 지분관계가 서로 맞지 않을 때에는 다른 업체와 컨소를 진행하는 경우도 종종 발생하곤 합니다. 한마디로 말해 '전략적인 지분별 짝짓기'를 하는 것이죠.

송파위례 A1-10 BL 택지개발사업(이하 송파위례) 현상설계는 접수당일 주관사를 기준으로 10개사가 접수했으나 결론적으론 그중 5개사(토문+신도시/ 삼우+디에이/ 희림+원양/ 예주/ 머릿돌건축사사무소)만 프로젝트에 참여했습니다. 제가 소속된 토문

+신도시 컨소는 토문건축 60%, 신도시건축 40%로 비율로 지분별 짝짓기를 진행하게 됐습니다.

본격적인 프로젝트 수행을 위한 합사를 운영하기 전까지, 아니 그 이후에도 주관사는 주관사대로 부관사는 부관사대로 서로가 조금이라도 손해를 보지 않으려고 소위 말하는 밀당(밀고 당기기)을 계속해서 하게 됩니다. 송파위례 프로젝트의 경우 초반에 투입인원과 투입시점을 두고 신도시건축과 의견충돌이 많았습니다. 우리 입장에선 당연히 좀 더 안정적인 인원으로, 좀 더 빨리 프로젝트를 진행하고 싶어 하고, 부관사인 신도시건축 입장에선 아무래도 우리보다는 그런 면에서 덜하기 때문이겠죠. 컨소를 하게 되면 이런 일들은 비일비재하게 발생되는데, PM은 이유야 어떻든 간에 프로젝트를 원활하게 진행하기 위해 최적의 프로젝트팀을 구성해야 합니다. 그러기위해선 컨소업체와 협상을 잘 해야만 하죠. 앞서 레이크사이드 C.C 프로젝트에서 얘기했듯이, 프로젝트팀을 구성하기 위해선 3가지 조건을 검토해야 합니다. Time, Cost, Manpower. 컨소업체와의 협상테이블에서 좀 더 수월하게, 원하는 방향으로 협상을 진행하길 원한다면 바로 이 3가지 조건을 면밀히 검토하여 잘 활용해야할 것입니다.

Time (시간)	작품접수 2월 14일. 오늘이 1월 2일이니까 약 6주 남았다. 그런데 중간에 설 연휴가 있으니 실제 작업기간은 약 5주 정도다. 제출도서가 도판A0 2매, 설계계획서A3 50매, 내부평가도면A1 10매. 단지규모가 2,654세대. 이 작업량을 고려했을 때 초기 ALT작업은 각 사무실에서 진행하기로 하고 적어도 다음주, 즉 9일부터는 합사를 운영해야한다.
Manpower (인력)	2,654세대의 제출도서 작업량을 고려했을 때, 총괄PM(1), 배치도(1), 단위세대(2), 주거입면(2), 부대시설(2), 전략 및 보고서(4). 총 12명이 필요하다. 지분 6:4를 감안하면 토문건축이 7명, 신도시건축에서 5명이 투입돼야 한다. 직급은 단위세대, 부대시설, 보고서작업을 할 수 있도록 과장급 2명, 대리급 2명, 사원급 1명이 필요하다.
Cost (비용)	모형, CG, 편집, 인쇄, 조경 외주비가 총 OOO원 정도다. 5주간 투입인원 12명의 인건비가 대략 OOO원, 합사직접경비가 OOO원이 예상된다. 모형-OO업체/CG-OO업체/편집-OO업체/인쇄-OO업체가 작업 퀄러티도 높고 가격도 타업체에 비해 저렴하다. 우리팀이랑 계속 거래해온 업체들로 손발도 잘 맞으니 이 업체들로 정하자. 조경은 토문조경이 있으니 토문조경에서 하겠다. 합사는 최근에 사무실 임대비용이 만만치 않으니 토문건축합사를 이용해서 비용을 절감 시키자.

현상설계를 하다보면 왜 꼭 프로젝트의 중요한 시기에 명절이 끼어있는지 참 아이러니 합니다. 대부분 그런 상황이면 명절 하루 이틀 빼고는 계속해서 작업을 진행하곤 하죠. 시간이 여의치 않은 경우는 아예 하루도 쉬지 못하고 작업을 해야 하는 경우도 종종 발생하게 됩니다. 어쩔 수없이 직원들은 남들 다 고향으로 향할 때 컴퓨터 앞에 앉아 지루한 캐드놀이를 합니다. 매번 느끼는 거지만, 작업능률이라곤 거의 제로상태죠.

이 프로젝트 역시 우리 고유의 명절인 설날이 중간에 끼어 있었습니다. 설 연휴가 거의 일주일인데, 남들 쉬는 만큼 이번에는 한번 제대로 쉬고 싶다는 생각이 들었습니다. 뭐 그때 작업한다고해서 많은 일들을 처리할 것 같지도 않았구요.

"두드리라 그러면 열릴 것이다."라는 말이 떠오르더군요. "그래, 어디한번 해보지 뭐~" 저는 신도시건축과 협의하기 위해 만들어 놨던 일정표를 다시 꼼꼼히 들여다보기 시작했습니다. 작업시간을 줄일 수 있는 부분은 줄이고, 불필요한 회의는 없애버리고, 보고를 최소화 하는 방향으로 일정을 조정해보기로 했죠. 고민하느라 머리는 좀 아팠지만, 다행이도 원하는 대로 일정을 조정할 수 있었습니다.

설 연휴는 다 쉬자는 말에 일부 팀원들은 그래도 괜찮냐는 눈빛이었습니다. 아마 쉬고 난후에 일양이 많이 쌓일까봐 걱정하는 것이겠죠. 해보지도 않고 미리 걱정하는 건 그리 좋지 않습니다. 쉴 수 있을 때 제대로 쉬어보자구요.

팀원들과 일정회의 중

"이번 설날연휴는 다 같이 쉬는 일정으로 조정했습니다. 문제없으시죠?"

"아~ 정말 그래도 괜찮아요? 갔다 오면 계속 철야할거 같은데…"

"업무시간에 최대한 집중해서 일하면 문제없으리라 봅니다. 남들 다 쉬는데 일하면 일이 제대로 되겠어요?"

···› 프로젝트 시작, '지침과 법규, 그리고 규모검토!' ‹···

[지침 및 법규분석/ 배치용량검토]

일반건축이든 공동주택이든 간에 프로젝트가 시작되면 팀원들이 가장먼저 해야 할 일은 무엇일까요? 당연한 말이겠지만, 발주처의 의도가 담긴 설계지침서를 꼼꼼히 분석하는 일입니다. 그리고 관련된 법규들을 찾아서 체크리스트를 만들어 놓고, 그 내용들을 빠지지 않고 계획에 잘 반영될 수 있도록 계속해서 숙지해야 합니다.

밤낮없이 팀원들과 혼신의 힘을 다해 준비했던 프로젝트가 타사와 경쟁도 제대로 못하고 떨어진 적이 있었습니다. 다들 마감하느라 정신없는 상황에서 지침과 법규내용을 일부 놓쳐버린 거죠. 결국은 발주처에서 우리 안을 심사대상에 올려놓지도 않았습니다. 그 억울하지만 어쩔 수없는 상황이 참으로 안타깝고 맘이 아프더군요. 이 사건을 계기로 프로젝트를 수행하게 될 때면, 아직까지도 그 부분에 있어선 완전 노이로제가 걸린 사람처럼 반응하게 되곤 합니다.

지침과 법규분석. 여러분들은 모든 프로젝트의 경쟁설계를 시작함과 동시에 마감하는 순간까지, 그 과정들이 얼마나 중요하고 필요한 것인지를 꼭 알아둬야 할 것입니다.

송파위례 프로젝트가 본격적으로 시작됐습니다. 우리는 발주처에서 제공한 설계지침서와 지구단위계획, 관련법규들을 철저하게 분석해 나갔습니다. 그런데 이 프로젝트는 애매한 부분이 참 많더군요. 발주처에서 요구하는 2,654세대의 공급유형별(39㎡, 49㎡, 59㎡, 74㎡) 세대수를 적용해서 대략 용적률을 계산해 보니 175%이상으로, 약 5%이상이 오버하는 상태였습니다. 뿐만 아니라, 지구단위계획에서 부지 동측에 정해놓은 초고층구간(20층 이상)에는 그 구간 안에 해당하는 건축동수의 70%이상을 20층 이상으로 계획해야 한다고 되어있는데, 비행안전구역 5, 6구역에 해당하는 부지여건과 발주처에서 요구하고 있는 1개 층의 층고 3.0m를 적용해볼 때, 그 기준을 적용한다는 게 현실적으로 어려운 상태였습니다. 전자의 경우 2011년 초부터 정부가 전·월세 안정화 방

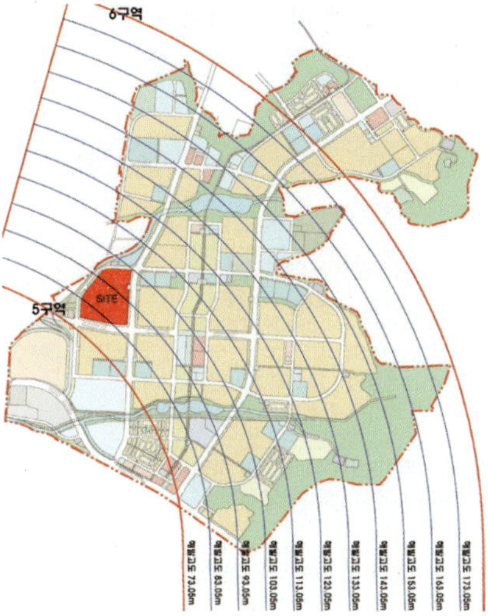

〈비행안전5,6구역에 따른 항공고도〉

안으로 소형 공공분양과 임대주택을 늘리고 있는 터라, 아마 그 이유 때문에 세대수를 늘리면서 용적률 체크가 제대로 이뤄지지 않은 것 같다는 판단을 해보았습니다. 후자의 경우는, 글쎄요… 어떻게 상황판단을 해야 할지 잘 모르겠더군요. 그 외에도 지침서의 몇몇 부분들이 해석상에 논란의 소지가 좀 있어 보였습니다.

우리는 최대한 내용이 잘 전달되게끔 질의서를 작성해서 발주처에 접수시켰습니다. 그런데 질의접수가 마감되고 회신내용이 왔음에도 불구하고 여전히 애매한 부분들이 있었습니다. 이 부분에 있어서 안 좋은 경험이 있었던 우리는 또 노이로제가 걸린 사람들처럼 발주처에 전화해서 계속 질의를 해댔습니다. 살짝 걱정은 했지만, 끝내 담당자 목소리가 별로 좋지 않더군요. 아~ 질의도 적당히 해야 하나봅니다. 뭐, 그래도 똑같은 실수를 반복하느니 차라리 욕 한번 얻어먹는 게 낫지 않을까요?

상황이야 어찌됐든 간에, 이제 실질적인 계획을 시작하려면 지침과 관련법규 내용들을 가지고 체크리스트를 만들어놔야 합니다. 이에 필요한 관계법령들은 아래와 같습니다.

- 건축법, 건축법시행령 / 주차장법, 주차장법시행령, 시행규칙
- 서울특별시 건축조례 / 서울특별시 주차장설치 및 관리조례
- 서울특별시 주택조례 / 서울특별시 건축위원회 공동주택 심의기준
- 주택법 / 주택건설기준 등에 관한 규정, 규칙 / 영유아보육법 시행규칙
- 리모델링이 용이한 공동주택 기준 / 건축물의 에너지절약설계기준
- 건축물 피난·방화구조 등의 기준에 관한 규칙 / 건축물 설비기준 등에 관한 규칙
- 장애인·노인·임산부등의 편의증진 보장에 관한법률
- 위례지구 택지개발사업 지구단위계획 / 군사기지 및 군사시설 보호법 등

우리는 위 관계법령들 중에서 계획에 필요한 법규조항과 지구단위계획, 지침내용을 비교하여 다음과 같이 체크리스트를 만들었습니다.

구분	법규명	법 적 기 준	비고
도로 사선 제한	건축법 제60조	- 전면도로 반대쪽 경계선까지의 수평거리 1.5배 이하	
	서울시 건축조례 제34조	- 대지가 둘 이상의 도로(교통광장 포함)에 접하는 경우에 전면도로 너비 · 대지둘레 길이의 1/8 이상 접한 도로 중 가장 넓은 도로너비 적용 (건축이 금지된 공지가 있는 경우 그 공지를 전면도로 너비에 포함)	
정북 방향 일조 제한	건축법 시행령 제86조	- 인접대지경계선(도로는 도로중심)으로부터 이격거리 : 건축물 높이의 1/2 이상 (너비 20m이상 도로에 접한 대지 상호간에 건축하는 건축물의 경우 예외)	
	서울시 건축조례 제35조	- 건축물의 각 부분을 정북방향의 인접대지경계선으로부터 띄어야 하는 거리 · 높이 4미터이하 : 1미터 이상 / 높이 8미터이하 : 2미터 이상 · 높이 8미터초과 : 건축물 각 부분 높이의 1/2 이상	
	설계지침 30p	- 건축법시행령 제86조에서 언급한 너비 20m이상 도로에 접한 대지 상호간 건축하는 건축물의 경우에 대한 이격거리 완화조항은 적용하지 아니함	
채광 방향 일조 **제한** [인동 거리]	건축법 시행령 제86조	- 인접대지경계선(도로는 도로중심)으로부터 이격거리 : 건축물 높이의 1/2 이상 **- 건축물과 부대복리시설이 마주보는 경우 : 부대복리시설 높이의 1배 이상** **- 채광창이 없는 벽면과 측벽이 마주보는 경우 : 8미터 이상** **- 측벽과 측벽이 마주보는 경우 : 4미터 이상**	
	서울시 건축조례 제35조	- 두 동이상 건축물이 서로 마주보는 경우 건축물 각 부분 사이의 거리 · 채광을 위한 창문 등이 있는 벽면이 서로 마주보는 경우 : 벽면의 직각방향으로 건축물 높이의 0.8배 이상, 그 밖의 경우 0.5배 이상 · 남쪽방향 건축물 높이가 낮고, 주된 개구부 방향이 남쪽을 향하는 경우 : 높은 건축물 높이의 0.6배 이상, 낮은 건축물 높이의 0.8배 이상	
	설계지침 30p	- 남측으로 높아지는 경사지(역구배, 동간 높이차 3m초과 시)의 동간 인동거리 : 남측건물 높이의 1.2배로 강화하여 적용	
대지 안의 공지	서울시 건축조례 제30조 [별표4]	- 건축선에서 건축물까지의 이격거리 · **아파트 : 3m 이상 / 바닥면적이 1000㎡ 이상인 시설 : 3m 이상** - 인접대지경계선에서 건축물까지의 이격거리 · **아파트 : 3m 이상 / 바닥면적이 1000㎡ 이상인 시설 : 1.5m 이상**	
	설계지침 30p	- 건축선 및 인접대지경계선으로부터 건축물의 각 부분까지 띄어야 하는 거리의 기준은 최소 6m(상가, 부대복리시설 등은 3m)로 한다.	
대지안의 조경	서울시 건축조례 제25조	- 대지 안에 설치하는 조경의 식재기준, 조경기준 · **옥상조경을 제외한 인공지반조경의 식재 토심은 1.2m 이상**	
주차장	서울시 주차장 조례 제25조 [별표2]	- 장애인전용주차구획 : 부설주차장 주차대수의 3% 이상 - 공동주택 : 주택건설기준 등에 관한 규정 제27조제1항에 따른 주차대수 이상, 세대당 주차대수 1대 이상 (전용면적 30이하 0.5대, 60이하인 경우 0.8대 이상) - 근린생활시설 : 시설면적 134㎡당 1대	
	설계지침 38p	- 주차대수 : 전용 40~75㎡형 세대당 1대 이상 설치 - 여성우선 주차장 : 전체주차대수의 20% (확장형주차장(2.5x5.1)과 일반형주차장(2.3x5.0)을 2:1의 비율로 배치) - 지상주차 : 10% 범위 내 (비상용, 장애인, 임산부 등의 편의 고려)	

건축물의 에너지 절약 설계기준	[별표2] 단열재의 두께	중부지역 (서울특별시)

건축물의 부위 \ 단열재의 등급		단열재 등급별 허용 두께 가	나	다	라
거실의 외벽	외기에 직접 면하는 경우	85	100	115	130
	외기에 간접 면하는 경우	60	70	80	90
공동주택의 측벽		120	140	160	175

구분	법규명	법 적 기 준	비고
지구단위계획 및 설계지침	배치 및 건축선	배치구간 - 공동주택용지 내 배치구간에 주동이 걸친 경우 적용기준 - 초고층배치구간 : 20층 이상 중층배치구간 : 15층 이하 (해당구간에 아파트 지상부 건축 동수의 70%이상 지정 유형 계획) 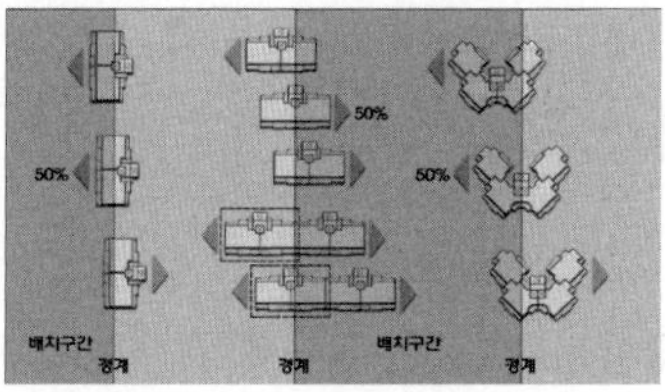 - 건축물 직각배치구간 〈판상형(타원형 예시도〉〈정방형(원형) 예시도〉 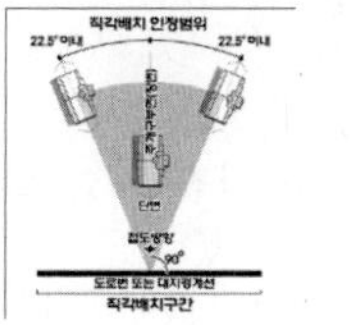 	
		건축한계선 **- 건축한계선은 주거동에 한함. 그 위치와 폭은 지구단위계획 지침도를 따름** - 도로와 연접한 대지경계선 : 최소녹지 1m이상(추가)확보	지침 30p
	형태 및 외관	용어정의 : 탑상형 아파트는 단변과 장변의 비례가 1:2 이하	
		주거동의 길이제한 - 주거동의 길이제한 : 4호 연립이하 또는 50m 이하 - 10층 이하 : 1개동 길이 80m 이하 / 15층 이하 : 1개동 길이 60m 이하	
		주거동의 입면적 : 건축물 1동의 입면적 3,500㎡이하	
		필로티 : 통행, 시각통로 확보를 위해 충분한 높이(2층 이상)의 필로티 도입	지침 29p
	부대복리시설계획	게스트하우스 : 300세대당 1실 (1~3개의 침실과 거실, 주방, 화장실 구성)	지침 (37p ~ 41p)
		노인정 : 가급적 1층에 설치(장애인을 위한 램프를 설치)	
		관리사무소 : 커뮤니티시설 기능이나 기계 · 전기실 등과 함께 설치 가능	
		보육시설 : 세대당 0.12인 이상 영유아를 보육할 수 있는 시설규모 〈약 319인〉	
		근린생활시설 : 별도의 물리적 구획, 별도의 건폐율(50%내외)을 적용 - 근린생활시설의 규모는 전용 50㎡형(이하)은 0.6㎡, 전용 60㎡형은 0.7㎡, 전용 60㎡형 초과는 0.8㎡로 산정 〈약 1,800㎡〉	

		경비실 : 통합경비방식으로 계획, 차량 출입하는 단지 출입구에는 반드시 설치하되 차량통제장치 설치위치를 감안하여 계획	

자전거보관소 : 자전거보관소의 설치규모는 1개소당 아래 기준이상 설치

구분	보관가능대수
주 동	주동세대수당 0.3대
상 가	30대
복지관 및 관리소	15대
어린이놀이터 및 운동시설	10대

※ 현행법령과는 다소 차이가 있을 수 있습니다.

이와 같이 법규체크리스트를 만들 때, 해당 법규조항에 대해서 지침 및 지구단위계획내용이 서로 연관돼 있는 경우는 그 조항과 같이 비교할 수 있게끔 리스트를 만들어 주는 것이 좋습니다. 같은 문구에 대해서도 지침이나 지구단위계획내용이 더 강화되는 경우도 있고, 아니면 그 반대의 경우도 있기 때문입니다.

공동주택 경쟁설계를 시작하면서 지침과 법규분석 말고도 필요한 작업이 또 하나 있습니다. 바로 계획부지에 대략 몇 동이나 들어가는지 규모검토를 하는 것이죠. 실무자들끼리 흔히 이 작업을 '용량검토'라고 얘기합니다. 공동주택 현상설계에 있어선 예전에는 배치도만 잘 나오면 주거동수에 큰 영향을 안 받고 당선되곤 했었는데, 요즘은 분위기가 전반적으로 사업성을 많이 고려하다 보니 주거동수가 당선여부에 어느 정도 영향을 주고 있는 상황입니다. 그래서인지 배치 ALT를 만들어 크리틱을 하게 되면, 항상 윗분들은 똑같은 말을 합니다. "여기서 한 동 더 못 빼? 이거 최소동수가 몇 동인데?" 한 동 넣고 빼는 걸로 계획을 운운하고 있는 안타까운 상황이 벌어집니다만, 이런저런 이유들로 용량검토는 가능한 최소동수로 만들어놔야 합니다. 아마 한 동 빼기를 좋아하는 윗분들을 상대할 때뿐만 아니라, 배치 ALT를 만들 때도 주거동수를 결정하는데 많은 도움이 될 것입니다.

용량검토 PROCESS

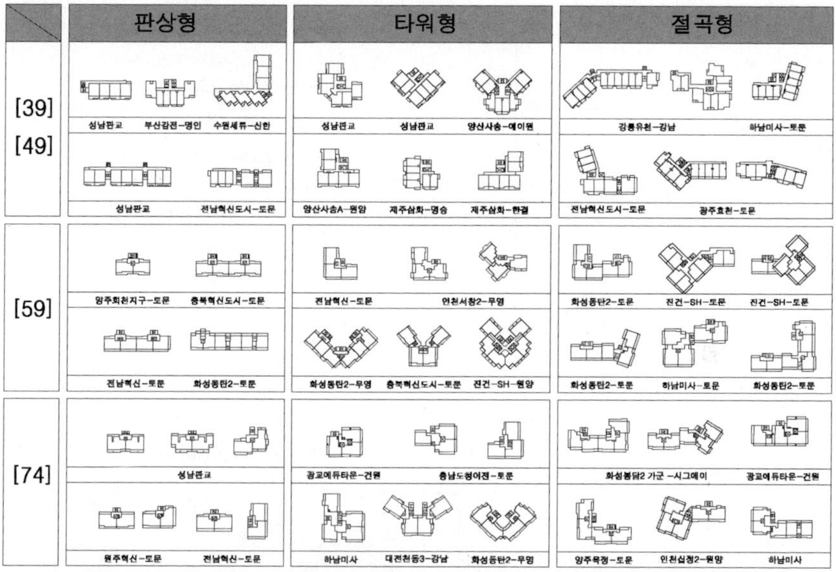

1.키플랜 모음 - 발주처에서 제시한 공급유형별로 기존사례를 이용하여 다양한 주거동 형태(키플랜)모음

▣ 설 계 개 요 [A1-10 BL]

사 업 명		위례 택지개발 사업지구(A1-10블록) 아파트
대지위치		서울시 송파구 거여, 장지동 택지개발사업지구내
지역지구		택지개발지구
대지면적	사업면적	120,415.00 ㎡ (36,425.37평)
	계획대지면적	120,415.00 ㎡ (36,425.37평)
	공공시설	0. ㎡ (.평) (가각정리)
건축면적		18,038.17 ㎡ (5,456.52평)
건폐율		14.98 %
연면적	용적률산정용	203,043.42 ㎡ (61,420.35평)
	지상층	205,073.42 ㎡ (62,034.43평)
	지하층	65,554.4 ㎡ (19,830.11평)
	계	270,627.82 ㎡ (81,864.54평)
용적률		168.62 %
세대수		2,522세대
규모		지하1층/지상25층
부대복리시설		관리동, 근린생활시설, 주민운동시설, 경비실, 어린이놀이터, 기계실, 전기실
구조		철근콘크리트 구조
주차대수	법정	2,537대
	계획	2,535대 (지상: 265 대 지하: 2270 대)

구분		법정기준			설치계획
어린이놀이터		200+{(2,522-100)x0.7}= 1,895			2,000.00 ㎡
주민운동시설		300+{(2,522-500)/200}x150= 1,817			2,000.00 ㎡
공동저수시설		2,522x1.5= 3,783.0			4,000 ton
관리사무소		10+(2,522-50)x0.05= 133.60			250.00 ㎡
보육시설		300x4.29= 1,287.00			1,300.00 ㎡
노인정(경로당)		50+{(2,522-100)x0.1}= 292.2			350.00 ㎡
주민공동시설		50+{(2,522-300)x0.1}= 272.2			700.00 ㎡
문고		33.0 ㎡ 이상			80.00 ㎡
기계실,전기실		1개소 설치			2,000.00 ㎡
경비실		30.00x2개소= 60.00			60.00 ㎡
주차대수산출근거	공동주택	60㎡ 이하	1957 × 1	1957.0대	법정대수 계 : 2,522.0 대
		60㎡~85㎡	565 × 1	565.0대	
	근린생활시설		1,696.30/134	13.0대	
	유치원		400.00/200	2.0대	계 : 2537.0 대
지상주차장			265대		지상: 265 대
지하주차장			2,270대	63,554.40 ㎡	지하: 2,270 대
합계					계 : 2,535대
근린생활 시설	지상층				1,696.30 ㎡
	지하층				.00 ㎡
	계				1,696.30 ㎡
유치원		80+3x100= 380.0			400.00 ㎡

▣ 분 양 면 적 표

평형	세대수	전용면적	주거공용면적	공급면적	기타공용면적					지하주차장	계약면적
					관리노인정등	경비실	기계전기실		소 계		
17 평형	250	39.91 (12.07)	17.55	57.46 (17.38)	0.7402	0.0166	0.5524		1.3091	17.5524	76.3214
21 평형	1006	49.91 (15.09)	19.55	69.46 (21.01)	0.9256	0.0207	0.6908		1.6371	21.9503	93.0474
25 평형	701	59.91 (18.12)	23.55	83.46 (25.24)	1.1111	0.0249	0.8292		1.9651	26.3483	111.7734
30 평형	565	74.91 (22.66)	27.55	102.46 (30.99)	1.3893	0.0311	1.0368		2.4571	32.9453	137.8624
	2,522	144,508.02 (43,713.47)	56,129.10	200,637.12	2,680.00	60.00	2,000.00		4,740.00	63,554.40	268,931.5200

2.개략개요 작성 - 제시된 공급유형별 세대수와 개략적인 부대시설 면적을 고려하여 개요작성

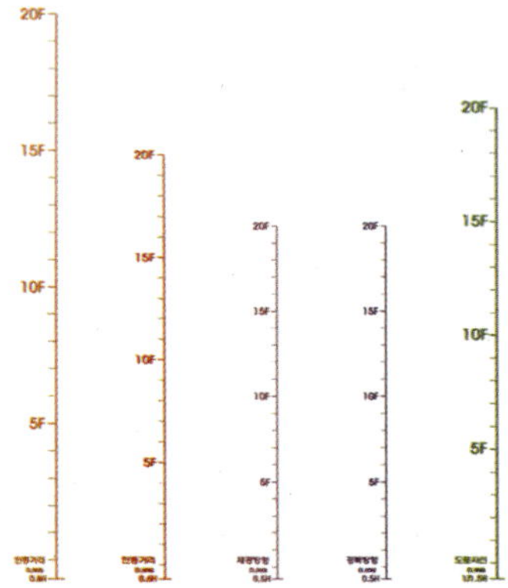

3.인동자 만들기 (서울시기준)

주동높이(H) 평지붕 : 0.8m(기단부)+층수x층고+1.3(파라펫)

경사지붕 : 0.8m(기단부)+층수x층고
+0.3(지붕외곽)

도로사선자 : 1/1.5H 넓은 도로기준

정북방향일조자 : 0.5H 인접대지경계선
(도로는 도로중심) 이격

채광방향일조자 : 0.8H, 0.6H, 0.5H 동간 이격거리

0.5H 인접대지경계선
(도로는 도로중심) 이격

4.주거동 배치하기

평균 16층이므로, 공급유형별로 16층일 때 주호가 몇 열이 필요한지 파악

파악된 공급유형별 주호 열수를 감안, 키플랜 모음을 이용하여 최적의 주동 조합을 통해 주거동 형태를 만듦 (주거동 길이제한 및 입면적 고려)

인동자를 이용, 관련법규를 맞추면서 주거동 배치 (비행안전 5,6구역 내 해발고도제한에 따른 건축물높이 체크)

공급유형별 허용범위 이용, 주동조합을 변경하면서 최소동수로 만듦 (공급유형별 세대수 변경시 개략개요를 이용하여 용적률을 체크해야 함)

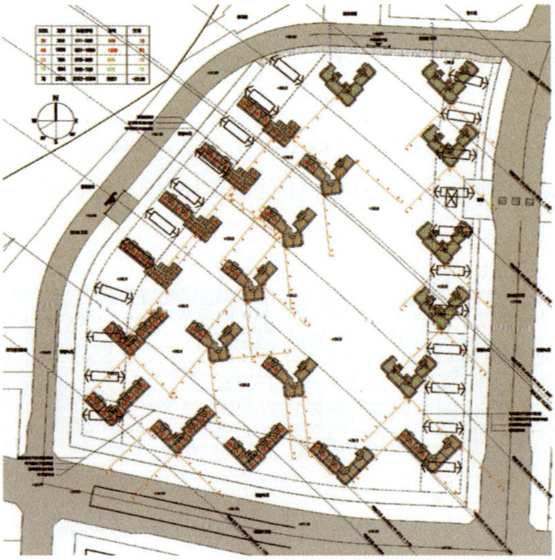

···› 최신 트렌드와 사회적 이슈를 파악하라! ‹···

[주거 트렌드, 현황관련 이슈분석]

공동주택 설계업무를 많이 하고 있는 가까운 선배가 제게 묻습니다.

"공동주택이 세상에서 제일 힘든 이유가 뭔지 알아?"

"글쎄요, 잘 모르겠는데~"

"뭘 해보려고 해도 더 이상은 새로울 게 없다는 것이지."

경쟁설계를 하다보면 이와 비슷한 말을 많이 듣게 됩니다. 직원들은 한결같이 이렇게 얘기하죠. "고민해서 해도 결과물은 어차피 비슷해지는데 자꾸 뭘 더 하라는 거야?" 일하는 입장에서 저 또한 충분히 공감 가는 말이긴 합니다. 새로운 걸 찾아서 시도를 해보려고 해도 표현의 제약이 따르거나, 윗분들의 입맛에 맞추다 보니 결국 눈에 익은 비슷한 디자인을 하게 됩니다. 배치, 단위세대, 입면 할 거 없이 모두… 그런데 신기한 것은, 작품제출 후 상대사 안을 입수해서 비교해보면 대부분 다른 디자인을 한다는 것입니다. 그런 면에서 보면 새로울 게 없다는 말은 괜시리 핑계 같습니다.

경쟁설계에 참여한 사무실들은 상대사 안보다 차별화되고 특화된 내용을 담으려고 마감하는 그 순간까지 끊임없이 고민하면서 계획을 진행해갑니다. 아마도 그런 과정들이 다른 디자인을 만들게 되고, 새로울 게 없다는 공동주택 디자인을 좀 더 업그레이드 시키지 않나 싶습니다.

우리는 경쟁상대를 제압하기 위해, 그리고 좀 더 나은 디자인을 하기위해, 항상 계획안의 차별화와 특화를 고민해야만 합니다. 이 차별화와 특화요소는 바로 최신 트렌드와 사회적 이슈 등에서 그 아이디어를 얻을 수 있습니다.

요즘은 트렌드를 분석하고 발표하는 기업이나 기관들이 참 많습니다. 예를 들어, '인터패션플래닝'은 각종 패션 트렌드 및 칼라 트렌트를 주도하고 있으며, 'MBC건축박람회', '경향하우징페어' 등은 건축자재 및 인테리어 트렌드를 주도하고 있죠. '삼성경제연구소'는 사회 전 분야에 대한 트렌드를 조사하고 연구해서 '국내 10대 트렌드', '10대 히트상품'을 발표하고 있습니다. 그리고 공동주택 분야에서는 '피데스 개발'이라는 부동산전문 개발업체가 해마다 '주거공간 7대 트렌드'라는 주제로 키워드를 만들고 그에 맞는 사례들을 제시하고 있습니다.

2012 주거공간 7대 Trend_피데스 개발

Time Share House 주거공간의 共用시대 개막!

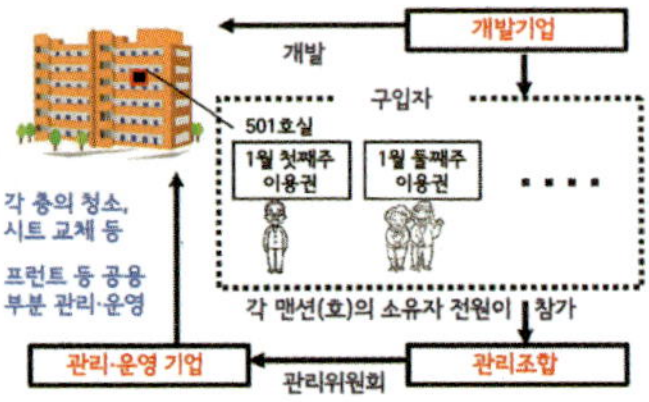

http://en.wikipedia.org

新 캥거루 Home 심사이트싱글(SymsiteSingle)탄생
-부모집에 서비스를 받으며 얹혀사는 싱글족

영화:달콤한 백수와 사랑만들기

다국적 샐러드볼 House 외국인 세컨드홈 in KOREA

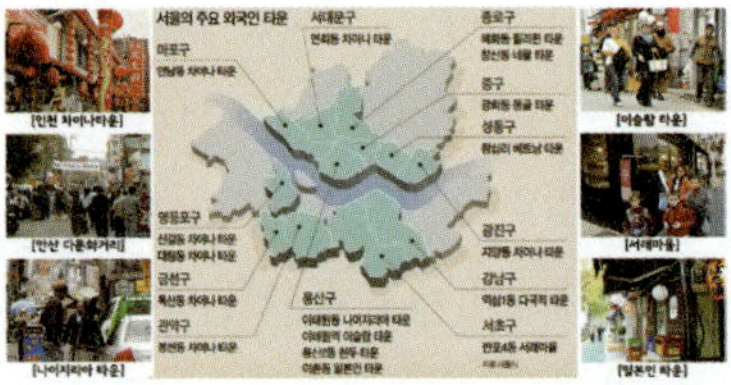

한국경제신문

Manufactured House 주택건설이 제조업에게 묻다

http://www.spacebox.nl

Butler Serviced Home 일상의 번거로움을 대신하다

도시 맞벌이 가구를 위한 다양한 지원 서비스상품
http://www.centralstar.co.kr

Up Or Down Sizing 넓히거나 줄이거나, 소비양분화

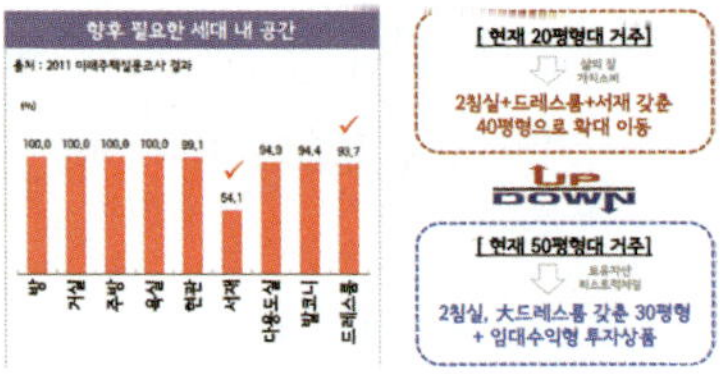

2011 미래주택설문조사 결과

Safe-In-House 일상화된 재해에도 안전&안심 주택

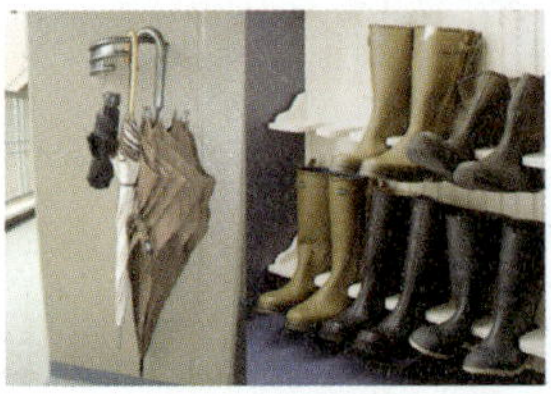

일본 하세코 U's style

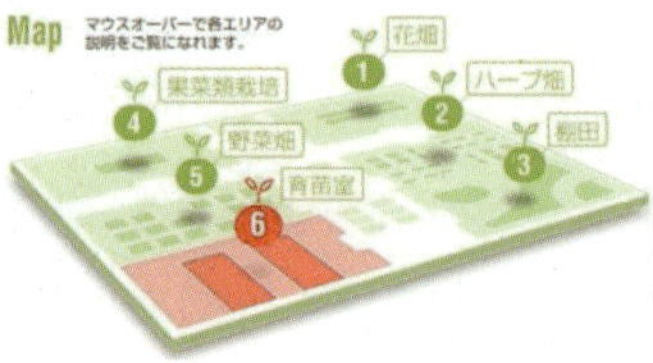

http://www.pasona.co.jp

공동주택 경쟁설계에서, 최근에 차별화나 특화요소에 대한 아이디어를 구상하는데 참조를 많이 하는 것 중에 하나가 바로 피데스 개발의 '주거공간 7대 트렌드'입니다. 그 외에 건설사가 주도하고 있는 현재 분양시장 트렌드 분석을 통해서도 많은 아이디어를 얻고 있죠.

우리 계획부지는 한 블록 안에 2,654세대를 수용해야하는 대규모 단지라는 특징을 가지고 있습니다. 이 점을 감안하며 주거공간 7대 트렌드를 분석했을 때 '다양한 사람들, 다양한 마을, 다양한 커뮤니티' 의 이미지를 떠올릴 수 있었고 각 트렌드는 다음과 같은 키워드로 정리할 수 있었습니다.

공유 / 소통 : Time Share House, 新 캥거루 Home
다국적 샐러드볼 House
편의 / 개성 : 매뉴팩쳐드(Manufactured) House, 버틀러 서비스드
Home Up Or Down Sizing
건강 / 안전 : Safe-In-House

또한 최근 건설사들의 분양시장 트렌드를 분석해본 결과 '감성적인 디자인코드', 입주자들에게 좀 더 다양한 서비스를 제공할 수 있는 '생활밀착형 서비스'를 지향하는 경향을 알 수 있었습니다.

건설사 분양광고

대림 e편한세상(생활밀착형서비스)

현대산업개발 아이파크(단지특화요소)

대우 푸르지오(주방 대용량수납창고)

계획부지 주변에서 일어났던 사회적 이슈 중에서는 부지 북서측에 위치한 서울외곽순환고속도로에 접해있는 송파파인타운 관련내용이 2011년 6월 국민권익위원회 기사로 실렸습니다. 주된 내용은 SH공사에서 환경영향평가 후 12.5m의 방음벽을 설치하였음에도 도로소음으로 인한 피해 민원이 지속적으로 제기되어, 국민권익위원회가 SH공사와 협의를 통해 방음벽을 도로변 소음기준에 맞게 보완 설치하여 교통소음 피해를 해결한다는 것입니다. 이 기사내용을 토대로, 우리는 서울외곽순환고속도로변에서의 소음에 대응하는 아이디어와 배치전략이 필요할 것이라는 판단을 할 수 있었습니다.

서울 송파파인타운 221세대 교통소음 피해 해결

권익위, 9일 현장조정으로 올 10월까지 방음벽 보완 설치 합의

서울시 송파구 장지동 송파파인타운 1단지 아파트 221세대 입주자들이 2009년 12월 입주한 직후부터 줄곧 제기했던 인근 서울외곽순환고속도로의 교통소음 문제를 해결할 수 있게 됐습니다.

국민권익위원회(위원장 김영란, ACRC)는 9일 오후 15시 송파구민회관에서 입주자들과 SH공사, 한국도로공사가 참여한 가운데 김영란 위원장 주재로 현장조정회의를 열어 아파트 인근 서울외곽순환고속도로변에 설치되어 있는 방음벽을 도로변 소음기준에 맞게 보완 · 설치하는 중재에 성공했다고 밝혔습니다. -이하생략-

국민권익 2011.06.09 15:02

이렇게 최신 트렌드와 사회적 이슈들로 찾아낸 이미지와 키워드들은 후에 현황 및 지구단위계획 분석을 진행하면서 우리 계획안의 컨셉과 전략을 발전시킬 것이며, 경쟁사보다 차별화되고 특화된 작품을 만드는데 있어서 매우 유용하게 쓰일 것입니다.

지금 이 시대는 '트렌드를 아는 자가 세상을 지배하는 시대'라고 합니다. 경쟁설계에서의 전략적인 승리를 위해서 우리 모두 트렌드와 사회적 이슈들에 민감해져보면 어떨까요?

···› 컨셉, 전략구상은 현황분석과 방향설정부터! ‹···

[현황, 지구단위계획 분석/ 계획방향설정]

최신 트렌드와 사회적 이슈, 기존사례들로 찾아낸 아이디어(이미지, 키워드 등)들이 모두 계획안의 컨셉과 전략으로 승화되지는 않습니다. 아무리 독특한 아이디어라고 해도 대상지의 현황, 계획의 방향 등 해당 프로젝트의 목적에 적합하지 않으면 무참히 버려지게 되죠. 마찬가지로, 이를 고려하지 않은 컨셉과 전략에서는 계획안의 차별화나 특화를 기대하기 어려울 것입니다. 그러므로 컨셉과 전략구상을 할 때는 먼저 현장답사와 현황분석, 지구단위계획 분석을 토대로 대상지의 문제점을 파악하고, 계획의 기본방향을 설정하는 작업이 선행되어야 합니다. 좋은 디자인을 위한 컨셉, 상대를 이기기 위한 전략은 바로 대상지 현황에서부터 그 해답을 찾을 수 있을 테니까요.

계획대상지(A1-10BL)는 위례택지개발 사업지구 중에서도 지구진입위치에서 도시적, 관문적인 성격을 띠고 있습니다. 또한 공동주택용지 중에서 부지면적이 제일 크다는 특징을 가지고 있죠. 대상지 주변현황은 다음과 같이 정리해볼 수 있습니다.

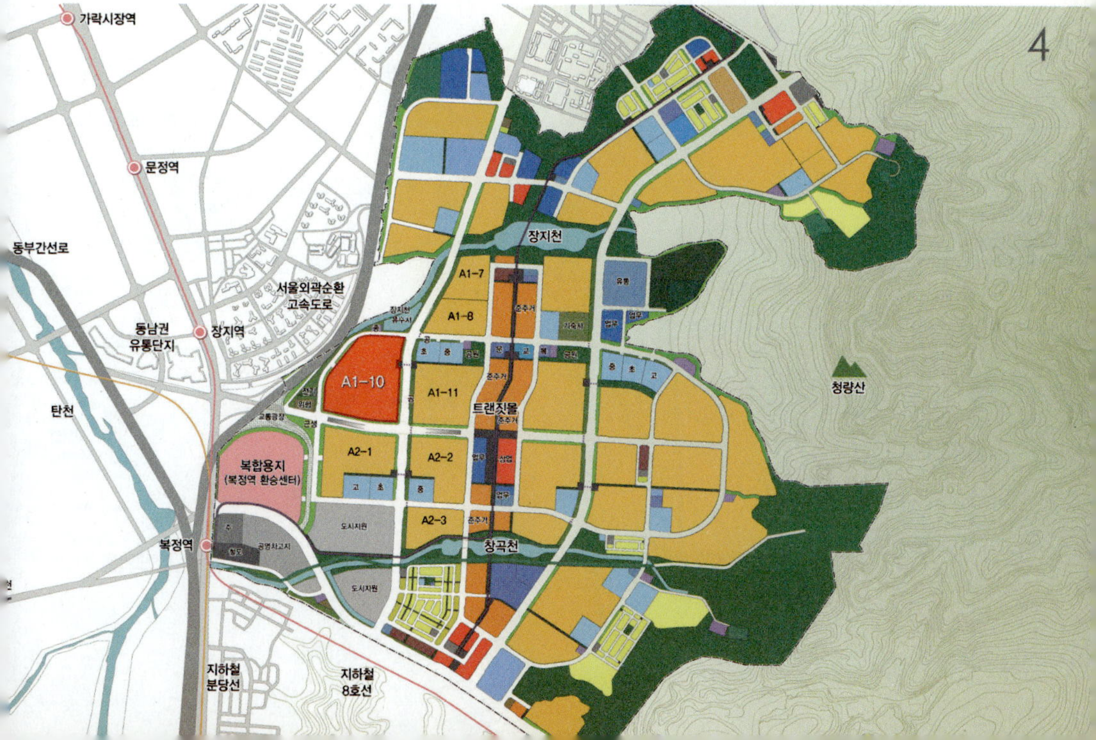

입지 및 인문현황	자연현황
· 서울 송파구,하남시,성남시의 경계부 위치 · 서측 : 장지택지지구,동남권유통단지 인접 · 북측 : 마천뉴타운,하남보금자리 등 인접 · 동측 : -지구중심과 연결되는 학교,문화시설 공원등 Community corridor와 인접 -37.5m 도로변 광장에서 휴먼링과 연계되는 입체보행통로 · 남측 : 복정역 환승센터 복합용지 인접	· 북측:탄천으로 유입되는 장지천 인접 · 동측:청량산이 넓게 펼쳐짐(해발480m) · 대지레벨 32m~27m으로 약 5m 레벨차 **교통현황** · 잠실,강남,과천,성남,용인 등 접근용이 · 북서측 20m,동측 37.5m,남측 48m 도로인접 · 북서측 서울외곽순환고속도로 통과(소음원)

위의 현황과 함께 지구단위계획내용을 분석해본 결과, 위례지구는 트랜짓몰(TRAM:첨단녹색교통체계), 에코링(지구생태고리)/휴먼링(지구순환녹색보행), 커뮤니티회랑(학교,공원,문화,복지시설)을 통해 보행친화적인 녹색교통도시를 만들고자 한다는 것을 알 수 있었습니다. 이 상위계획의도를 고려해서 계획부지주변의 주요 교통시설 및 상업시설(트랜짓몰, 복정역 환승센터, 동남권유통단지)과의 보행네트워크를 분석해보니, 보행거리 10분이내, 저전거로 4분이내의 거리에 우리 계획부지가 위치하고 있음을 확인할 수 있었습니다.

우리는 주변현황과 지구단위계획내용 분석을 통해 얻은 정보들을 공유하며, 몇 번의 팀회의를 거쳐, 컨셉 및 전략구상의 주요사항으로 다음 몇 가지 이슈거리들을 정리해 나갔습니다.

1. 휴먼링, 커뮤니티 회랑, 광장과의 연계성 및 특화방안 수립
    · 가로형 광장(고샅길 개념 등), 광장변에서의 입구성 강조,
    · 마을안길 조성(내부 중저층 대응)
2. 2,654세대를 수용하는 대규모 필지 특성을 고려한 단지계획
    · 3~4개의 특성화된 마을단위 구성
    · 마을별 외부공간 특화계획 수립
3. 서울외곽순환고속도로변 소음대응방안 강구
    · 판상형 측벽대응, 중저층 대응, 외부공간 대응
4. 비행안전 5, 6구역(항공고도), 평균층수(16층)에 따른 밀도계획
    · 동일 주거동내 층단차 최소화, 스카이라인변화 최소화

자, 이제는 지금까지 분석해온 현황 및 지구단위계획내용, 그리고 정리된 이슈들을 토대로 계획의 기본방향을 설정해야 합니다. 이에 우리가 작업한 기본구상도는 다음과 같습니다. 이 기본구상도는 앞으로 팀별 컨셉 및 전략을 설정하여 대안만들기를 진행하게 될 때, 계획안의 기본 베이스로 작용할 것입니다.

Schematic Diagram_기본구상도

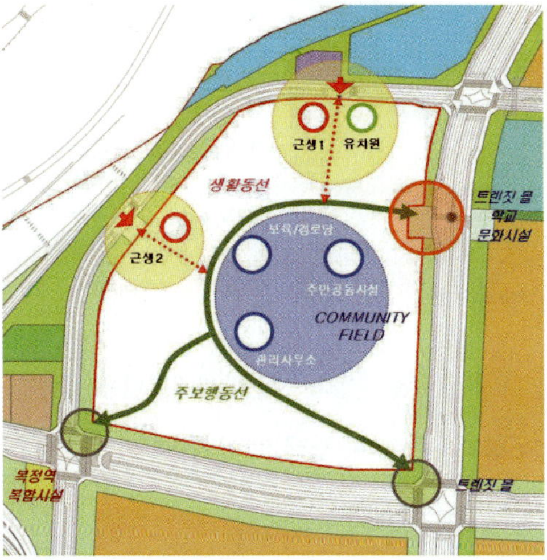

1.보행동선
- 복정역 복합시설과 트랜짓몰을 연결하는 주보행동선
- 광장과 연계된 가로변 보행결절점과 중앙광장

2.차량동선
- 지구단위계획에서 설정된 출입구를 이용하여 기능적 용도로 활용

3.시설물위치
- 대규모 필지를 고려한 분산상가 설치 (상가면적 약 1,800㎡)
- 학교시설들과 연계한 유치원설치
- 커뮤니디 집중화 및 영역별 특성화를 고려한 Community Field

···› 마스터플랜 대안만들기, '가능한 많은 것을 표현하라!' ‹···

[팀별 컨셉설정 및 대안만들기/ 대안결정]

마스터플랜(Master plan)이라는 용어는 사회 각 분야에서 어떤 프로젝트의 이상적인 실행을 위해 수립하는 기본계획, 기본설계, 종합계획이라는 의미로 자주 사용하고 있습니다. 공동주택분야에서 마스터플랜이라 함은 단지계획, 즉 종합배치계획을 의미하고 있죠. 앞서 몇 번 언급한바 있지만, 주거용도로 사용되는 시설 외에 근린생활시설, 노인정, 어린이집(보육시설), 작은도서관(문고), 기타 주민공동시설 등 많은 시설들이 외부공간과 함께 어우러져 배치돼야 하기 때문입니다. 이러한 마스터플랜 대안만들기를 진행할 때에는, 앞서 작업해 놓은 기본구상도를 바탕으로, 계획안의 컨셉과 전략포인트가 잘 표현되도록 해야 합니다. 그리고 종합배치계획 측면에서 볼 때, 표현하고자 하는 가능한 많은 아이템을 배치대안에 표현해야만 팀원이나 윗분들에게 계획안의 의도를 어필하기 쉬울 것입니다.

송파위례 마스터플랜 대안은 총 4가지로 진행했습니다. ALT1은 저와 최혜선 대리, ALT2는 남택용 과장과 정미영 대리, ALT3은 강신구 과장, ALT4는 신도시건축 직원들로 각각 팀을 나눠서 작업을 진행했죠.

ALT1은 위례지구가 트랜짓몰, 에코링/휴먼링, 커뮤니티회랑으로 계획된 보행친화적인 녹색교통도시라는 점에 포커스를 맞춰서, 두 가지 방향으로 전략을 설정했습니다.

1. 지구중심지를 연결하는 휴먼링, 커뮤니티회랑을 대상지 내부로 이어 보행과 커뮤니티, 도시시스템을 통합시켜 시너지를 유발하는 단지내 복합보행 공간을 만들자.
2. 2,654세대를 수용하는 대규모 필지 특성을 고려하여, 단지내 보행친화적인 환경을 위해 대상지주변 주요지점으로부터 도보 5분이내 보행권역기준과 주변 Context를 반영하여 3개의 특성화된 마을을 만들자.

우리팀은 위의 전략을 구현하기위해서 '3Styling(3Style+1Ring)'이라는 컨셉을 설정하여 다음과 같이 마스터플랜 대안을 만들었습니다.

[ALT1] 3Styling(3Style+1Ring)

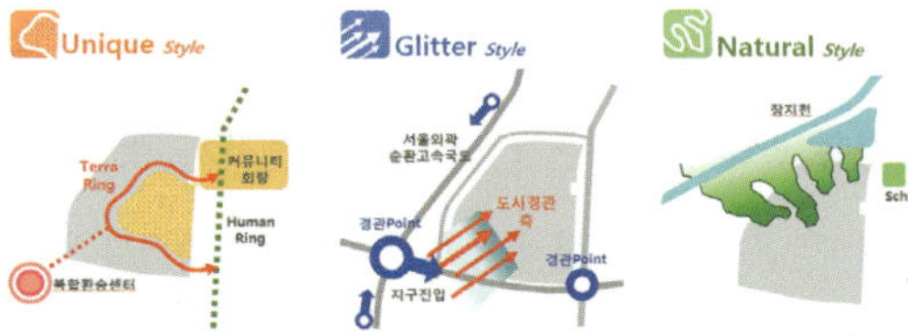

3Style Village
(3개의 특성화된 마을 만들기)

· Uniquevillage:활기찬 커뮤니티의 독특한 마을 만들기

Human
Community
Active

· Glittervillage:도시의 얼굴이 되는 세련된 마을 만들기

Urban
Gate
Live

· Naturalvillage:녹이 스민 편안한 마을 만들기

Nature
Education
Noise Filter

1Ring_Terra Ring
(복합 보행커뮤니티공간 만들기)

· 휴먼링, 커뮤니티회랑을 연계한 단지내 길을 따라 다양한 커뮤니티를 체험하는 보행커뮤니티 링

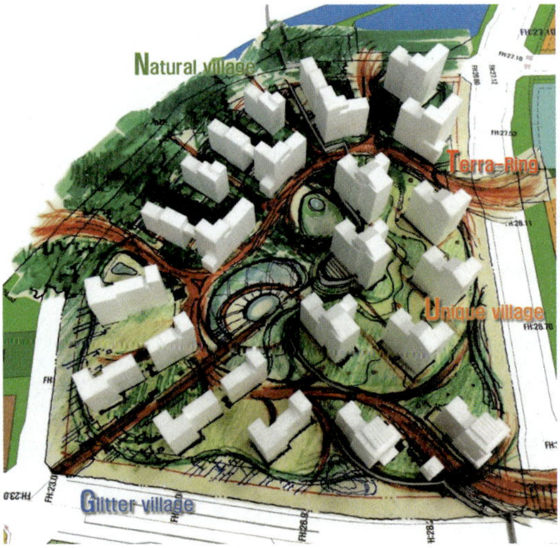

ALT2는 주변현황에 의한 생활이동패턴을 기준으로, 2,654세대의 외부공간에서 유발될 수 있는 물리적 환경으로부터, 거주환경의 대규모 공간에 대한 재구성이 필요하다는 전제로 전략을 설정했습니다.

1. 장지천, 커뮤니티회랑이 있는 대상지 북동측 교차로 Node점과 복정역 환승센터가 있는 남서측 교차로 Node점을 연결하는 축을 설정하여 2,654세대를 위한 공공 복합 커뮤니티공간을 만들자
2. 300~400세대, 1000세대를 위한 공간 등, 외부공간의 규모와 형태, 성격을 조직화하며 이웃간의 커뮤니티공간을 만들자

이에 마스터플랜 대안은 'Living Convergence+Neighborhood Court'라는 컨셉을 설정하여, 다음과 같이 공공 복합커뮤니티공간과 이웃간의 커뮤니티공간을 구현하고자 했습니다.

[ALT2] Re-Organization

Living Convergence_
community for 2,654 houses
(공공 복합커뮤니티공간)

- 단지내 다양한 요소들이 관계를 허물며 거주자의 일상을 통합하는 시스템제안
- 휴먼링레벨 고려한 주거의 프라이버시보호 및 커뮤니티회랑 연결을 위한 입체보행가로 제안
- 임대주택 거주자의 라이프스타일을 고려한 맞춤형 프로그램 제안

Neighborhood Court_
community for 400 houses
(이웃간 커뮤니티공간)

- In our's court-채마밭, 공동 세탁장, 취미실 등
- In my house-베란다 걸기화분 옥상정원, 친환경 덧창 달기 등

ALT3과 ALT4는 휴먼링 연계시스템과 대규모 필지에 대한 대응방법을 중시하는 전략으로써 ALT1과 유사했으며, 각 마스터플랜 대안은 다음과 같이 정리됐습니다.

[ALT3] Sharing Loop+4Town

- 휴먼링을 공유하는 이웃단지와 연계된 단지내부 커뮤니티 동선 만들기
- 주변 Context를 반영한 4개 마을 만들기

[ALT4] Urban Face

- 휴먼링과 연계되는 도시마당 만들기
- 친환경주거단지의 도시표정 만들기
- 역사와 문화를 반영한 도시기억 만들기

공동주택은 주거동을 어떻게 배치하느냐에 따라, 즉 몇 동으로 배치할지, 층수는 어떻게 할지, 어떤 주거동 형태를 쓸지에 따라서 수없이 많은 대안이 생겨납니다. PM입장에선 경쟁사를 의식하여 이런저런 대안들을 많이 만들어보고 싶을 것입니다. 하지만 너무 많은 대안은 안을 결정하는데 있어서 오히려 혼란을 가져오기 마련이죠. 그러므로 PM은 스스로가 냉철하게 상황판단하여 불필요한 대안을 만드는데 시간을 낭비하는 일이 발생되지 않도록 노력해야 할 것입니다.

대형 설계사무실에서 하나의 대안을 결정하기란 쉽지 않습니다. 대안결정에 있어 사장단을 포함한 여러 임원진들과 공개 크리틱을 해야 하기 때문이죠. 사무실마다 분위기가 조금씩 틀리겠지만, 임원들 간에도 안을 놓고 서로 의견이 분분한 상태에서, PM의 결정권이란 거의 제로에 가깝다고 볼 수 있습니다. 윗분들은 얘기합니다. "이거 이렇게 할 수 있는 거 아냐?", "그 동이 거기 있어야 하나?" 등등. PM이 상황판단을 잘 하여 불필요한 대안을 만들지 않았더라도, 한번 크리틱을 하고 나면 수많은 대안들을 검토해야 할 상황이 벌어집니다. 이런 상황에서 방향설정을 잘 하여 괜찮은 의견을 수렴하면서도 쓸데없는 대안작업을 하지 않도록 하는 것도 PM이 해야 할 몫일 겁니다. 윗분들은 또 얘기합니다. "디자인하는 게 늘 똑같은 거 같다. 좀 새롭게 못 하나?"… 항상 창의적이고 새로운 것을 시도해보라는 식으로 윗분들은 말하고 있지만, 사실 그것을 방해하는 것은 언제나 익숙한 것을 좋아하는 윗분들의 고리타분한 시선이 아닐까 싶습니다.

어찌됐든, 우리는 몇 번의 팀회의와 공개 크리틱 끝에 ALT1이 계획부지가 갖는 특징을 살리는데 적합하며, 배치그림이 힘 있어 보인다는 결론을 얻어 낼 수 있었습니다. 현황과 상위계획내용을 잘 반영한 컨셉과 전략 포인트도 중요했지만, 대안을 결정하는데 있어서 의외로 매스모형 퀄러티가 영향력이 컸다고 생각됩니다. 잘 만든 매스모형이 장황한 열 마디 말보다 훨씬 나은 법이거든요.

···› 경쟁의 무기, '컨셉, 전략을 디벨롭하라!' ‹···

[메인 컨셉, 전략/ 분야별 컨셉, 전략 디벨롭하기]

지금까지의 제 짧은 경험으로 볼 때, 공동주택 경쟁설계에서 계획안의 컨셉과 전략을 설정하기란 일반건축의 그것보다 몇 배는 어려웠던 것 같습니다. 모든 건축계획이 근본적으로 인간을 대상으로 하고 있지만, 공동주택의 경우 직접 인간의 거주공간을 다루다 보니, 상당히 인문적으로 접근하게 돼서, 컨셉과 전략을 생각할 때마다 강력한 무엇하나를 도출해내기가 쉽지 않았습니다. 그래서인지 많은 고민을 하며 여러 가지 컨셉 어휘들을 만들 때는, 마치 스스로가 건축이 아닌 문학을 전공한 것 같은 기분마저 들곤 합니다. ALT1의 컨셉과 전략을 설정할 때도 마찬가지였습니다. '상위계획과 관련하여 우리 단지는 과연 어떤 특징을 가져야만 하는가?', '대규모 공공임대주택 단지의 입주민들에게는 무엇이 우선시돼야 하는가?'라는 의문으로부터 접근하게 됐죠. 우리팀은 회의 때마다 머리를 쥐어짜며, "경쟁사를 제압할 만한 뭔가 강한거 하나 없을까?"라는 식으로 반문하곤 했지만, 그것은 결코 쉽지 않은 작업이었습니다.

과정이야 어떻든 간에 회의결과 ALT1으로 방향이 정해졌으니, 이젠 ALT1의 마스터플랜 대안을 기준으로 보고서에 들어갈 컨셉과 전략사항들을 좀 더 구체적으로 디벨롭하면서 안을 정리해가야 합니다. 여러 계획분야가 있는 공동주택에서는 정해진 ALT를 기준으로 메인 컨셉, 전략을 디벨롭하고, 그 안에서 분야별 컨셉과 전략을 디벨롭하는 것이, 전체적인 디자인의 일관성을 유지하는데 있어서 좋을 것입니다.

메인전략을 디벨롭함에 있어, 우리는 전체적으로 하나의 스토리를 갖는 계획안을 만들기 위해 ALT1의 두 가지 전략방향 중에서 무엇이 먼저인지를 판단해야 했습니다. 의견은 분분했지만, 결국 상위계획의도에 따라서 '복합보행공간'을 먼저 얘기해야한다는 결론을 내렸죠. 이에 ALT1의 '3Styling(3Style+1Ring)'이라는 개념은, 메인전략을 '대규모 단지에 대한 새로운 제안-보행커뮤니티 단지'라는 주제로 정리하면서, '1Weaving

Explore + 3Villages in A1-10BL'이라는 개념으로 디벨롭시켰습니다. 다음은 지금까지 정리된 메인 컨셉 및 전략. 그리고 그에 따라서 디벨롭한 각 분야별 전략사항들에 관한 내용입니다.

[대규모 단지에 대한 새로운 제안, 보행커뮤니티 단지]

1Weaving Explore (길을 따라 걸으며 즐기는 모든 것, 보행생태계)

· 마을사이의 전이공간과 이를 연결하는 무장애 동선계획

· 입체적 길을 따라 형성되는 커뮤니티체험

· 시설, 동선, 광장이 통합된 복합커뮤니티 시스템

3Villages in A1-10BL (마을캐릭터 만들기를 통한 수요자대응 맞춤형마을)

· 보행권역 설정에 따른 합리적인 규모의 마을단위 설정

· 입체적 보행으로 즐거운 다양한 마을걷기

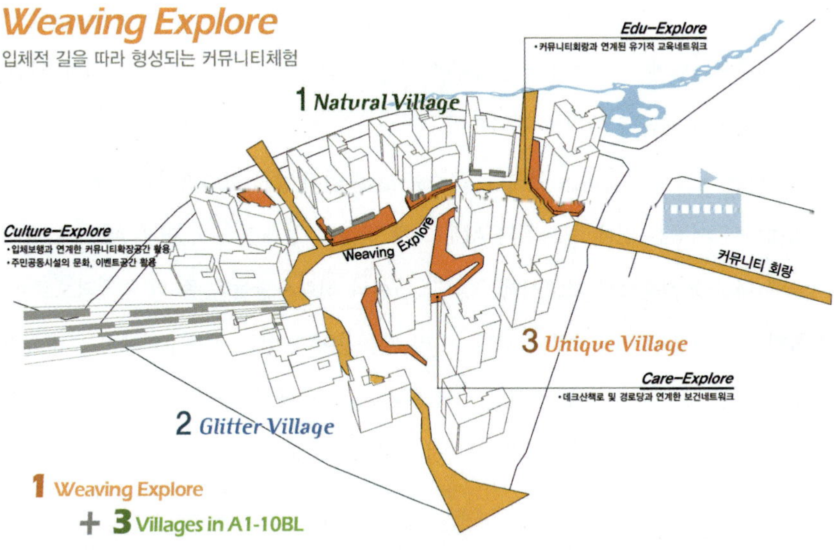

[단지계획+부대시설계획]
Edu-Explore :
유치원,어린이집,작은도서관,방과후교실
Culture-Explore :
스마트워크센터,게스트하우스
Care-Explore :
피트니스,경로당,건강관리센터

[조경계획]
Aqua Corridor :
옛 물길과 새 물길을
연결한
수공간 커뮤니티

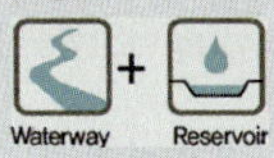

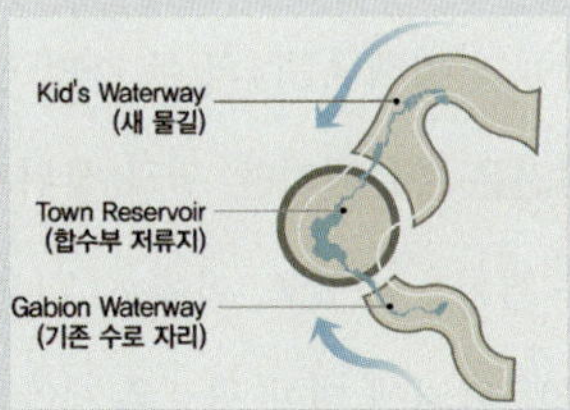

장지천의 자연을 받은 블럭형 녹지커뮤니티
Natural Village 1

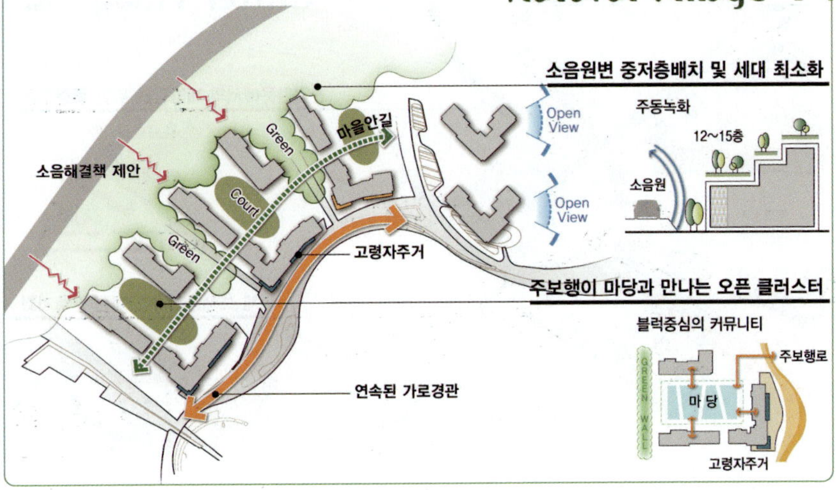

[단지계획]

블럭중심의 커뮤니티 Cluster system

커뮤니티회랑과 연결된 School Way

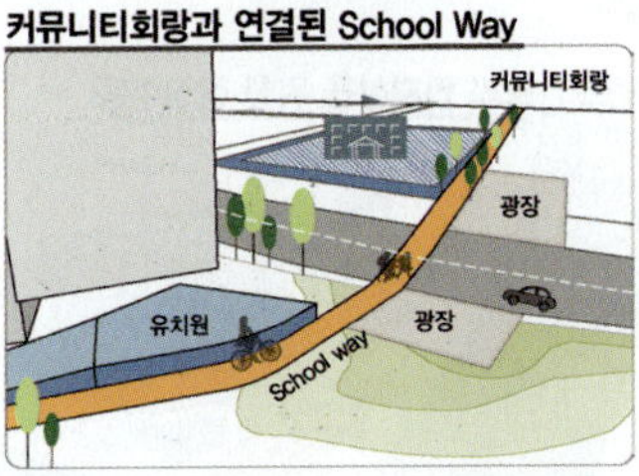

[조경계획]
Life-scape :
주민들의 만남과
나눔이 있는 풍경

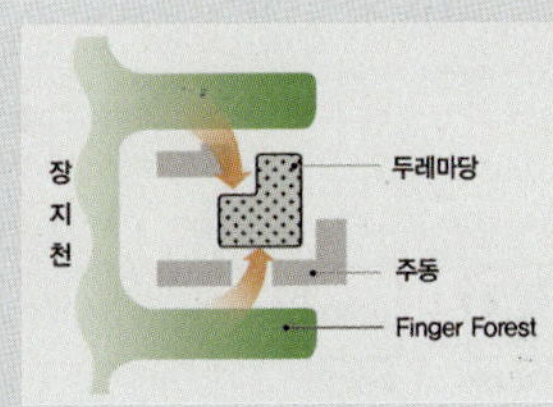

[단위세대]
효율적인(Smart) 주거공간 :
· 전용 39+49㎡ 타입
· 신혼부부,싱글족 대상
(2인 가족,1인족)
· 라이프스타일을 고려한
부부중심,주부공간,서재형

[주동계획]
Building Type : Open Cluster

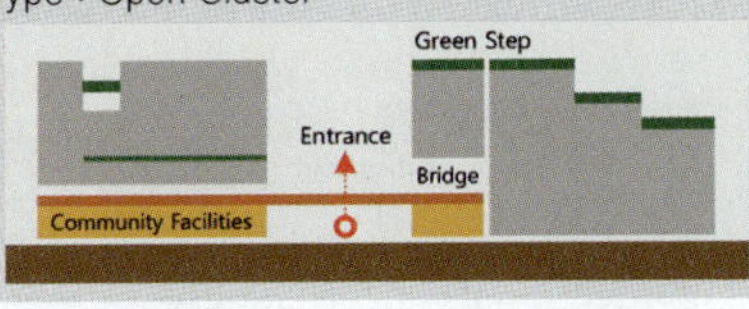

위례지구 진입관문의 첫 표정으로 상징되는

Glitter Village 2

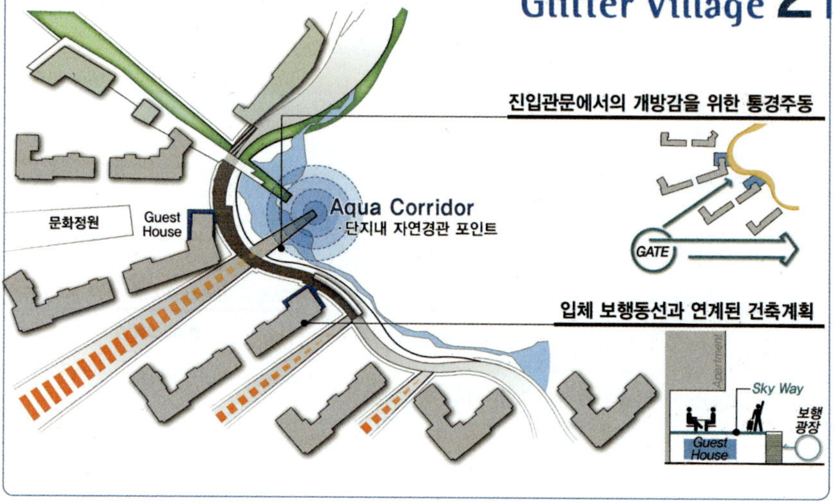

[조경계획]
Culture-scape :
다양한 문화와
위례를 상징하는
정원풍경

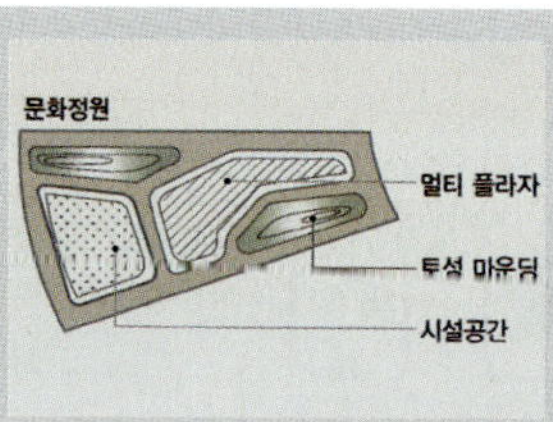

[단위세대]
지속가능한(Continue) 주거공간 :
· 전용 59㎡ 타입
· 영유아 가족, 실버 대상
(2~3인 가족)
· 생애주기에 따른 요구를 고려한
실내정원, 육아지원, 사랑방형

[주동계획]
Building Type : Linear Housing

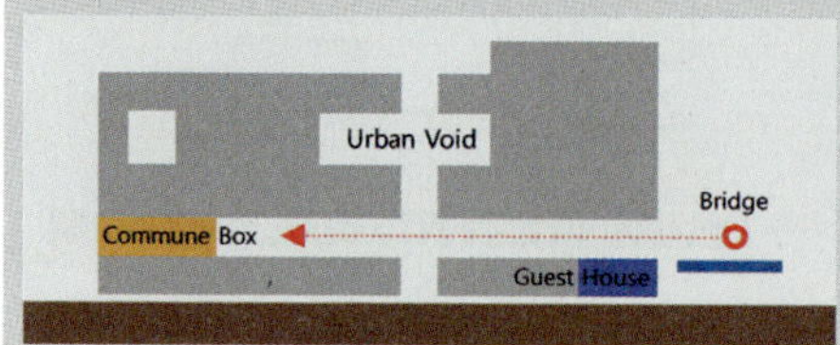

[단지계획]

위례지구 진입 관문의 개방감

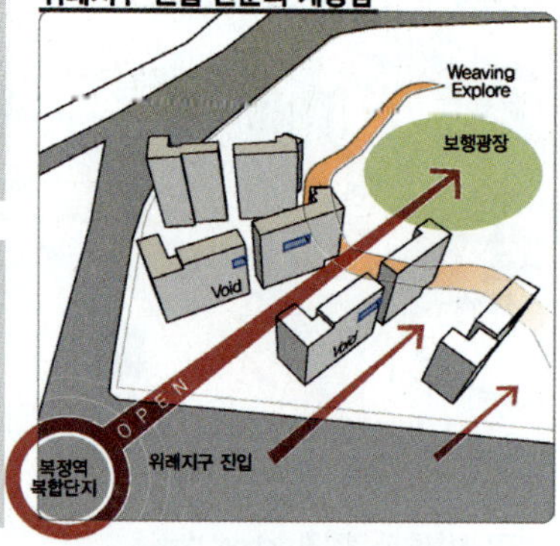

경관포인트의 인지성을 위한 상징주동

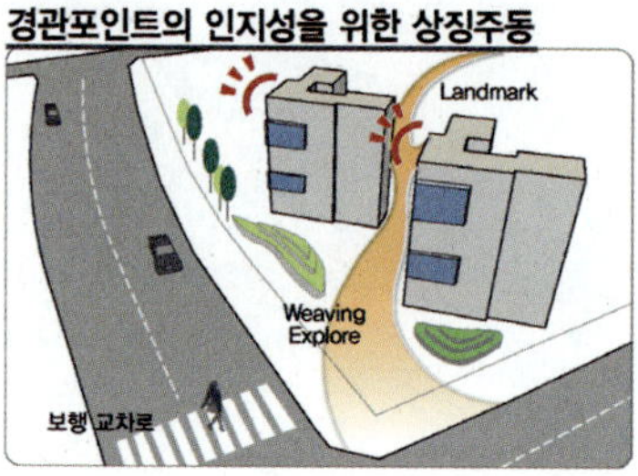

공원처럼 느리게 걷는 도시경관형 마을숲길

Unique Village 3

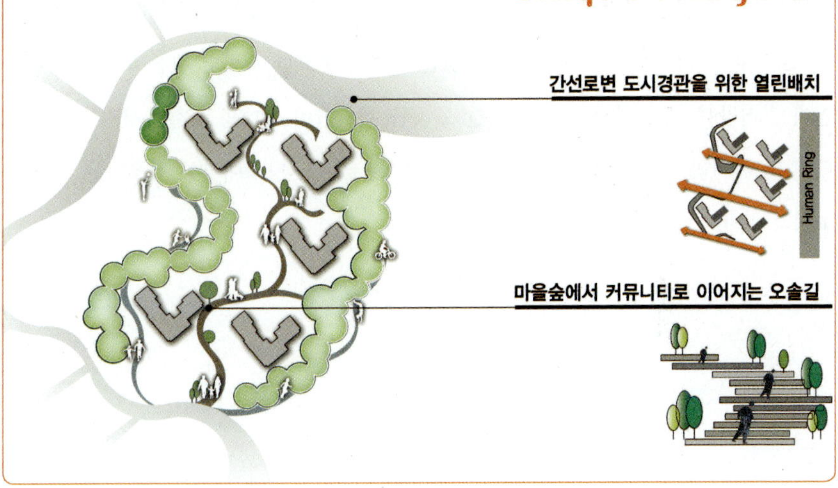

[단지계획]

휴먼링에서의 개방감을 위한 타워숲

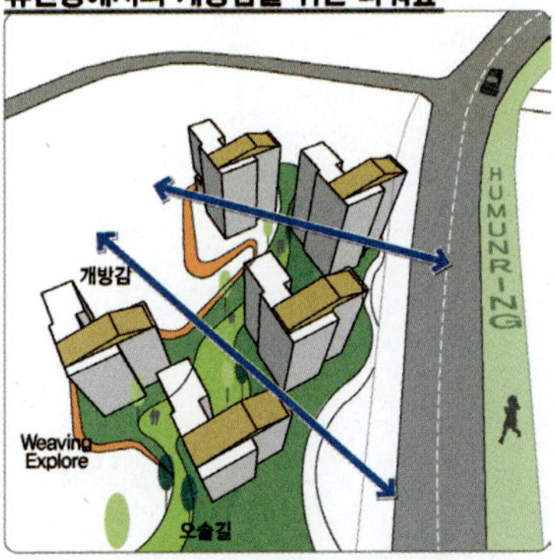

보행광장변에서의 경관을 위한 중층보이드

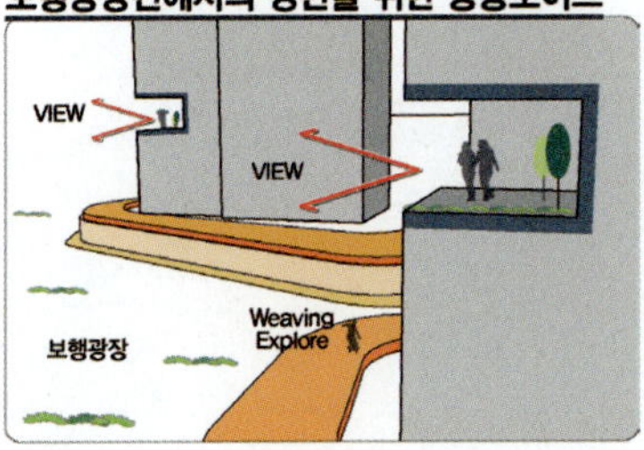

[조경계획]
Vital-scape :
건강한 삶을 위한
자연체험의
마을숲 풍경

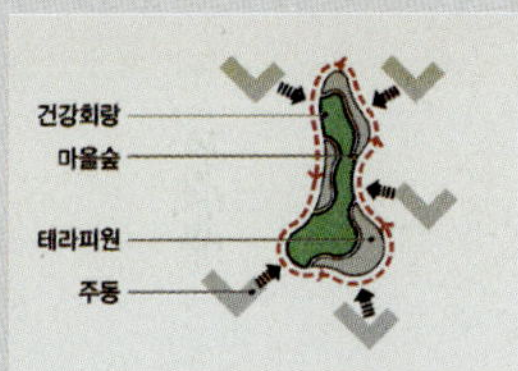

[단위세대]
다양한(Variety) 주거공간 :
· 전용 74㎡ 타입
· 가족문화중심
(3~4인 가족)
· 가족구성원을 고려한
홈오피스, 알파룸, 자녀중심형

[주동계획]
Building Type : Commune View Tower

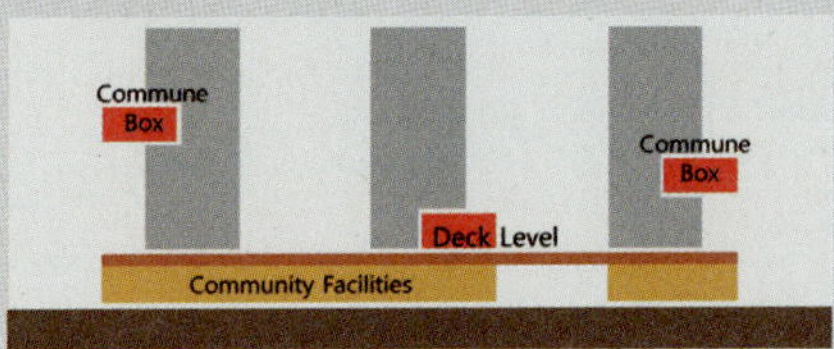

하나의 계획안에 있어 디자인을 완성해가는 방법은 여러 가지가 있을 것입니다. 그 중에서도 앞서 살펴본바와 같이 해당 프로젝트의 목적에 맞춰 컨셉과 전략을 설정하고, 그에 따른 아이디어를 디벨롭하는 것은 상당히 중요한 과정입니다. 모든 건축디자인이 그러하겠지만, 컨셉과 전략이 잘 드러난 계획안이 상대방을 설득시키는데 유용할 뿐만 아니라, 특히나 경쟁설계에 있어서는 프로젝트 당선여부를 좌우하는 '경쟁의 핵심무기'이기 때문입니다.

···› 마스터플랜 디벨롭하기, '분야별 전략을 통합하라!' ‹···

[주동배치-법규, 공급유형별 세대수 반영/ MP 스케치하기]

메인 컨셉과 전략아래 각 분야별 컨셉, 전략이 어느 정도 세워졌으면, 배치계획(단지계획)을 담당하는 실무자는 이를 바탕으로 마스터플랜을 디벨롭해야 합니다. 이 과정에서 분야별 담당자들과 같이 협의하며, 각 분야별 계획아이디어들이 디벨롭될 수 있도록 해야 하죠.

공동주택의 여러 계획분야 중에 전체 디자인의 일관성을 유지하는데 있어 가장 핵심적인 역할을 하는 마스터키는 항상 배치계획에 있습니다. 그렇기 때문에 배치계획 담당자는 각 분야별 전략을 통합하면서도, 마스터플랜을 함께 디벨롭할 수 있어야 하는 것입니다.

이에 스스로를 믿고 자신감 있게 계획을 진행시키는 것도 배치계획 담당자와 프로젝트 PM이 갖추어야할 태도 중에 하나입니다. 자신감 부족은 결국 선택과 집중을 해야 하는 중요한 시점에서 결정을 내리지 못하는 실수로 이어질 수 있으며, 타 계획분야를 진행함에 있어서도 혼란을 유발시킬 수 있습니다. 비단 PM과 배치계획 담당자뿐만 아니라, 프로젝트에 참여하는 모든 실무자들은 매사에 스스로 자신감을 가질 수 있도록 훈련하며 작업에 임하는 자세가 필요할 것입니다.

초기에 마스터플랜 대안을 만드는 방법은 두 가지가 있습니다. 첫 번째는 규모검토할 때처럼 캐드로 키플랜을 대략 배치하면서 전체 주거동수에 대한 감을 확인하며 Mass study를 하는 방법이고, 두 번째는 규모검토를 참고하여 공급유형별로 준비해 놓은 Mass들을 조합하며 Mass로만 study하는 방법입니다. 두 방법 모두 기본적으로 규모검토를 참고하여 진행합니다만, ALT가 결정된 후에 실질적으로 관련법규와 공급유형별 세대수를 정확히 맞추면서 디벨롭하다보면, 대부분 주거동수가 늘어나거나 한 동내의 주호조합수가 늘어나게 되죠. 이는 초기의 ALT가 세대수의 정확성보다는 전체계획의 방향을 설정하기 위한 것이므로, 배치그림에 초점을 맞춰 작업을 진행하기 때문입니다. ALT1의 경우 두 번째 방법으로 대안을 만들었으며, 이 역시 실제 법규와 세대수를 맞추는 과정에서 동수가 한 동 늘어났습니다.

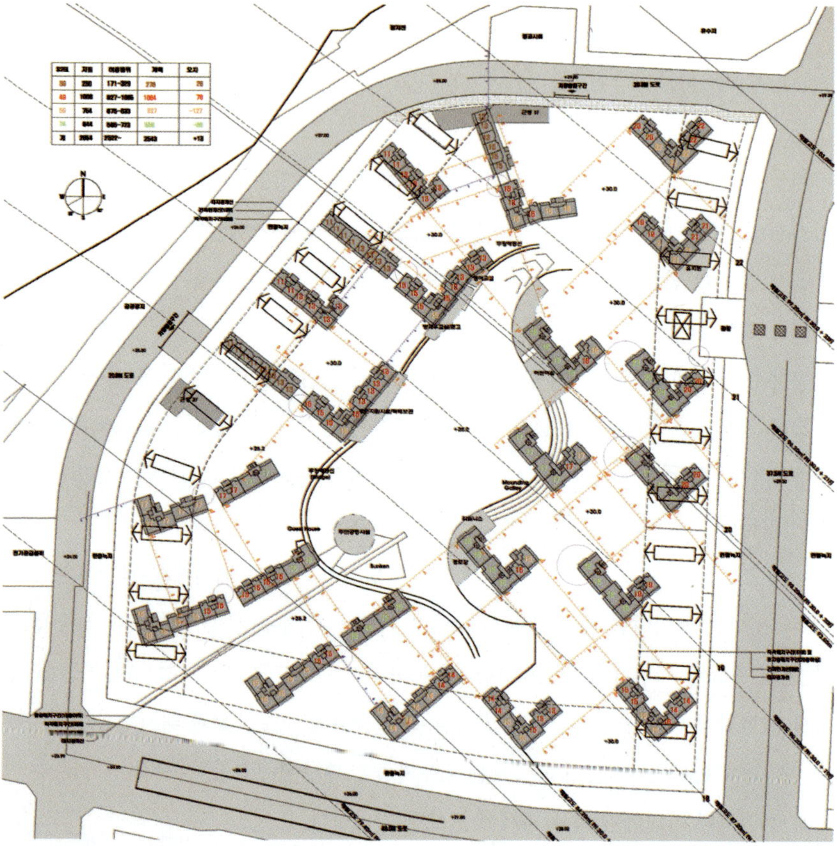

배치도 Cad Work

ALT1을 기준으로 관련법규와 공급유형별 세대수에 맞춰 주거동을 배치하고, 부대시설 담당자와 협의하며 부대시설의 규모, 대략적인 형태, 위치 등을 설정합니다.

다음 그림은 각 분야별 전략을 통합하여 디벨롭한 마스터플랜 스케치와 매스모형입니다. 이 결과물은 계획안을 진행하면서 팀원들과 전체 디자인방향을 공유하는 수단이 될 것이며, 추후 조경업체와 협의하는 용도로 아주 유용하게 쓰일 것입니다. 건축에서 외부공간을 이렇게까지 디테일하게 표현해야하는지 의문이 생길수도 있으나, 이건 어디까지나 제 작업스타일에 불과합니다. 하지만 제 경험상 디자인하고자하는 의도대로 계획내용을 아낌없이 표현해야만, 후에 조경을 포함한 각 계획분야와 협의할 때 좀 더 수월할 수 있었습니다.

Masterplan Sketch

옐로우페이퍼위
플러스펜+색연필+마카

Mass Model

···› '일반건축 그까이거 한 동. 아파트는?' 계획해야할 많은 요소들 ‹···

[분야별 계획하기-배치, 조경, 단위세대, 주거동, 부대시설 등]

설계사무실 생활을 하다보면 일반건축을 주로 하는 직원이든 공동주택을 주로 하는 직원이든 간에, 가끔 서로의 분야에 대해서 우월함? 아니 누가 더 힘들게 일하고 있는지 얘기하는 경우가 있습니다. 공동주택 분야에서 주로 일하는 직원들은 이렇게 얘기하죠. "일반건축물은 그까이거 한 동 이지, 공동주택은 계획해야할게 얼마나 많은데~"

공동주택 안에서 시설의 종류를 굳이 분류해보자면, 주거시설, 근린생활시설, 문화 및 집회시설, 교육연구시설, 노유자시설, 운동시설… 앞서 관계법령들을 같이 살펴봤지만, 계획해야할 시설만큼이나 관련법규도 많고 디자인해야할 요소도 그만큼 많고 복잡하기 때문입니다.

모든 디자인에 있어서 가중 중요한 원칙 중에 하나가 바로 '일관성(Consistency)'입니다. 이처럼 여러 계획분야가 있는 공동주택 특성상, 디자인을 진행하면서 전체적으로 하나의 일관성을 유지해 나가기란 결코 쉬운 일은 아닙니다. 하지만 디자인의 일관성을 유지하지 못할 경우, 예를 들어 전체그림 중에 부대시설만 너무 독특하게 튄다든가, 배치계획과 조경계획이 각개전투를 하듯 따로따로 디자인돼 보인다면, 전체 마스터플랜은 아마도 그 의미를 상실하게 될 것입니다. 그러므로 각 분야별 담당자는 구체적으로 계획을 진행함에 있어서 상상력을 발휘하여 창의적인 디자인을 하면서도, 메인 컨셉과 전략에 맞춰 분야별 많은 디자인요소들이 일관성 있게 하나의 흐름을 유지하도록 노력해야 합니다.

그럼, 지금까지 디벨롭시킨 마스터플랜을 기준으로 각 분야별 계획내용을 함께 살펴보도록 하겠습니다.

배치계획은 주거동을 배치함에 있어 많은 요구들이 들어옵니다. 관련법규와 세대수를 다 맞춘 배치도는 아무래도 초기 대안보다 그림이 딱딱해 보이는 경우가 많죠. 그래서 주동매스가 커 보인다느니, 주거동각을 좀 더 틀어야 그림이 나아질 거 같다느니 등등. 이런저런 의견들이 나옵니다.

담당자는 괜찮은 의견들을 선택하여 좀 더 좋은 그림을 만들기 위해 수없이 주거동각을 틀고, 이동하고, 인동거리를 다시 맞추고, 세대수를 조정할 것입니다. 그렇게 배치도를 수정할 때면, 제 경우엔 스스로가 설계를 하는 것이 아닌 마치 퍼즐게임을 하는 듯한 느낌이들 때가 많았습니다.

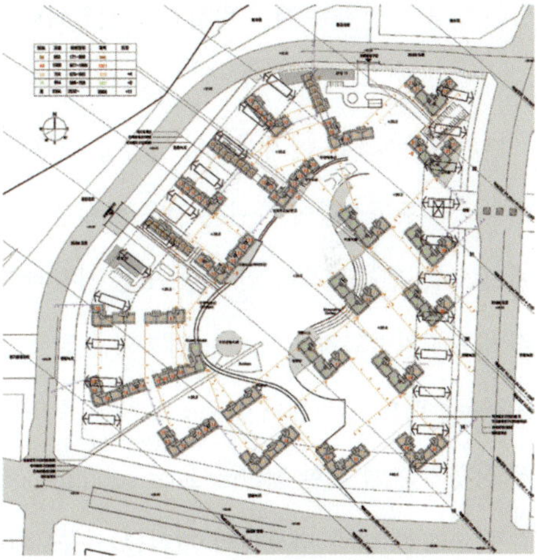

디벨롭한 배치도 Cad Work

조경계획은 두 가지 정도 ALT를 받아보는 것이 좋습니다. 이 프로젝트는 제가 작업한 마스터플랜 스케치를 조경담당자들과 같이 공유하며 시작했기 때문에, 공간의 위

ALT1 메인동선의 선형이 건축의 의도와 맞음
일부공간의 디테일 정도가 부족함

ALT2 메인동선의 선형, 위계가 부자연스러움
많은 선형들이 다소 복잡해 보임

계나 길의 선형에 있어 원하는 방향대로 디자인된 경우입니다. 그러나 메인 컨셉, 전략을 공유했음에도 건축의 생각과 조경의 생각이 항상 일치하지는 않으므로, 가급적 두 가지 이상의 ALT를 받아보고 그중 건축에서 원하는 방향대로 디자인될 가능성이 있는 안을 선별하는 것이 바람직할 것입니다.

단위세대계획은 배치계획의 영향을 아주 많이 받는 분야중의 하나입니다. 담당자는 배치도의 주동조합이 바뀌는 것을 실시간으로 확인하면서 제한된 공급유형별 타입 수에 맞도록 계획을 해야 합니다. 또한 지침서의 요구조건을 꼼꼼히 다시 살펴보면서 관련법규에 위반되지 않도록 평면계획을 진행해야할 것입니다.

공동주택의 단위세대계획에서 가장 중요한 기준 중에 하나는 바로 '주택의 설계도서 작성기준'에 의한 MC(modular coordination)설계입니다. MC설계란 쉽게 말해서 마감을 포함한 벽과 벽사이의 거리를 시공오차까지 고려하여 M단위(100mm)로 떨어지게 만드는 표준설계기준입니다. 시공오차는 보통 5~15mm정도이나 LH, SH, 각 건설사마다 오차 요구정도가 틀리기 때문에 발주처의 기준에 맞춰야 하며, 또한 지역에 따른 단열두께기준에 의해 MC기준이 틀려지므로 이를 꼭 확인해야 합니다. 아래는

	세대간벽	내 벽	외 벽			측 벽
전층동일	압출성형	압출성형	경질우레탄폼(140) 직접면-복도 압출성형	경질우레탄폼(120) 압출성형	경질우레탄폼(140) 직접면	경질우레탄폼(160) 실외 침실
벽 두 께	50+50	100	100	100	200	300
조 절 대	220	120	260	260	380	400

	화장실벽(측벽)		코 아 벽		화장실벽	화장실벽 (세대간벽)
전층동일	경질우레탄폼(160) 실외 화장실 압출성형	경질우레탄폼(160) 실외 침실	경질우레탄폼(120) 코아 침실 압출성형	경질우레탄폼(120) 코아 화장실 압출성형	침실 화장실 압출성형	침실 화장실 압출성형
벽 두 께	300	300	50+50	50+50	100	50+50
조 절 대	510	480	240	270	150	250

단위세대계획을 위해 간단하게 정리한 MC기준으로 디테일 표현은 생략된 것임

'건축물의 에너지절약설계기준'에 의해 중부지방 단열기준을 적용한 송파위례 MC설계기준입니다.

평면계획을 진행함에 있어서 담당자는 구조업체에 의뢰하여 벽체두께, 기둥size(라멘조인 경우)등을 사전에 검토 받아 MC기준에 적용해야 할 것이며, 앞서 설정해 놓은 타입별 특화전략이 단위세대평면에 잘 드러나 보이도록 공간구성계획에 신경써야할 것입니다.

기준층 및 1층 주거동 평면도

기준층 PLAN	1층 PLAN (배치용)	기준층 PLAN	1층 PLAN (배치용)
1001 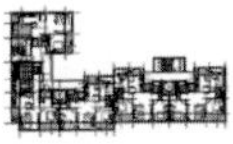	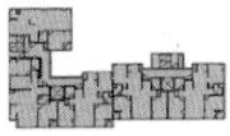	1008 ~ 1016 	
1002 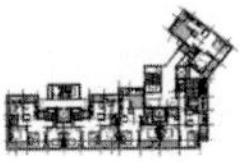	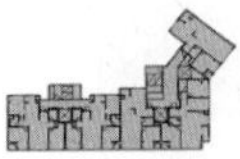	1017 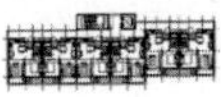	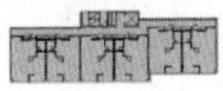
1003 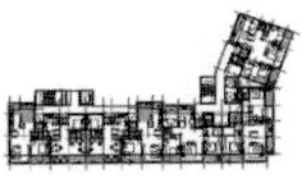	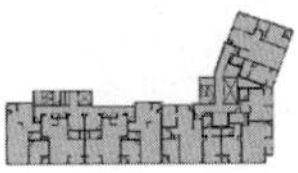	1018 	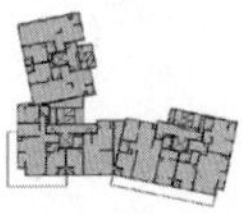
1004 1005 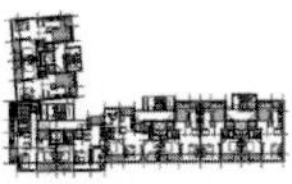	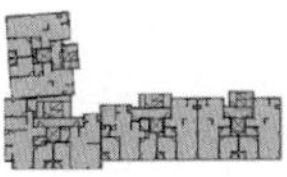	1019 1022 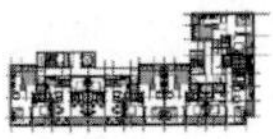	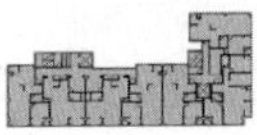
1006 		1021 1024 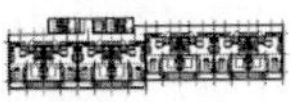	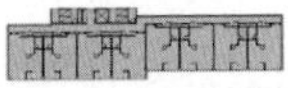
1007 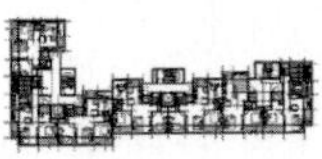	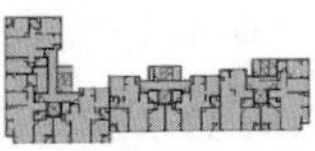	1020 1023 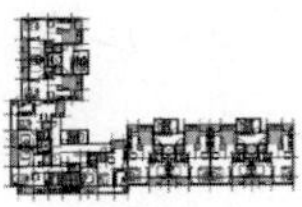	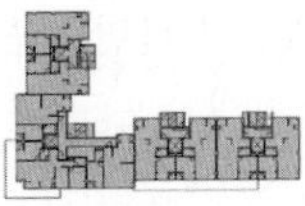

위의 MC기준에 의해 타입별 단위세대평면이 정리됐으면, 담당자는 이제 배치도에 맞춰 주거동을 조합해야 합니다. 이때 건축법, 건축법시행령, 건축물의 피난 · 방화구조 등의 기준에 관한 규칙, 건축물의 설비기준 등에 관한 규칙, 주택건설기준 등에 관한 규정/규칙의 법규조항 중 계단, 승강기설치 및 구조 관련조항을 준수해야할 것입니다.

주거동입면계획 담당자는 메인 컨셉에 따라 설정해 놓은 마을별(영역별) 주거동 디자인 전략을 가지고 원하는 매스형태의 입면디자인이 될 수 있도록 해야 합니다. 디자인을 진행함에 있어서 매스의 돌출정도라든지, 주거동내 층별 이형타입 조합관계, 저층 · 중층 · 상층 필로티여부 등을 단위세대 및 배치계획 담당자와 협의하며 계획을 진행하는 것이 바람직할 것입니다.

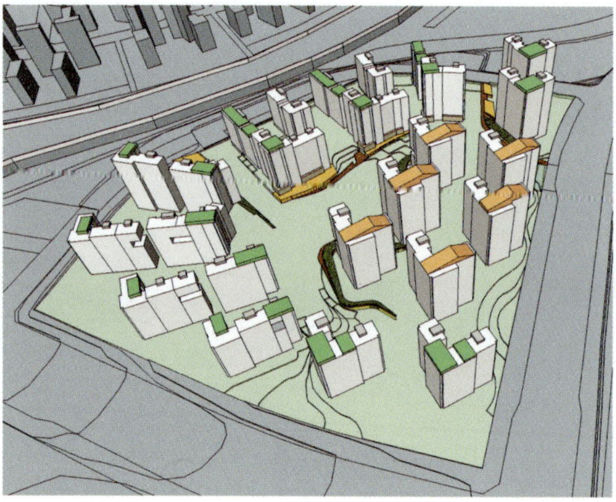

스케치업을 활용한 매스스터디입니다.

디테일한 입면패턴 디자인을 하기 전에 전체 주거동의 지붕형태와 매스형태를 먼저 디자인하는 것이 좋습니다.

이에 배치계획에서 정해놓은 주거동 평면대로 디자인하는 소극적인 자세는 가급적 지양해야 할 것입니다.

부대시설계획은 앞서 마스터플랜을 디벨롭시킬 때 배치계획 담당자와 협의하며 부대시설의 규모, 형태, 위치 등을 대략 설정하였습니다.

담당자는 세부적으로 각 시설별 평면계획을 진행하기 전에, 다시 한 번 지침서의 요구조건과 관련법규들을 꼼꼼히 분석하면서 계획을 진행해야할 것입니다.

보금자리주택이 추진되면서 기존에는 시설위주의 계획이었던 부대복리시설개념이 최근에는 주민 참여를 통해 생산과 창조활동이 이루어지는 참여형 커뮤니티라는 개념으로 전환되고 있습니다. 시설계획 측면에서 볼 때, 기존 법적시설 프로그램에 주민들의 적극적인 참여를 통해 다양한 참여형 프로그램들이 발생될 수 있도록 시설들을 집중배치하고, 가변적 공간계획으로 커뮤니티 프로그램 간에 유기적으로 상호연계 되도록 디자인하는 것이 무엇보다 중요할 것입니다.

부대복리시설 법규 체크리스트(2,654세대 가정) *규정:주택건설기준 등에 관한 규정

구 분		기 준 검 토	비 고
관리사무소 (규정 제28조)	100㎡ 이상	【50세대 이상 공동주택단지】 10㎡+(2,654−50)×0.05㎡=140.20㎡ 이상	100㎡ 초과시 100㎡ 가능 방재실 설치
게스트하우스 (지침)	351㎡ 이상	300세대 당 1실 2,654/300≒8.847 9*39=351㎡ (1실≒39㎡로 설정시)	1~3개의 침실과 거실, 주방, 화장실로 구성하고 관리동 이나 아파트 1층에 계획
어린이놀이터 (규정 제46조)	2,854㎡ 이상	【50세대 이상 공동주택단지】 100세대 이상 : 300㎡+(2,654−100)×1㎡=2,854㎡ 이상	1개소 면적 300㎡ 이상
근린생활시설 (지침)	1,796.60㎡ 이상	(0.6*1,256)+(0.7*754)+(0.8*644) =1,796.60㎡ 이상	
유치원 (규정 제52조) (유치원시설기준)	350㎡ 이상	40인 100평+(추가1인=1평) ≒ 350㎡ 이상	40인 기준시 면적임
주민운동시설 (규정 제53조)	1,950㎡ 이상	【500세대 이상 공동주택단지】 면적 : 300㎡+(2,654−500)/200*150 =1,950㎡ 이상	300㎡에 500세대를 넘는 200세대마다 150㎡를 더한 면적이상
경로당 (규정 제55조)	290.40㎡ 이상	【100세대 이상 공동주택단지】 40㎡+(2,654−150)×0.1㎡=290.40㎡ 이상	
주민공동시설 (규정 제55조)	285.4㎡ 이상	【300세대 이상 공동주택난지】 50㎡+(2,654−300)×0.1㎡=285.4㎡ 이상	
어린이집 (지침) (규정 제55조) (영유아보육법 시행규칙 별표1)	1,287㎡ 이상	세대당 0.12인 2,654*0.12=318.48명 300*4.29=1,287㎡ 이상	정원 300명 초과 불가 보육실+거실+포복실+유희실: 300*2.64=792㎡이상 옥외놀이터: 300*3.5=1,050㎡이상 2,3층 계획시와 4,5층 계획시 대피시설은 영유아보육법 시행규칙 별표1 참고

<table>
<tr><td>작은도서관(문고)
(규정 제55조)
(도서관법시행령)</td><td>33㎡
이상</td><td>【300세대 이상 공동주택단지】33㎡ 이상</td><td>열람석 6석 이상</td></tr>
<tr><td>경비실
(지침)</td><td></td><td>최소 2개 이상</td><td>차량 출입구에 반드시 설치</td></tr>
<tr><td>자전거보관소
(지침)</td><td></td><td><table><tr><th>구분</th><th>보관가능
대수</th></tr><tr><td>주 동</td><td>주동세대
수당
0.3대</td></tr><tr><td>상 가</td><td>30대</td></tr><tr><td>복지관 및 관리소</td><td>15대</td></tr><tr><td>어린이놀이터, 운동시설</td><td>10대</td></tr></table></td><td>복지관, 관리소, 상가건물,
주동, 어린이놀이터,
운동시설마다 1개소 이상</td></tr>
<tr><td>기계실 관리
근무자 전용
샤워실 및 화장실
(지침)</td><td></td><td></td><td>관리사무소 외의
장소에 설치</td></tr>
<tr><td>주차장
(지침)</td><td>2,654대
이상</td><td>전용40~75㎡형은 세대당 1대 이상
2,654*1=2,654대 이상</td><td>여성우선주차면 20%
확장형과 일반형 2:1
지상주차 10%내
지하1층 면적의 1%이상
채광면적확보</td></tr>
</table>

※ 현행법령과는 다소 차이가 있을 수 있습니다.

···› '변경, 또 변경. 끝까지 변경' 수정사항에 익숙해져라! ‹···

[분야별 상호적용 및 계획완료하기]

가까운 선배가 또 제게 묻습니다.

"공동주택 현상이 어려운 이유 3가지가 뭔지 알아?"

"글쎄요, 잘 모르겠는데~"

"변경. 또 변경. 끝가지 변경한다는 것이지."

아마도 윗분들의 잦은 수정에 진저리가 난 모양입니다.

일반건축이든 공동주택이든 간에, 하나의 프로젝트가 진행되는 동안 실무진들은 일을 맡아 진행하는 PM과 윗분들에 의해서 정말 수많은 수정을 하게 됩니다. 별 차이도 없는 것 같은데 뭘 그렇게 수정을 시키시는지 정말 화가 머리끝까지 날 때가 많죠. 그러나 이 부분에 있어서는 다시 긍정적으로 생각해볼 필요가 있습니다. PM이건, 윗분들이건 간에 모두가 다 좀 더 나은 디자인을 하기 위한, 경쟁에서 어떻게든 이겨보기 위한 치열한 몸부림을 하고 있는 것이라는 걸. 그런 노력들 하나하나가 모여서 그래도 우리 안을 좀 더 경쟁력 있게 만들어간다는 것을 우리는 기억해야 합니다.

공동주택의 경우에는 여러 계획분야가 있는 특성 때문에 한 분야를 수정하게 되면 나머지 분야도 줄줄이 수정해야하는 일이 발생하곤 합니다. 프로세스상의 피드백을 거치면서 본인이 원하던 원하지 않던 한 계획분야에 수정이 발생되면, 그에 맞춰 나머지 분야도 해당부분에 대해 빠르게 수정을 해줘야 일이 원활하게 진행될 것입니다. 이런 이유들로 각 분야별 담당자들은 수많은 수정사항들에 익숙해질 필요가 있습니다. 수정을 어려워하거나, 자기분야는 문제없다는 식으로 접근하다보면, 아마도 디자인의 일관성을 찾아보기 힘들뿐더러 그만큼 안의 경쟁력 또한 부족하게 될 테니까요.

송파위례 프로젝트의 주거동배치가 25개동으로 정리된 후 팀원들이 각 분야별 계획을 열심히 진행하고 있던 도중 일어난 일입니다.

퇴근시간이 다될 무렵 프로젝트 PM인 정용재 부장이 제게 말합니다. "내가 내일 한 동 줄이는 걸 검토해 볼께~" 올 것이 왔습니다. 저는 이런 상황이 일어날 것을 미리 짐작하고 주거동배치를 하면서 어떻게 하면 한 동을 더 뺄 수 있을지를 같이 고민해 왔습니다. 물론 그 해결방법 또한 가지고 있었죠. 그날 저녁 전 한 동을 줄여 24개동으로 안을 빠르게 정리했습니다. 다음날 아침 정용재 부장한테 정리한 안을 보여주고 난후, 크리틱 때 윗분들에게 바로 보고가 되어 최종적으로 주거동배치는 24개동으로 진행하기로 결정됐습니다.

문제는 부대시설입니다. 크리틱 때 부대시설의 위치에 대해서 얘기가 나왔는데, 마스터플랜을 디벨롭하면서 조정해 놓은 근린생활시설 위치가 초기에 분야별 전략을 구상할 때 지정해 놓은 위치보다 불합리하다는 것입니다. 그리고 무엇보다 배치계획에서 주거동을 한 동 뺌으로써 중앙광장 쪽의 부대시설 위치와 선형이 크게 변경돼야 할 상황이 벌어진 것입니다. 이제는 부대시설계획이 어느 정도 마무리돼야할 시점임에도 불구하고 말이죠. 이런 상황 속에서 그래도 당시 부대시설을 담당한 남택용 과장이 빠

최종 정리된 주거동과 부대시설 배치입니다.

중앙광장 쪽 주거동을 한동 빼면서 넓어진 외부공간을 적극 활용하여 부대시설을 통합적으로 운영할 수 있도록 집중 배치했으며,

데크,부대시설 지붕,스카이 브리지 등을 이용하여 단지 내 레벨을 극복하는 무장애 동선을 계획했습니다.

상가는 주변여건을 감안하여 기존의 도로변에 배치하는 방식에서 벗어나, 입주민들 의 동선을 고려하여 단지 내 메인동선에 연결되도록 배치 했습니다.

르게 수정사항들을 반영하여 다시 계획을 진행해줬기 때문에 큰 사고 없이 마무리될 수 있었습니다.

이렇게 주거동수가 변경되면서, 우리는 배치계획과 부대시설계획의 수정 및 보완작업을 진행해갔습니다. 그리고 그와 연관된 나머지분야들도 변경되는 계획내용을 상호 적용하면서 계획을 완료해갔죠. 다음 내용들은 프리젠테이션하기 전 최종 정리된 각 분야별 디자인과 세부계획내용을 간략하게 정리해 본 것입니다.

조경 (LANDSCAPE)

단위세대 (UNIT PLAN)

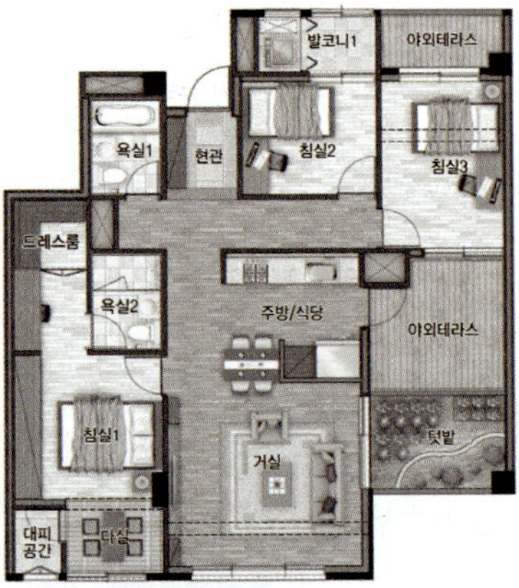

75C Rurban House

[조망형 다실,주방과 연결된 텃밭이 있는 집]

전용면적(㎡)	74.82
공용면적(㎡)	30.65
서비스면적(㎡)	19.45

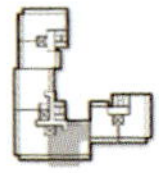

중앙광장을 조망하며 담소를 나누는 다실계획
평면변화에 의한 알파공간을 활용한 텃밭

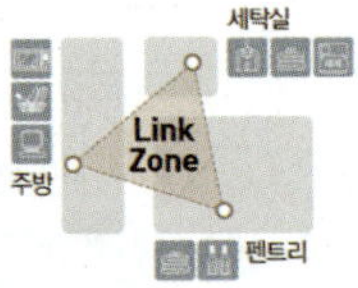

60C Leisure House

[가족중심의 여가를 즐기는 집]

전용면적(㎡)	59.98
공용면적(㎡)	25.59
서비스면적(㎡)	24.09

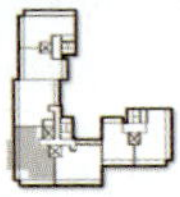

거실과 테라스를 연계한 야외 바베큐장
남성 및 여성 드레스룸 별도 설치

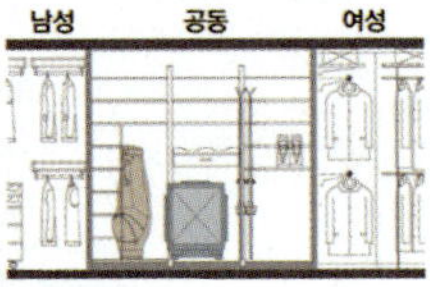

40B Green House

[정원형 야외테라스가 있는 집]

전용면적(㎡)	39.94
공용면적(㎡)	17.50
서비스면적(㎡)	14.23

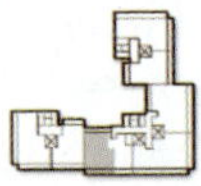

거실과 연계된 넓은 야외휴식 공간
효율적 공간 활용 가능한 다양한 수납계획

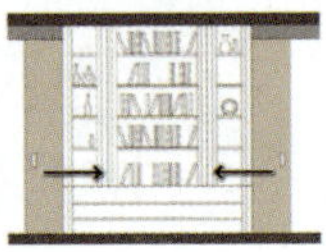

주거동입면 (HOUSING ELEVATION)

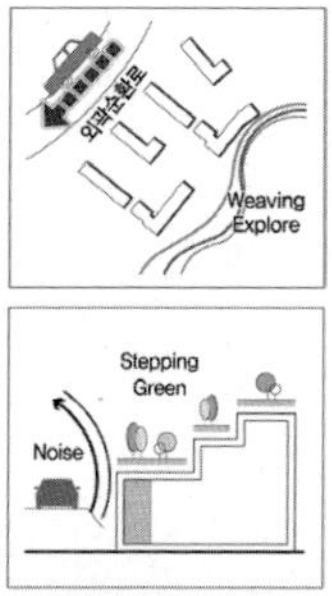

Natural Village

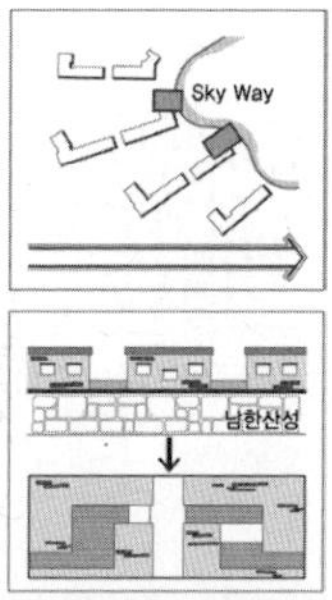

Glitter Village

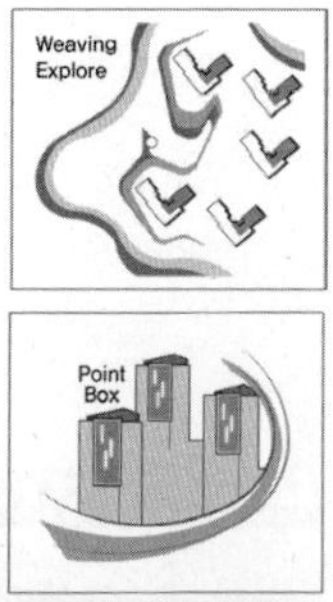

Unique Village

부대시설 (COMMUNITY FACILITY)

■ 어린이집+Night Care Center

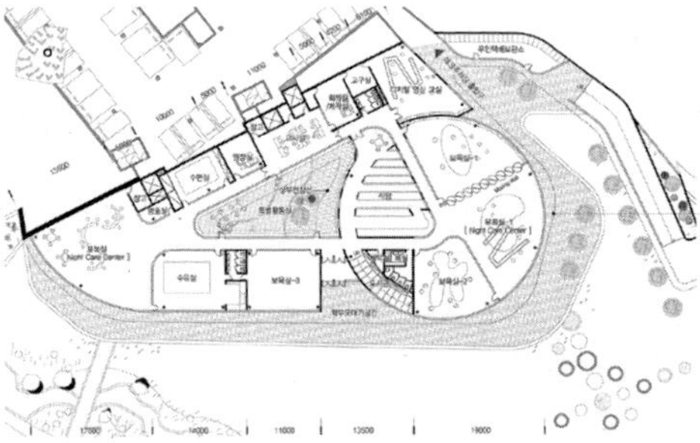

■ 경로당+건강관리센터+피트니스

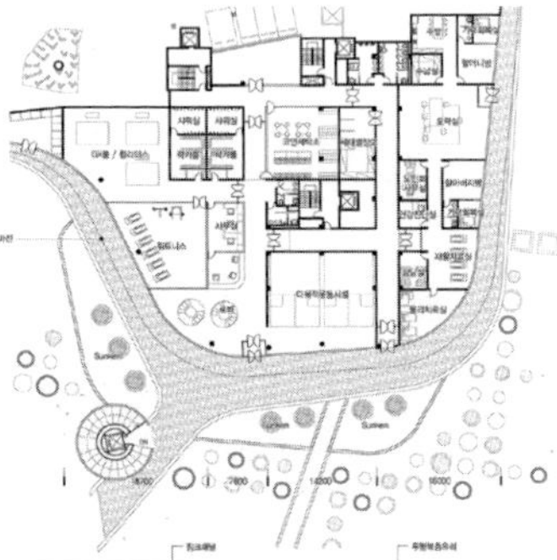

■ 관리사무소+일자리지원센터

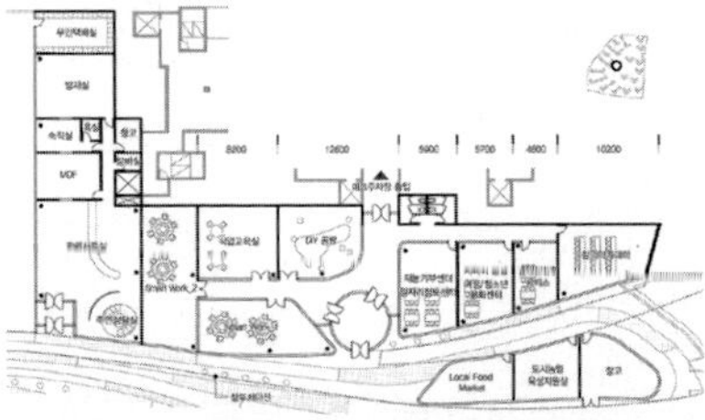

■ 문고+방과후교실

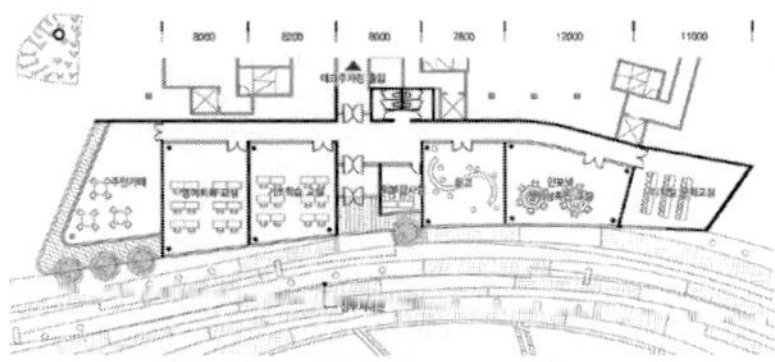

■ 근린생활시설

■ 유치원

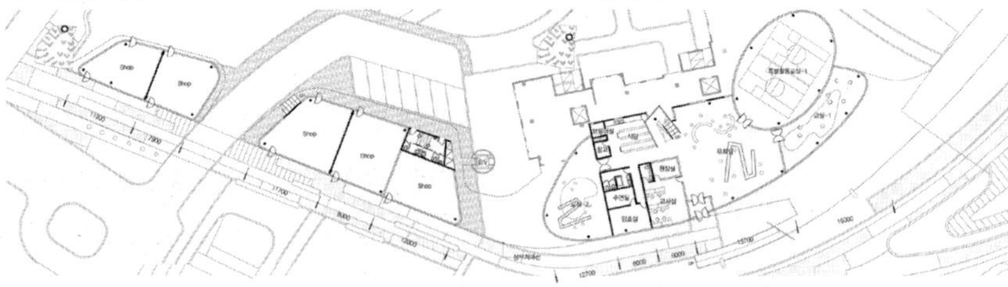

···› 프리젠테이션, '강약조절이 핵심이다!' ‹···

[보고서, PANEL, CG, 모형작업]

프리젠테이션을 필요로 하는 사회 모든 분야에서 단골처럼 자주 등장하는 용어 중에 하나가 바로 '강약조절'입니다. 광고 분야에서는 항상 기발하고 재미있는 아이디어들을 중시하지만, 그것을 프리젠테이션함에 있어서 무엇보다 중요시 하는 것은 강약조절이라고 합니다. 엔터테인먼트 분야를 볼까요? 가수가 노래를 부르는 것도 많은 대중들 앞에서 하는 일종의 프리젠테이션일 것입니다. 대중들에게 감동을 안겨줄 만큼 노래를 잘 부르기 위해서는 곡에 맞는 분위기의 소리를 낼 줄 알아야하는데, 그 분위기를 위한 것이 바로 강약조절로써 노래에 없어서는 안 될 매우 중요한 포인트라고 합니다.

앞서 여러번 강조한바 있지만, 경쟁설계에 있어서도 작업성과물들의 프리젠테이션은 무엇보다 강약조절이 핵심입니다. 보고서, 판넬, CG, 모형 등의 작업에 있어서 계획안의 컨셉과 전략, 그리고 보여주고자 하는 내용을 한눈에 잘 보이도록 하는 강약조절작업은 몇 번을 강조해도 좋을 만큼 중요한 사항입니다. 다만, 주의할 점은 계획안의 취약점을 보완하는 개념이 아니라 강점, 즉 잘된 부분을 더욱 강조시켜야 한다는 것입니다. 다소 취약해 보이는 부분은 배제하더라도, 계획안의 강점을 잘 살릴 수 있도록 프리젠테이션 전략을 구상해야 할 필요가 있다는 얘기입니다.

그러나 프리젠테이션은 단순히 내용의 강약조절만 필요로 하는 것은 아닙니다. 심사위원들에게 짧은 시간동안 계획안을 이해시켜야 하는 만큼 철저히 계산되어진 시나리오가 필요합니다. 어떤 순서로, 어느 위치에 어떤 내용이 나와야 하는지, 또한 어떤 칼라를 써야하는지, 이미지와 내용의 크기는 어떻게 해야 하는지를 종합적으로 판단하여 한편의 잘 짜여진 시나리오를 바탕으로 프리젠테이션을 하는 것이 경쟁사와의 격차를 벌리는데 있어 좀 더 효과적일 것입니다.

송파위례 프로젝트의 프리젠테이션 관련해서는 두 가지 에피소드가 있습니다. 판넬 작업과 투시도 CG 마무리작업 중에 일어났던 일이죠.

Episode #1 (판넬 모형사진 표현)

공동주택 현상설계에서는 최근에 발주처에서 3D표현을 못하게 하므로, 판넬작업을 할 때 좀 더 입체적인 효과를 노리기 위해 모형사진을 사용하는 경우가 많습니다. 우리는 컨셉과 전략이 잘 설명될 수 있도록 신중하게 모형사진을 찍고 판넬에 배치해서, 그 위에 삽도들을 표현하기로 했죠. 모든 터치작업을 완료하고 윗분들께 체크를 받는데, 표현이 이상하다느니 무엇을 보여주려 하는지 잘 모르겠다느니 전부다 쓴 소리만 하는 것입니다. 비상입니다. 반응이 이정도면 어찌됐든 표현상에 문제가 있다는 것이니까요. 우리는 뭐가 잘못된 건지 빠르게 판단해야 했습니다. 결국 계획안의 길과 영역에 대한 개념을 강조하려다가 모형사진을 너무 확대해서 표현한 게 원인이라는 결

PANEL PRESENTATION

초기 표현된 모형사진과 삽도

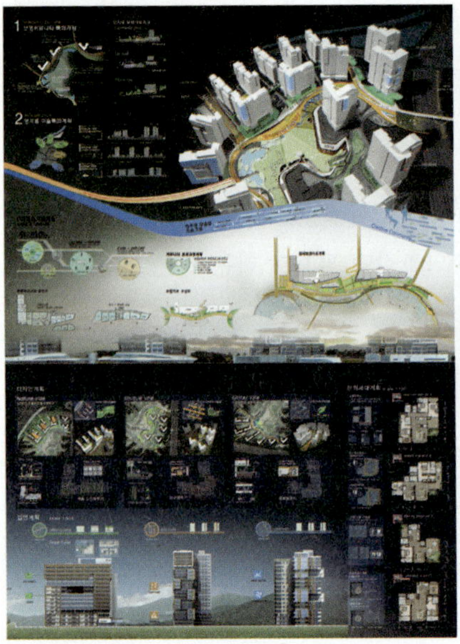

모형사진 수정 ALT

론을 내렸죠. 삽도를 수정하고 체크를 받으면 판넬을 디벨롭할 시간이 많이 부족해 보였습니다. 그래서 우리는 판넬 담당자가 CG사무실에서 모형사진부위만 조정하여 몇 가지 ALT를 보내면, 체크를 받아 그중에 하나를 결정해서 그에 맞도록 삽도를 수정하기로 했습니다.

발주처에 제출한 최종 판넬

Episode #2 (투시도 CG작업)

투시도는 제출목록에 포함되어 있진 않았지만 추후 홍보를 고려하여 CG작업을 해야 했습니다. Weaving Explore(입체적 길을 따라 형성되는 커뮤니티체험)에 대해 최대한 잘 설명될 수 있도록 중앙광장 쪽 View를 잡고 CG터치작업이 완료된 후에 윗분들에게 체크를 받았죠. 그런데 이 역시 반응이 별로 좋지 않았습니다. 무엇을 강조하려는지 잘 모르겠다는 의견입니다. 우리는 강조해야할 부분이 길인지, 광장인지, 주거동인지를 다시 생각하며 투시도를 자세히 들여다보았습니다. 결론은 Weaving Explore에 대해서 설명하려면 광장과 연계된 입체적 길과 부대시설들을 집중적으로 강조해야 하는데, 주거동의 입면도 잘 나와야 한다는 생각에 그것까지 같이 강조하다보니 투시도 내의 모든 요소들이 강조돼서 시선을 분산시키는 역효과를 일으켰다는 것입니다. 그래서 우리는 다시 주거동입면이 너무 튀지 않게 CG업체와 협의하며 수정 및 보완작업을 거쳐서, 투시도가 처음 의도대로 표현될 수 있도록 최선을 다했습니다.

PERSPECTIVE PRESENTATION

투시도CG 이미지입니다. 초기투시도와 최종투시도에서 틀린 그림 찾기를 즐겨보세요.

초기투시도 : 투시도 내의 모든 요소들이 강조돼 보임

최종투시도 : 광장, 길, 부대시설이 강조 되도록 주거동 입면표현을 조정

···› 제출물들의 쓰나미, '긴장의 끈을 놓지 말라!' ‹···

[각종 성과물 관리, 검토보완 / 인쇄 / 작품제출]

레이크사이드 C.C 프로젝트에서 언급한 것처럼, 최종 제출물들을 관리하고 검토 및 보완하여 작품을 접수시키기까지 각 성과물에 대한 파트별 담당자들의 시간관리 능력과 협업 능력은 무엇보다 중요합니다. 여러 계획분야가 있고 유난히 제출 성과물들이 많은 공동주택 경쟁설계에서 각 담당자 역할의 중요성은 두말할 필요 없겠죠.

작품 접수날짜가 다가올수록 제출해야할 성과물들, 즉 설계도판, 설계도면, 설계계획서(설계설명서, 사업성향상계획서), 설계개요 및 면적산출표, 작품설명자료, 조감도, 모형 등은 프로젝트를 수행하고 있는 팀원들에게 마치 쓰나미처럼 밀려들 것입니다. 마무리작업이 한창일 때에 이 성과물들 중에 한 파트라도 잘못돼버리면 도미노 현상처럼 그 여파가 나머지 파트에 영향을 미쳐서, 결국은 수습하기 곤란한 상황이 벌어지게 되고 맙니다. 정말 한 곳 구멍 나면 나머지는 죽음인 거죠. 그러므로 각 파트별 담당자들은 작품을 제출하는 마지막순간까지 절대로 긴장의 끈을 놓지 말아야 하겠습니다.

각종 성과물들을 프리젠테이션하여 완성하기까지 우리는 여러 외주업체들(편집, PT, 인쇄, CG, 모형업체 등)을 관리하며 같이 일을 진행해야만 합니다. 담당자들은 좋은 편집과 인쇄를 위해서, 최고의 CG, 모형 퀄러티를 위해서, 보통 업체들과 같이 며칠 밤을 지새우게 됩니다. 작업을 시키는 입장으로 볼 때, 어느 정도 원하는 퀄러티의 성과물을 얻기 위해서는 업체들에게 적당한 당근과 채찍이 필요하다고 봅니다. 다만 너무 몰아붙여도 안 될 것이고, 그렇다고 알아서 잘할 거란 믿음을 쉽게 가져서도 안 될 것입니다. 여기서도 밀당(밀고 당기기)은 필요한 법이니까요.

송파위례 프로젝트의 모든 제출 성과물들에 관한 마무리작업을 하고 발주처에 납품한 후 작품심사가 있을 때까지, 정말 여러 가지 에피소드가 있었습니다. 그 중에서 가장 기억에 남는, 웃지 못 할 사건 두 가지만 얘기해 보도록 하겠습니다.

Episode #1 (3D삽도 표현문제)

며칠 밤을 새고 다들 정신이 몽롱한 상태에서 인쇄소에 도면집 파일을 넘겨야 할 시점으로부터 불과 몇 시간 전, 팀원 중에 한명이 삽도표현에 문제가 좀 있는 게 아니냐고 말하는 것이었습니다. 최근에 발주처에서 계속 3D표현을 금지하고 있는 상황인데, 확인해보니 도면집에 들어간 일부 삽도들이 3D표현으로 작업이 진행된 것입니다. 파트 담당자에게 자초지종을 물어보니, 모형사진위에 여러 가지 버전으로 삽도작업을 하고 혹시 3D표현이라고 오해받을 수 있지 않을까 해서 PM을 포함한 관리자급들에게 보여줬다고 합니다. 결국 원인은 마감 때문에 다들 정신이 없는 상태에서 별 의심 없이 도면집을 검토한데 있었습니다. 편집작업이 거의 다 마무리돼야할 시점이었고 아직 편집할 부분도 조금 남아있는 상황이었는데, 3D로 표현된 삽도들을 다시 2D표현으로 수정해야 할 상황이 벌어진 것입니다. 정신이 바짝 들더군요. 수정을 다하고 나면 인쇄소에 파일을 넘겨야 할 시점이 너무 늦어질 것 같았습니다. 별수 없이 우리는 수정되기 전 버전을 먼저 보내고 인쇄를 함과 동시에 수정작업을 진행하여 수정된 장만 다시 교체하기로 했습니다. 자칫 잘못하면 작품접수를 못하는 상황이 벌어질 수도 있었으나, 다들 다시 긴장을 하며 수정작업에 몰두했기 때문에 다행이도 별 문제없이 잘 마무리할 수 있었습니다.

Episode #2 (보안문제)

발주처에 작품을 제출하고 난후 어렵게 경쟁사들의 안을 구하고 보니, 한 업체의 마스터플랜이 우리안과 거의 비슷한 것이었습니다. 윗분들은 경쟁사 안을 보면서, "방사형배치며, 클러스터며, 동선개념이며 거의 다 비슷하네. 어떻게 이럴 수 있지?" 라며 다들 하나같이 얘기합니다. 그러다가 결국엔 보안문제로 얘기가 커지게 됐죠. "현상설계를 하는 놈들이 보안을 어떻게 했길레 이런 상황이 벌어진 거야?" 윗분들 중 격하신 어느 분의 말입니다. 공동주택 계획안을 만드는데 있어서 비슷하게 현황분석을 하고, 대지와 어울리는 배치형태를 고민하여 주거동을 배치하다보면 안은 얼마든지 비

발주처에 제출한 최종 마스터플랜

숫해질 수도 있습니다. 설마 우리 안이 정말로 밖으로 유출되진 않았겠죠. 하지만 윗분들에게 한소리 듣고 나니까 기분은 그리 좋지 않았습니다. 이일이 있은 후로 우리팀은 기존에 현상설계를 진행할 때보다 몇 배는 더 보안에 신경 쓰며 프로젝트를 수행하게 됐습니다. 치열한 경쟁설계에서는 좋은 작품을 만드는 것만큼이나 보안이 매우 중요한 사항이라는 것을 간과해서는 안 될 것입니다.

자, 지금까지 '송파위례 A1-10BL 택지개발사업 현상설계'를 통해 공동주택 현상설계 프로세스를 같이 살펴보았습니다. 봐야할 법도 많고 계획해야할 분야도 많은 공동주택이지만, 이 과정들을 함께한 여러분들은 이제부터 스스로가 좀 더 쉽고 편하게 공동주택 경쟁설계를 즐길 수 있으리라 확신해 봅니다.

공동주택 경쟁설계에 도전하는 여러분 모두 파이팅~!

공동주택 현상설계 [즐기기] II

디자이너로
성공하기 위한
『현상설계 즐기기』

Part 1

03 공동주택 현상설계 [즐기기] Ⅱ

03 공동주택 현상설계 [즐기기] Ⅱ

공동주택 현상설계 엿보기

【 부산만덕5 주거환경개선사업 】

'도시 및 주거환경정비법'을 보면 주거환경개선사업에 대해 다음과 같이 정의하고 있습니다. 「도시저소득주민이 집단으로 거주하는 지역으로서 정비기반시설이 극히 열악하고 노후·불량건축물이 과도하게 밀집한 지역에서 주거환경을 개선하기 위하여 시행하는 사업」

다시 말해, 주거환경이 열악한 지역에 도로·상하수도·공원 등의 도시기반시설을 설치해주고, 주택개량을 통하여 현 거주민이 그곳에서 지속적으로 거주할 수 있도록 주거환경을 개선해주는 사업을 말합니다.

지자체 도시개발공사, 주택공사 등의 공공기관을 시행주체로 하는 이 사업방식은 크게 현지개량방식과 공동주택건설방식으로 구분됩니다. 현지개량방식은 단순히 도로개설과 상하수도 등 공공시설을 정비해주고 주민 스스로 본인 소유의 주택을 개량하게 하는 방식이며, 공동주택건설방식은 현지개량방식으로 사업이 불가능한 지역에 공공기관이 해당지역의 토지 및 건축물을 보상해주고 전면철거 후 공동주택을 건설하는 방식입니다.

'부산만덕5 주거환경개선사업(이하 부산만덕5)'은 공동주택건설방식의 주거환경개선사업으로써, 2006년 당시 대한주택공사에서 현상설계방식으로 발주한 프로젝트입니다.

약 3,000세대를 수용해야하는 본 프로젝트의 사업대상지는 1, 2BL으로 나뉘어져 있으며, 1BL초입부터 산위에 위치한 상학초등학교 아래 2BL경계까지 약 100m의 레벨차이가 나는 경사가 아주 심한 부지입니다. 당시 저는 원양건축에서 대리 1년차 직급으로 본 프로젝트의 마스터플랜을 담당하며 PD역할을 수행하게된 것에 대해 스스로 자부심을 느끼면서도, 막상 100m레벨의 심한 경사를 해결해야한다는 걱정에 많은 부담감을 느끼고 있었죠. 하지만 프로젝트를 시작하면서 걱정보다는 열정으로 하루하루를 마감하려고 노력했고, 스스로 만족할 수 있는 작품을 만들어내기 위해 수십 장의 마스터플랜을 그려댔습니다. 그런 열정과 에너지는 팀원들에게도 많은 영향을 미쳤으며, 약 두 달의 기간 동안 모두가 열정적으로 작업에 몰두한 결과 압도적인 승리를 얻어낼 수 있었죠. 지금까지도 이 작품은 많은 설계사무실로부터 경사지 공동주택의 대표적인 작품으로 기억되고 있습니다.

아래 글은 당시 대한주택공사의 '2006년 설계경기 작품집'에 들어간 본 프로젝트의 작품소고로, 제가 직접 공사 측에 기고한 내용입니다.

부산만덕5

최우수작 I (주)원양건축사사무소

계획대지는 지하철 3호선 만덕역이 인접하며, 5㎞내 부산광역시청, 반경4㎞ 이내에는 고속철도가 경유하는 구포역이 위치하고,

대지북측에 금정산과 남측의 백양산으로 둘러싸인 자연경관을 형성한다.

현황분석을 통해서, 금정산 자연녹지의 적극적 도입 및 낙동강 조망확보를 고려한 배치계획 "新自然", 놀이 및 교육문화공간 등의 지역 공동체 커뮤니티형성을 위한 시설계획 "新人間", 지역의 역사와 기억의 재구성으로 인한 전통성 확보와 단지 명소화를 위한 새로운 주거문화 형성 "新都市"라는 주제를 통해 '다시 새로워진다'라는 뜻의 RE-NEW 를 개념화 한다.

'반딧불이 흐르고(燐流_반딧불린:흐를유)':자연이 흐르는 단지.
自然을 나타내며, '반딧불이 Cell'과 'Green Way'의 외부공간이 존재하며, 반딧불이형 타워주동이 배치되어 바람이 흐르고, 시각축이 열리며, 반딧불이 날아다니는 생태중심단지로의 역할을 한다.

'이웃과 즐겁게(隣遊_이웃린:즐거울유)':주민의 교감이 넘치는 단지.
人間을 나타내며, '이웃놀이 Plaza', 'Human Path'의 외부공간, 이웃놀이형 타워주동 배치, 이웃놀이 Plaza와 연계된 단지내 복합커뮤니티 플라자가 형성되어 주민들의 문화커뮤니티 중심단지로의 역할을 한다.

'그리고 다시 새롭게(RE-NEW)':도심과 조화롭게 새로워지는 단지.
都市를 나타내며, '다새로이 Cluster', 'Urban Street'의 외부공간, 다새로이형 타워주동의 배치로 Hi-tech 랜드마크적 경관구성과 도시적 이미지의 생활가로 조성으로 상징과 개방의 중심단지로의 역할을 한다.

외부공간은 경사지를 활용한 경관단지를 구성한다는 개념으로 'Memory of SLOPE'_(반딧불이 흐른다), 'Memory of COLOR'_(이야기가 즐겁다), 'Memory of GRID'_(다시 새로운 도시)라는 디자인 프로세스로 ECO-GALLERY와 셀 및 클러스터 개념의 SMART ZONE(셀별 특화된 주민서비스 패키지 외부공간 : 운동, 모임, 놀이, 휴식공간이 수목과 어우러져 유기적으로 형성된 공간)을 형성시켜 단지의 건축과 조경이 유기적 관계를 갖는 공간을 구성한다.

···› 마스터플랜비법1, '레이어 분리 및 통합하기' ‹···

원양건축 시절 장용호 소장님은 자신의 지인들에게 '독서영화탐사'라는 제목으로 책과 영화에 대해 소개해주는 글을 메일로 보낸 적이 있었습니다. 그중에는 '복수는 나의 것', '올드보이', '친절한 금자씨'의 복수 3부작을 완성한 박찬욱 감독이 쓴 〈오마주〉라는 책을 소개한 글이 있었죠.

「무지하게 많은 영화들이 박찬욱의 시선으로 소개되는 이 책은 꽤나 흥미롭다. 많은 영화들의 소개와 비평 해석이 있었지만 그 내용이 중요한 것이 아니었다. 그의 서선이 중요했다. 첫 번째 그는 엄청난 영화광이었다. … 두 번째 그의 눈은 영화의 모든 것을 놓치지 않는다는 것이다. … 마지막 세 번째 영화를 레이어 별로 찢어서 본다는 것이다. '욕망:BLOW-UP'을 소개하는 챕터를 보면 그 영화를 '무용지물'의 영화로 규정짓는다. 그리고 여러 종류의 무용지물을 쪼개서 본다. 1)허름한 옷-입고 있던 옷을 벗어 구겨버린다... 2)시위용 피켓-주어가 생략되고 '꺼져라'만 남았다... 3)기타의 목 4)프로펠러 5)사진 6)라켓과 공 등등. 이러한 무용지물이 왜 무용지물인지 영화의 상황과 더불어 죽 설명을 해 놓는다. 영화를 쪼개고 다시 합치고 하며 영화를 보는 것이다.」

부산만덕5 프로젝트를 진행할 당시 제가 자주 들었던 말 중에 하나가 '건축은 여러 레이어의 집합'이라는 것입니다. 이후에 저 또한 습관처럼 건축하는 주변사람들에게 이 말을 자주 들려주곤 합니다.

박찬욱 감독이 "영화를 쪼개고 다시 합치고 하며~" 영화를 레이어 별로 찢어서 바라보는 시선처럼, 건축설계 또한 여러 개의 레이어로 쪼개보고 계획하고 다시 합쳐보는, 즉 '레이어의 분리 및 통합'을 거치며 디자인을 완성시키는 작업이 필요합니다. 공동주택 마스터플랜의 경우, 하나의 배치도를 완성시키는데 있어서 흔히 주동배치만 완료하면 계획이 어느 정도 끝난 것 같아 보이지만, 사실 여러 개의 배치계획 레이어 중 주동 레이어 하나만 완성된 것에 불과합니다. 주동 레이어뿐만 아니라, 보행동선, 차량동선, 외부공간, 영역설정, Visual corridor(시각축), Blue network(수체계), Green network(녹지체계) 등 여러 개의 레이어가 계획 시에 고려돼야만 비로소 제대로 된 배치도가 완성되는 것이죠. 본 프로젝트의 마스터플랜 역시 계획요소들을 여러 개의 레이어로 분리하여 계획하고 통합해보고 다시 분리하고 통합하는 일련의 작업과정을 거치며 한 장의 배치도가 만들어진 것입니다. 한 두동이 배치되는 공동주택이든, 수 십동이 배치되는 공동주택이든 간에 공동주택 마스터플랜은 이렇듯 여러 레이어의 분리 및 통합의 방법에 의해 만들어나가는 것이 바람직합니다. 그건 일반건축 마스터플랜도 마찬가지지요.

초기 마스터플랜 스케치

배치, 건축, 외부공간, 지침서 요구사항에 따른 각 분야별 특화계획의 최신 트렌드를 파악하고, 광역, 인문, 자연, 단지환경의 레이어별 분리 및 통합을 통한 현황분석 결과를 토대로, 개략적인 컨셉까지 반영한 초기 마스터플랜 스케치입니다.

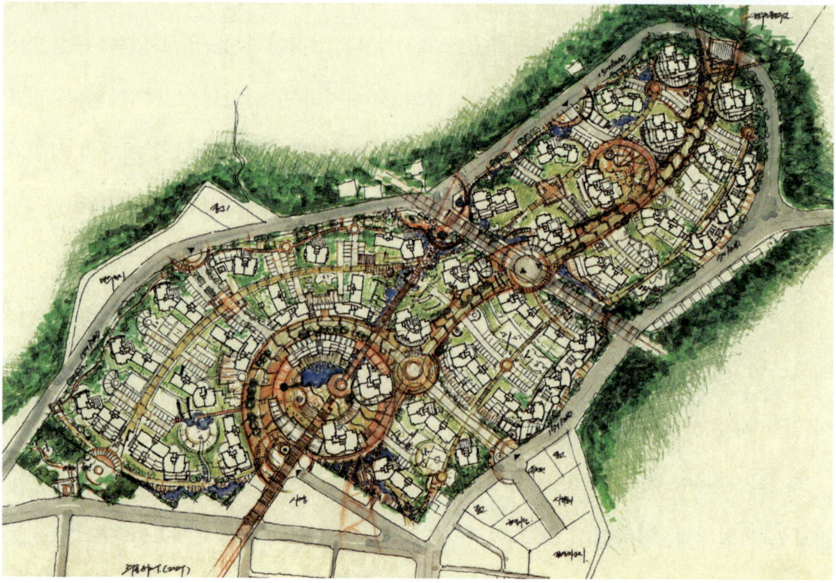

다음의 내용들은 최종 마스터플랜을 완성하기까지 컨셉츄얼한 초기 마스터플랜 스케치부터 각종 배치계획 레이어의 분리 및 통합을 거치며 배치계획 개념을 완성하기까지의 과정들을 요약해 본 것입니다.

레이어 분리하기 – [마스터플랜 초안을 기준으로 각종 배치계획 레이어 분리 및 분석하기]

■ 보행동선계획

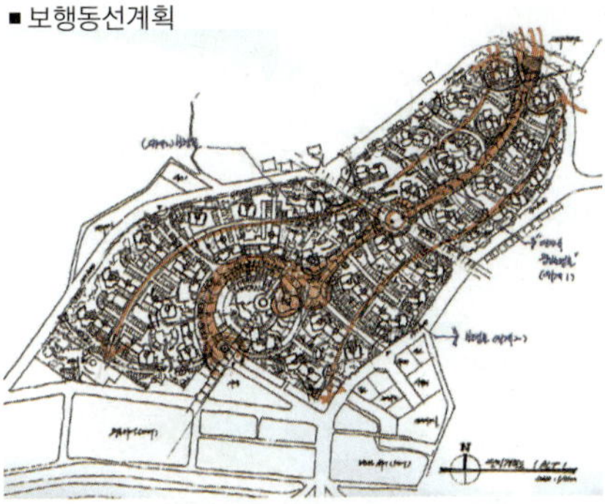

■ 차량동선계획

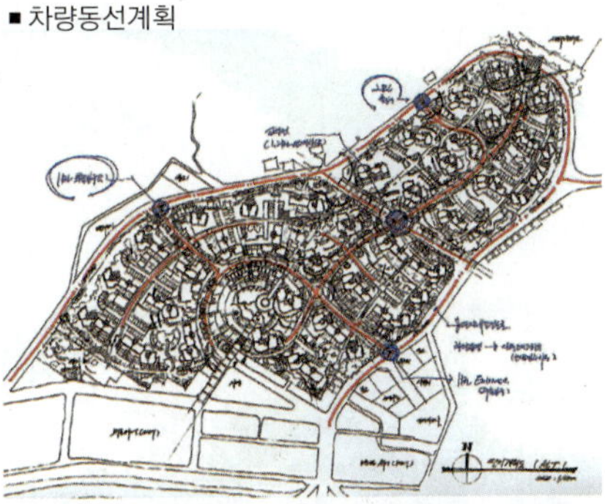

■ 외부공간계획

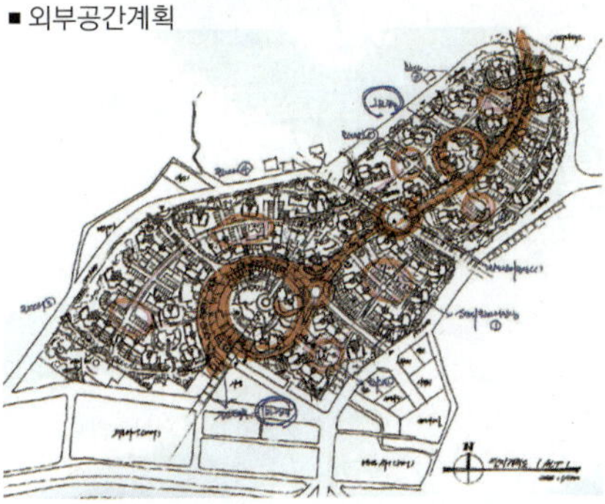

■ 영역나누기

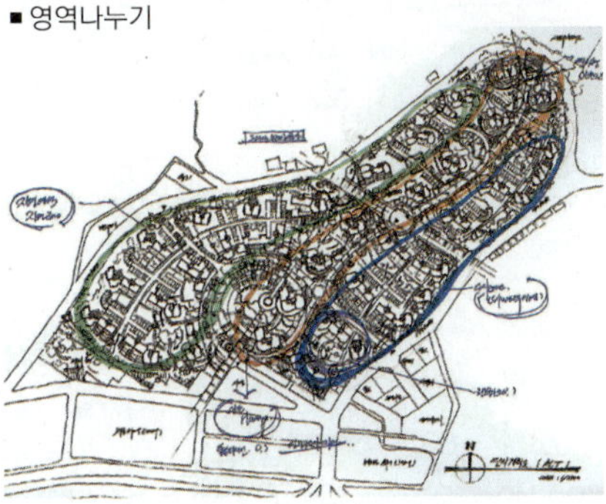

■ 비쥬얼코리도(visual corridor)

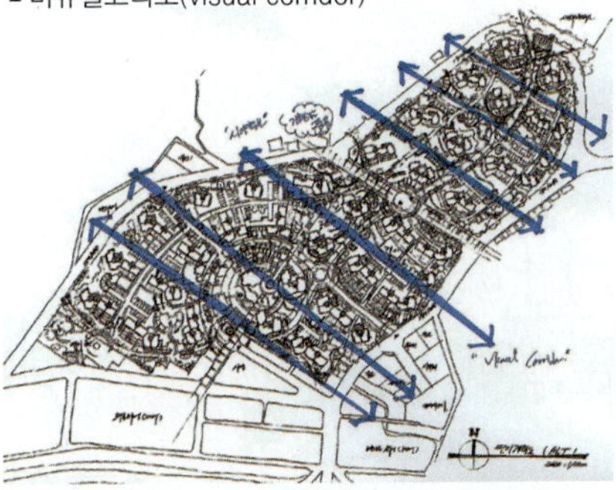

■ 평형배분계획

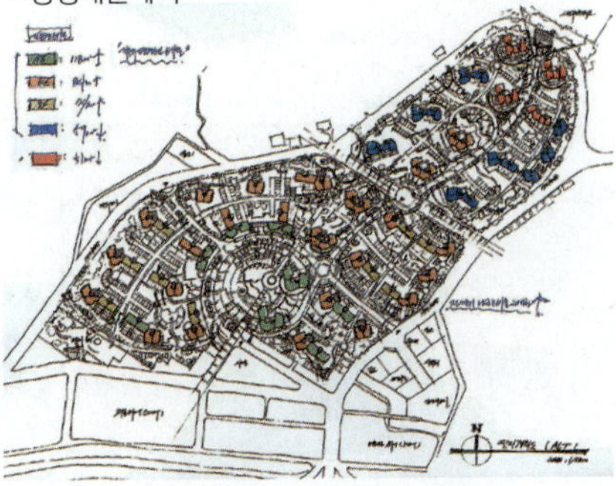

레이어 통합하기-1

[각종 배치계획 레이어 분리, 분석을 통한 레이어 통합하기]

■ 길/영역해석

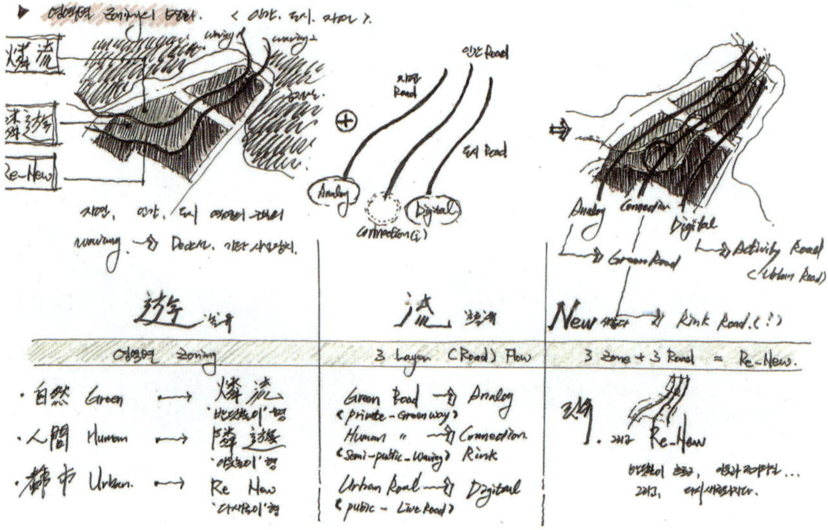

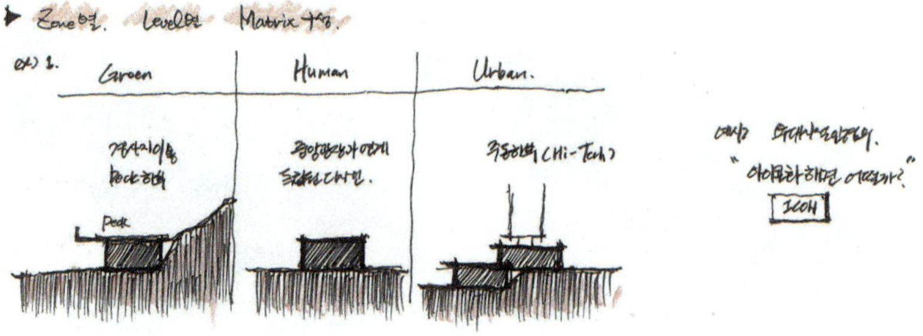

레이어 통합하기-2

■ 영역별 아이템

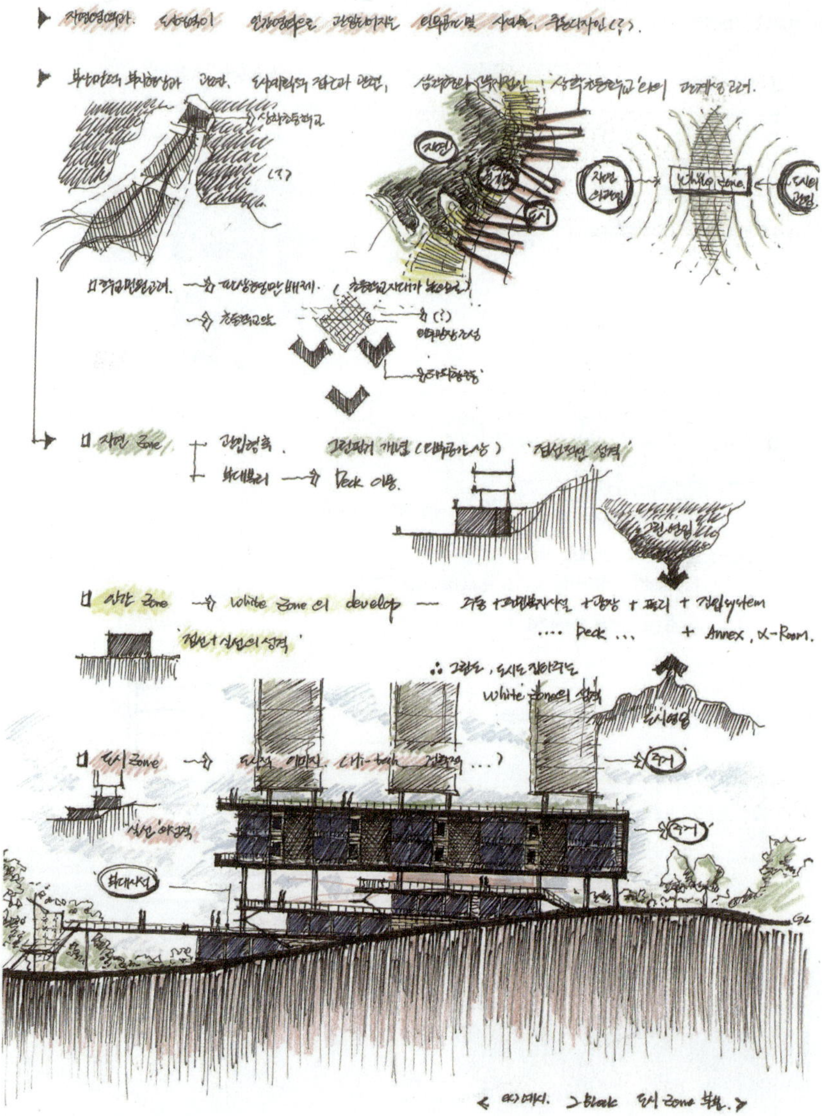

레이어 통합하기-3

■ 건축 재해석

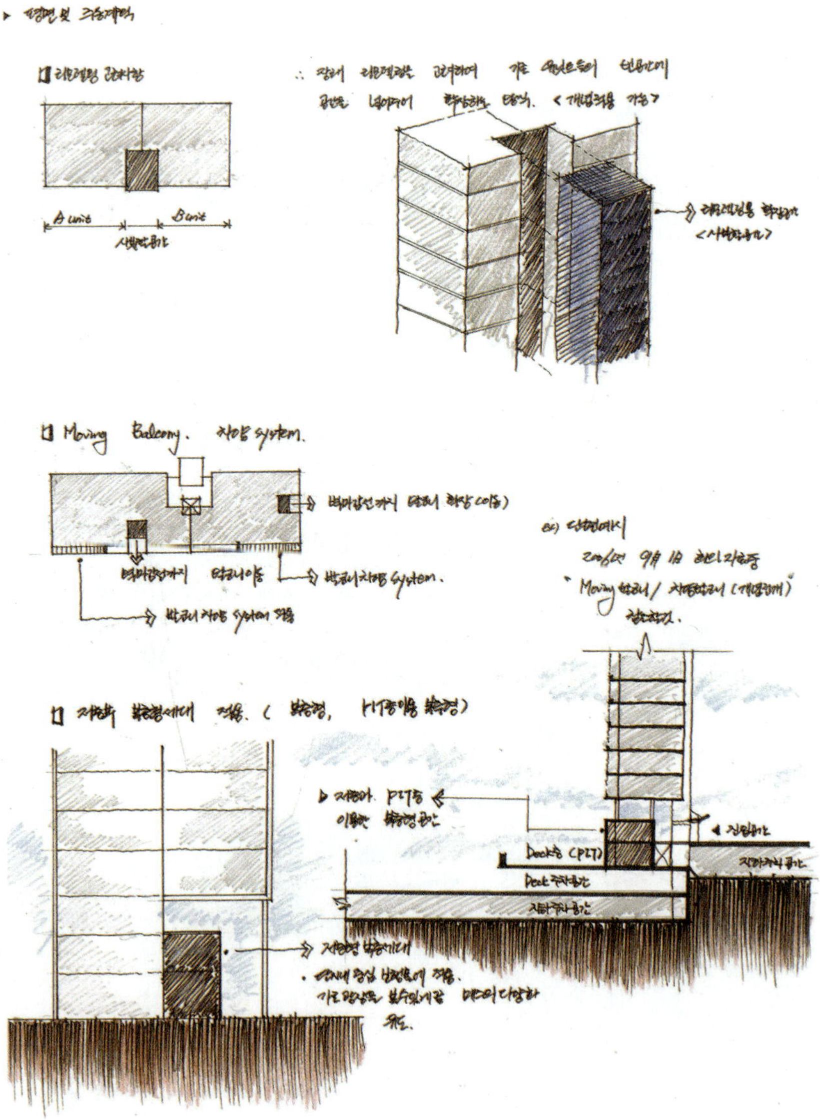

레이어 통합하기-4

■ 배치계획 개념완성

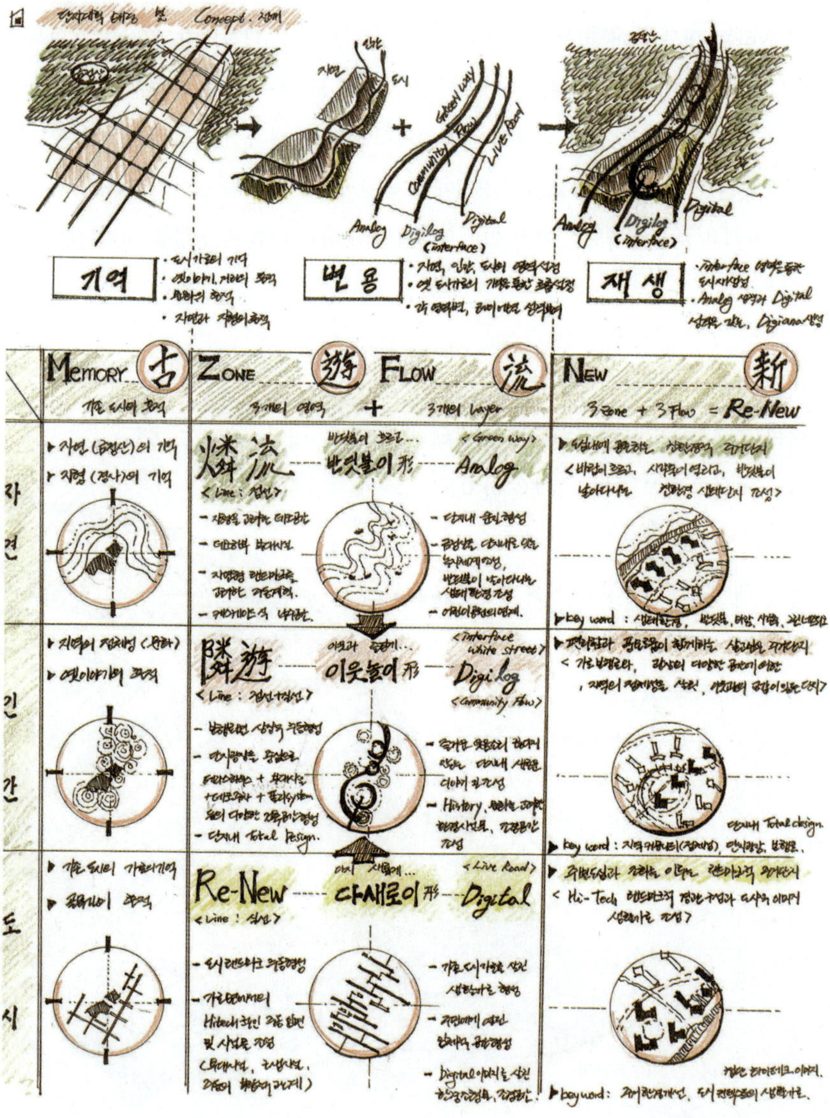

····› 마스터플랜비법2, '격정적으로!' ‹····

스스로가 열정을 다해 계획안을 만들었는데, 윗분들과 크리틱하는 과정에서 매번 그들의 입맛대로 안을 조정하게 되는 경우가 많다보니, "열심히 하면 뭐하나, 결국 위에서 원하는 대로 해야 하는데…" 이런 생각들로 어느덧 디자인하고자 하는 의욕은 조금씩 사라지게 되고 맙니다. 상황이 이렇다 보니 공동주택 마스터플랜 디자인을 진행함에 있어서도 어느 순간 적당히 주동배치하고, 적당히 동선계획하고, 외부공간의 큰 그림들만 적당히 고민하고는 조경업체에 넘겨버리는 경우가 많아집니다. 공동주택 마스터플랜은 주동배치도 중요하지만 외부공간이 상당히 많은 영향을 미치는데도 말입니다.

미술평론가 박영택의 〈예술가로 산다는 것〉을 보면 글머리 중에 '격정적'이란 단어가 나옵니다. 예술가들이 자신의 전부를 걸고 '생을 바치는 각오'와 '치열한 정신'으로 스스로의 작업에 몰입하는, 그런 그들의 마인드를 대변하는 말로 이 단어를 사용하고 있습니다.

한 장의 온전한 마스터플랜 디자인을 완성하기 위해

서는 앞서 말한 레이어의 분리 및 통합의 방법과 함께 어떤 상황에서라도 스스로의 열정과 에너지를 지속시켜줄 이 격정적인 마인드가 필요한 듯합니다.

모든 건축디자인이 마찬가지겠지만 특히나 마스터플랜은 적당히가 안됩니다. 아니 적당히 해서는 안 되는것이죠. 스스로가 정말 강한 집념으로 선 하나하나에 수 많은 고민들을 담으며 작업에 몰입해야 하는, 그렇게 격정적으로 디자인한 마스터플랜만이 당선여부를 떠나서 진정 스스로를 만족시킬 수 있는 최고의 작품이 되는 것입니다.

추석연휴. 부산만덕5 프로젝트의 마스터플랜 디자인을 정말 잘 해내고 싶은 마음에, 대전 집에 내려가지도 않고 텅 빈 사무실에 홀로 나와 연휴 3일내내 배치도를 디벨롭 하게 됐습니다.

Masterplan Sketch 플러스펜+색연필+마카
3일 밤을 지새우며 공간 하나하나 이미지를 상상하며
그렇게 격정적으로 디자인한 마스터플랜 스케치입니다

욕심나는 프로젝트이기에, 원하는 그림대로 디자인하고 싶은 마음에,

앉은 자리에서 김밥 먹고, 컵라면 먹고, 계획하다가, 졸다가… 다시 일어나 계획하다가… 중간에 화장실 간 시간만 빼고는 그렇게 거의 3일을 내리 집중하여 배치도를 완성시켰습니다.

스스로가 거의 완벽하다 생각하리만큼 정말 격정적으로…

그렇게 연휴를 보내고 맞이하게 된 회의시간. 약 2주간의 해외출장을 다녀온 장용호 소장님이 직원들 앞에서 이렇게 얘기를 하더군요.

"다들 어느 정도 정리가 된 것 같다. 그런데… 배치도는 아직 손 좀 더 봐야 할 것 같다."

격정적으로 스스로를 채찍질하며 그간 디자인해온 시간들이 뇌리를 스치면서, 전 갑자기 격분을 하고 말았습니다.

"제가 이 배치도를 어떻게 완성시킨 지나 아십니까? 연휴 내내 앉은 자리에서 꼬박 3일을 움직이지도 않고 디벨롭시킨 것입니다… 전 더 이상 선형을 고칠 생각이 없습니다. 정 수정하고 싶으시면 이젠 다른 분들이 해도 되니까 다른 분한테 시켜주세요."

결국 배치도는 제가 원하는 방향대로, 그려놓은 그림대로 정리해서 마무리 됐습니다. 다행스럽게도 당선이라는 결과도 얻을 수 있었죠.

한참의 시간이 흐른 어느 날, TV드라마 〈시크릿 가든〉을 보다가 문득 그날의 일들을 떠올리게 됐습니다. 극중 현빈이 자주 쓰는 말이 있죠. "이게 최선입니까?" 현빈의 대사를 듣고는 왜 이런 생각을 하게 됐는지 아직도 아이러니합니다만, 과연 전 그때 최선을 다한 것이었을까요? 행여 연휴기간 내내 날밤을 새우며 집중해서 투자한 시간만큼의 보상으로 다른 대안은 생각조차 하지 않고 스스로를 위안하려한 건 아니었는지…

'적당히'라는 마음의 유혹을 떨쳐버리고, 스스로가 '격정적으로' 열정을 다해 어떤 일을 행한 후에는 항상 그것이 최선인지 자문해보며, 잠시 뒤를 돌아보는 시간이 필요한 듯합니다.

이후에 전 버릇처럼 스스로에게 이렇게 묻곤 하죠.

"지형아, 이게 정말 최선이야?"

반딧불이 ZONE

이웃놀이 ZONE

중앙광장

다새로이 ZONE

Masterplan Sketch

백상지위
플러스펜+색연필+마카

1개의 단지
3개의 블록
6개의 구역으로
단지배치 및 외부공간
테마영역을 설정한
마스터플랜 스케치입니다

Central Park View

Landmark Tower View

【 수원고등 주거환경개선사업 】

부산만덕5 프로젝트 이후 거의 1년 만에 또다시 주거환경개선사업 현상설계에 도전하게 됐습니다. 수원역세권에 인접한 수원고등지구는 인근 수원성과 기존 화서문길의 지역적 특성을 고려하여 '경관, 가로 및 지역의 숨결이 살아있는 단지'를 주요 테마로 내세우고 있었습니다. 또한 주거환경개선지구 특성상 공공기반시설이 현저히 부족하므로 이를 보완할 수 있는 공공공간 계획을 적극 유도하고 있었죠.

발주처의 의도를 반영하면서, 약 5,000세대의 대규모 단지임에도 3개의 블록으로만 이루어진 계획대상지의 마스터플랜은 과연 어떻게 풀어가야 하는지 개인적으로 많은 고민을 하게 된 프로젝트입니다. 또한 과장직급으로 수주에 관심을 가지게 된 시기였기에, 프로젝트가 진행되는 동안 스스로의 입장에서 무엇을 해야지만 회사나 개인차원의 비즈니스에 도움이 될 것인가에 대해서도 깊이 생각해보게 됐죠.

본 프로젝트는 이렇게 직원입장에서 할 수 있는 최고의 비즈니스가 뭔가를 고찰하는 계기가 된 프로젝트이면서도, 공동주택의 기본적인 법규 외에 적용해야할 여러 제약조건들로 인하여 계획을 진행하는 내내 굉장히 힘겨워 했던 프로젝트로 기억됩니다.

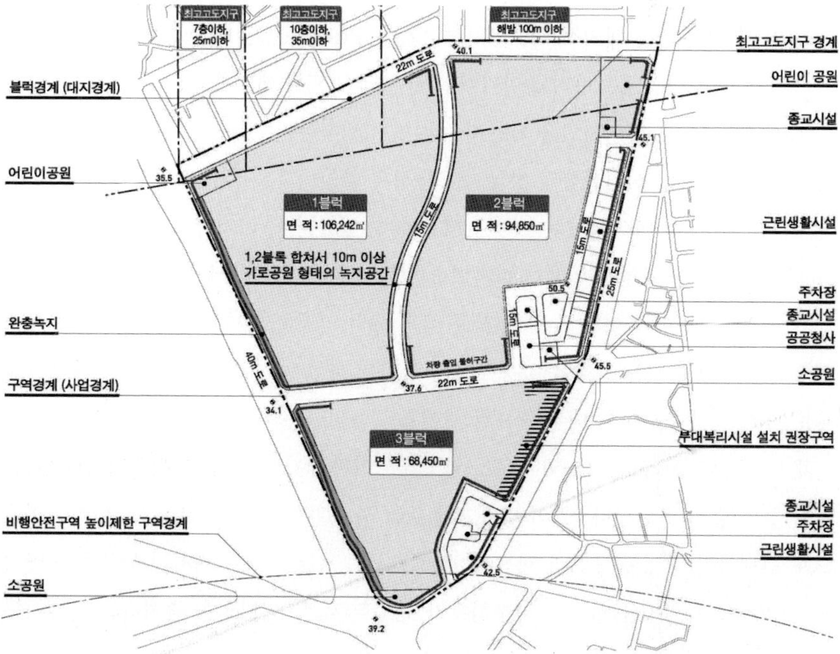

···› 명쾌한 개념, 좋은 디자인은 최고의 비즈니스! ‹···

프로젝트가 진행되면서 이런 생각이 들었습니다. '지금처럼 위에서 시키는 것만 잘하면 되는 걸까? 수주를 위해 내가할 수 있는 역할이 이것뿐인가?…' 그리고는, 설계사무실에서 직원들이 할 수 있는 최고의 영업은 과연 무엇인지 고민해보게 됐습니다.

기업의 마케팅전략에는 '4P Mix'라는 것이 있습니다. '4P Mix'는 1960년대 제롬 메카시(Jerome McCarthy)교수가 제안한 것으로 Product, Price, Place, Promotion의 네 가지를 담고 있죠. 간단히 살펴보면,

Product:고객에게 전달되는 제공품(상품,서비스,디자인,품질 등)

Price:구매자의 제품 및 서비스에 대한 교환가치(가격,할인,신용 등)

Place:제품, 서비스를 판매하거나 유통하는 지점(유통경로,구색 등)

Promotion:제품과 기업, 고객사이의 커뮤니케이션(판매촉진,광고 등)

우리가 경쟁설계를 한다고 칩시다. 설계사무실에서는 적정 Price(설계비)의 프로젝트를 발주하는 Place(기관, 발주처)를 골라서 경쟁설계를 진행하게 됩니다. 이때 직원 입장에서 할 수 있는 최고의 영업이란 바로 격정적으로 Product(작품 성과물)를 만드는 일일 겁니다. 물론 대외적으로 금지하고 있는 Promotion(홍보)관련하여 홍보제작눌은 만들겠지만, 직접 홍보하러 돌아다니는 일은 극히 드물 테니까요.

"Design or Resign! (디자인을 하든지 아니면 사퇴하든지)"

디자인의 중요성을 역설했던 영국 대처수상의 말입니다.

설계사무실에서 아이디어는 누구나 떠올릴 수 있습니다. 하지만 그것을 구체화시키고 타인에게 보이는 일은 언제나 디자인을 담당하는 우리 디자이너의 몫인 겁니다. 우리가 격정적으로 만들어낸 Product(작품 성과물)의 명쾌한 개념과 좋은 디자인은 따로 설명하지 않아도 보는 이들을 감동시키는 무언의 힘을 지니고 있습니다. 그 자체만으로도 스스로 영업을 하는 매우 중요한 것이죠.

혹시 "Good Design is Good Business! (좋은 디자인이 바로 좋은 비즈니스다)"라는 말을 들어본 적이 있습니까? 이 말은 Business Week과 Architectural Record 지가 공동으로 진행하는 국제 공모전의 제목이기도 합니다. 지금 여러분 회사의 윗분들은 아마도 대외적으로 영업을 하느라 하루하루가 분주할 테죠. 디자인을 중시하는 설계사무

실 직원입장에서는 여러분 스스로의 아이디어와 상상력으로 만들어낸 소중한 개념 하나, 소중한 디자인 하나하나가 바로 여러분 회사를 운영시키는 최고의 비즈니스가 된다는 것을 기억했으면 좋겠습니다.

본 프로젝트에서는 사업지구에 대한 발주처의 의도, 5,000세대의 대규모 단지, 3개의 블록, 그리고 사이트가 말해주는 정보들이 결국 메인 개념과 마스터플랜 디자인의 핵심역할을 하게 됐습니다. '1개의 단지, 3개의 블록, 6개의 구역'이라는 키워드로 개념을 설정하고, 각각의 공간크기별로 적정 세대수와 외부공간이 형성돼야 한다는 전략을 가지고 모든 성과물의 내용을 집중시켰죠. 마스터플랜 디자인에 있어서는 이러한 개념과 전략을 반영하기위해 수없이 많은 선형의 고민들이 계속되었습니다. 공동주택 마스터플랜에서 조닝, 위계, 축을 설정해가하며 메인동선의 선형이 중요시되는 이유는 보행 및 차량동선계획의 근본적인 측면 이외에, 그 선형자체가 외부공간의 전체이미지에 많은 영향을 주기 때문일 것입니다.

다음의 내용은 스스로가 지금 하고 있는 역할의 소중함을 생각하며, 그 어느 때보다 격정적으로 만들어낸 명쾌한 개념들과 좋은 디자인을 위해 최선을 다한 작업 성과물들 중 일부에 관한 내용입니다.

[단지계획개념]

단지가 하나되고

.... Site Combination

블록이 특성화되고

.... Block Identity

구역이 즐거운

.... Zone Pleasure

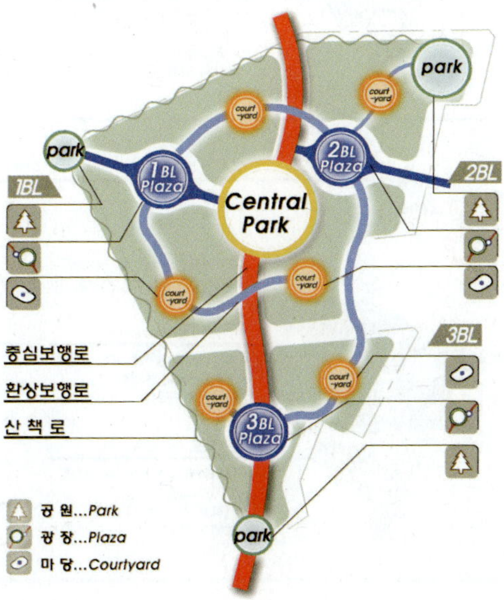

*1개의 단지, 3개의 블록, 6개의 구역별 적정 공간 및 세대수에 따른 특화계획개념

1 SITE 단지

구역평균면 적 : 269,542㎡
구역평균세대수 : 4,886세대

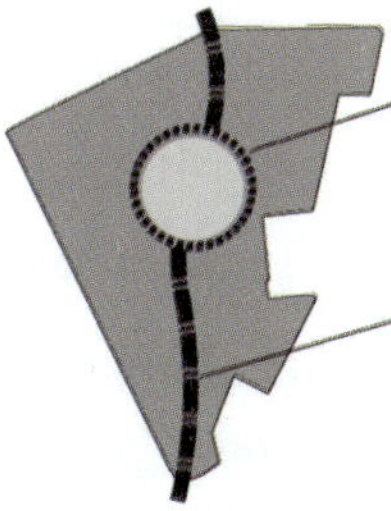

중앙공원 Central Park

- 단지중앙에 녹색심장으로서의 자연공원 조성
- 팔달산, 숙지산, 여기산으로 향한 통경축

중심보행로 Pedestrian Passage

- 거리공원으로 계획
- 남북으로 연계된 Main보행로

단지 주민을 위한 특화계획 _ for SITE

자연친화단지 조성

- 단지중심의 Green Core 형성
- 단지내 다양한 녹지 및 수공간 네트워크 조성

경사지 순응 및 활용계획

- 보행공간의 자연스러운 경사지 극복계획
- 경사지를 활용한 Deck계획

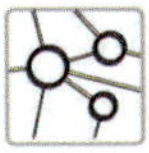

전단지의 Network 구성

- 단지 전체의 자유로운 보행 Network 구성
- Green & Blue Network 구성

3 Block 블럭

구역평균면 적 : 89,847㎡
구역평균세대수 : 1,630세대

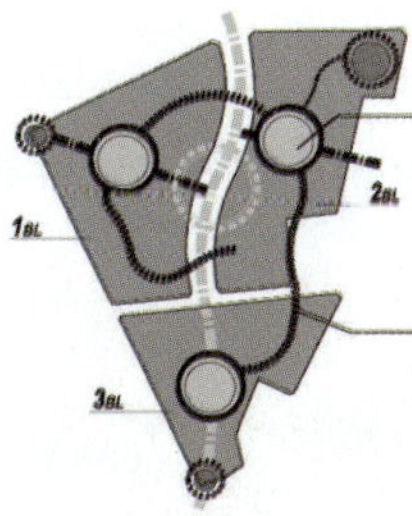

블럭광장/블럭공원 Plaza/Park

- 각블럭별 커뮤니티의 중심공간 형성
- 자연, 문화, 도시를 테마로 하는 Plaza계획

환상보행로 Community Ring

- 단지주민의 Main Community Space
- 보행길을 따라 외부 공간의 체험

블럭 주민을 위한 특화계획 _ for BLOCK

특화광장에 의한 블럭 차별화

- 자연, 문화, 만남(Nature, Culture, Meeting)을 주제로 테마광장조성

블럭 부대시설 특화계획

- 관리시설, 주민복리시설, 운동시설, 경비실 등 새로운 개념과 Design에 의한 특성부여

블럭별 경관 차별화

- 각 블럭별로 경관 특화 및 Landmark주동계획
- 블럭별 주조색 구성으로 인지성 및 차별성 확대

6 Zone 구역

구역평균면 적 : 45,000㎡
구역평균세대수 : 815세대

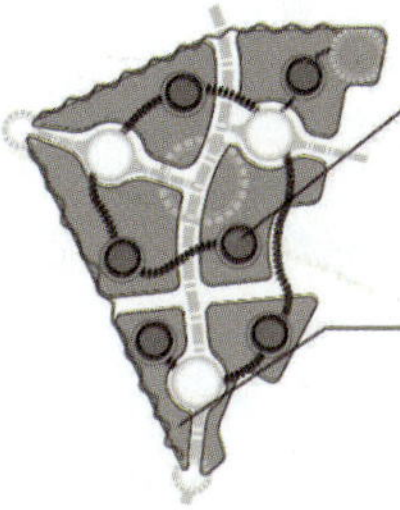

구역마당 Court Yard

- 커뮤니티활성화를 위한 소광장
- 6개 Zone의 풍부한 체험단지 구현

산책로 Scenic Walks

- 단지외곽의 완충녹지와 함께 산책로 조성
- 산책로에서 구역내로 보행로 연결

구역 주민을 위한 특화계획 _ for ZONE

다양한 테마의 마당

- 단지의 문화를 이어주는 커뮤니티공간계획
- 다양한 규모의 모임공간 및 휴게공간 조성

SMART ZONE 구성

- 구역조성 – 운동(Sports), 만남(Meet), 놀이(Amusement), 휴식(Rest), 수목(Trees)
- 외부부대공간의 지원

알파룸 및 에넥스룸 구성

- 공중알파룸과 마당주위에 에넥스룸 계획으로 클러스터 단위의 주민편의시설 제공

[심사용 도판] 규격-900mmX1,200mm (세로방향)

···› 빗발치는 법규총탄과의 전쟁, '정신집중하세요!' ‹···

공동주택은 계획해야할 많은 분야들로 인해 적용해야할 법규들이 일반건축보다 몇 배는 많고 복잡하다고 했습니다. 같은 공동주택이지만 프로젝트의 대지위치에 따라서, 지구단위계획 및 설계지침 등에 따라서도 적용해야할 법규는 달라질 것입니다.

본 프로젝트는 공동주택의 기본적인 법규 외에도 '최고고도지구'(7층 이하, 25m 이하 / 10층 이하, 35m 이하 / 해발 100m 이하), 비행안전구역에 따른 '항공고도제한' 등의 법규를 더 적용해야만 했습니다.

마지막에 인동거리검토도-일조 등의 확보를 위한 공동주택의 동간 이격거리, 인접대지경계선으로부터 띄어야 하는 정북방향 및 채광방향 이격거리, 전면도로너비에 따른 건축물 높이제한 등의 각종 법규사항을 검토 가능하도록 표현한 도면-를 만들 때는 비몽사몽간에 한바탕 빗발치는 법규총탄과의 전쟁을 치르는 듯 했죠. 시간은 너무나 촉박했고, 법규와 제약조건들은 다 맞춰야했고, 잠은 못자서 졸리고, 정신은 차려야겠는데… 정말 너무나도 힘들었던 순간이었습니다.

주동배치관련해서는 채광방향, 정북일조, 도로사선 등의 법규를 계속해서 확인하며 주동을 배치했음에도 불구하고, 혹시나 실수하여 법규에 어긋난 게 있는 건 아닌지 노심초사로 마지막까지 긴장하며 인동거리검토도를 완성하게 됩니다. 그런데 이때 행여나 정신을 집중하지 못하고 하나라도 놓쳐버리게 된다면 바로 감점의 늪에 빠져버리고 말죠. (심한 경우는 심사대상에서 제외되는 경우도 있습니다.) 그럼에도 당선이 된다면 모르겠는데, 그렇지 못할 경우엔 자신에게 날아오는 모든 화살을 감당해야하는 끔직한 상황이 벌어지고 말 것입니다. 이러한 감점에서 오는 자괴감이란 이루 말로 표현할 수가 없습니다.

'일체유심조(一切唯心造)' 너무나 익숙한 말이지만, 결국 모든 것은 오로지 마음먹기에 달려있을 겁니다. 빗발치는 듯한 많은 법규와 제약조건들로 인해 계획을 시작하기조차 버거울지라도, 강한 집중력을 가지고 자신감으로 임하게 된다면 결국 못해낼 게 없을 것입니다.

[안동거리검토도]

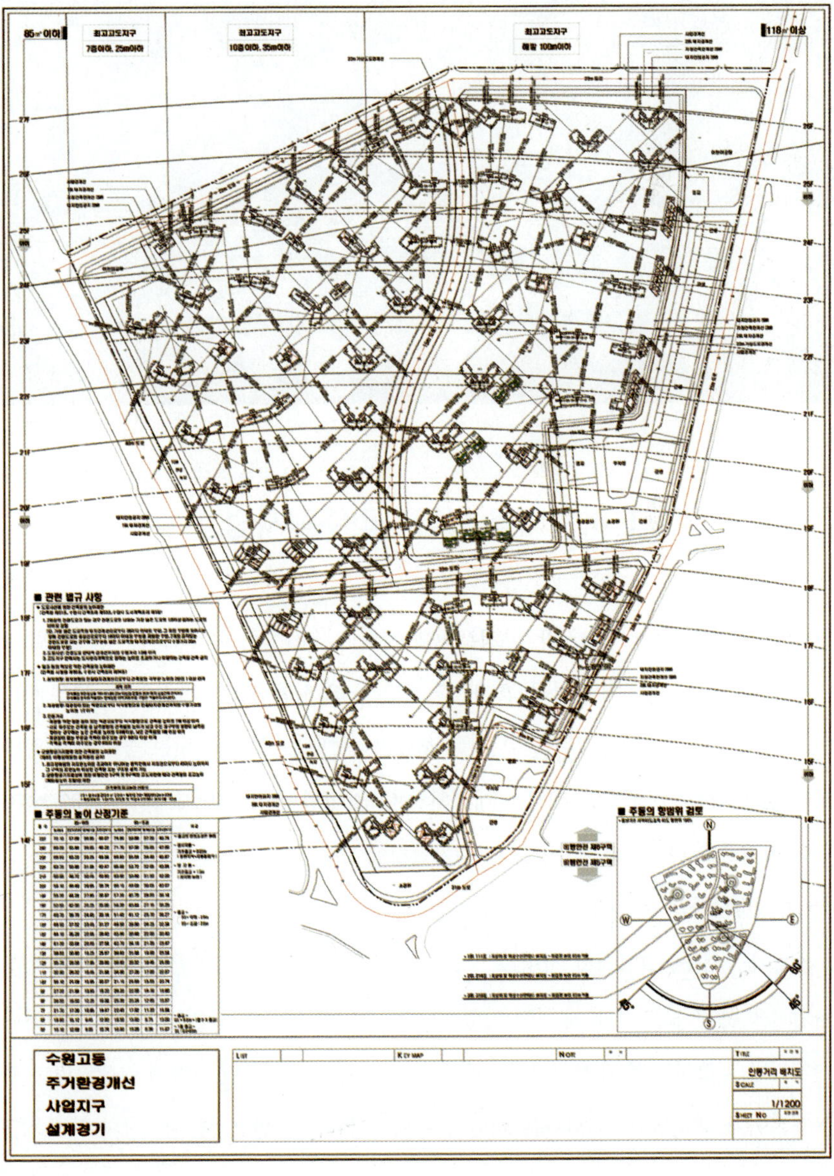

【 서울내곡 보금자리주택사업 】

2009년, 정부에서는 무주택 서민을 위해 새로운 주거정책인 '보금자리주택사업'을 시작했습니다. 처음 시범지구로 고양원흥, 서울서초, 서울강남이 지정된 이후로, 2012년 현재 6차까지 사업이 진행되고 있는 보금자리주택은 '공공이 짓는 중소형 분양주택과 임대주택을 포괄하는 새로운 개념의 주택'을 말합니다. 주변시세의 약 70%의 저렴한 가격으로 공급해서 저소득층의 주거안정에 도움이 되기 위한 정책의 일환이라고 할 수 있습니다.

서울내곡지구는 SH에서 시행을 맡은 2차 보금자리주택사업의 첫 번째 지역으로, 사람들의 큰 관심을 한 몸에 받고 있었습니다. 시범지구 이후, 디자인 가이드라인이나 설계지침의 정비를 통해 보금자리주택에 대한 기준이 세워졌던 시점에 진행되었던 프로젝트이기 때문입니다. 새로운 개념의 주택사업이었던 만큼 새로운 상황과 요소들

덕분에 재미있는 계획안이 나올 수 있을 것이라는 설레임으로, 설 연휴의 달콤함도 반납하고 모두들 열심이었던 기억이 납니다.

···› 유니크 포인트를 찾아라! ‹···

승리하기 위해서는 경쟁력 있는 컨셉과 전략이 필요합니다. 이슈가 될 만한 부분에서 이런 컨셉과 전략을 도출할 수 있죠. 이것은 설계지침 안에 있을 수도 있고, 사회적 상황이나 사이트 현황에서 발견할 수도 있습니다. 발주처의 의지를 간파하면서도 참신하고, 독특한 전략적 포인트를 찾는다면, 경쟁에서 훨씬 유리한 지점을 선점하고 시작하는 것입니다.

전략적 포인트를 찾기 위해 가장 먼저 살펴봐야 하는 것들 중 하나인 설계지침은 대략 일 년을 주기로 크게 변합니다. 한 해의 사업을 시작하면서, 사회적 요구를 반영한 발주처 나름의 목표와 의지가 지침 안에 녹아들게 되죠.

2010년의 첫 프로젝트였던 내곡지구의 지침서에도 이전 프로젝트와는 차별화되는 부분이 있었습니다. 바로 '장수명 아파트 계획'이라는 항목이었죠. 내곡지구는 국내에서 최초로 시도되는 '장수명 공동주택'을 구현하는 주거단지였고, 이는 서울시의 '지속가능한 공동주택 활성화 계획'에 대한 의지와도 상통하는 부분이었습니다.

우리 모두 "이거다!" 싶었죠. 그동안 공동주택은 대부분 '내력벽 구조'로 공간의 활용이 자유롭지 못하고, 정해진 대로 사용할 수밖에 없었습니다. 그렇게 건축한지 약 20년이 지나면 재건축을 고려해야 하는 것이 현재 처한 현실입니다. 이에 리모델링이 용이한 '기둥식 구조'에 대한 필요성이 대두되었고, 리모델링이 쉬운 덕분에 주택의 수명이 100년 이상 가는 유럽이나 일본의 주택을 모델로 삼아 나온 것이 바로 '장수명'이었죠. 이러한 사회적 요구가 '장수명(長壽命) 공동주택'으로 지침에 반영된 것입니다.

기둥식 구조와 모듈설정

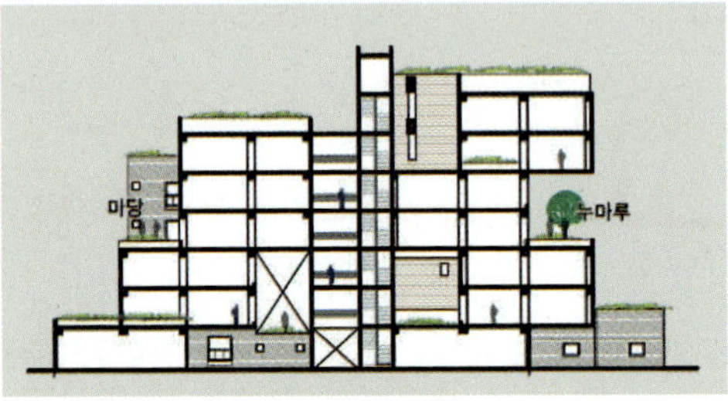

기둥과 설비의 고정요소를 이용한
다채로운 주거동 시스템 개발

'장수명 공동주택'은 매우 확실하고, 독특한 전략 포인트가 되기에 충분했습니다. 사회적 요구와도 맞물리고, 그 해의 지침에서 새롭게 추가된 부분이기 때문에, 장수명을 돋보이게 하는 계획을 한다면, 승산이 있을 거란 확신이 있었습니다.

우리는 '장수명 공동주택'의 개념을 건축시스템을 넘어, 단지계획 전반에 접목하기로 했습니다. 즉 장수명 공동주택에서 나타나는 연속성, 개방성, 다양성과 같은 개념을 단지계획의 기본구상부터 세부 아이템까지 적용하자는 전략이었죠. 일단, 장수명 공동주택의 시스템이 고정요소와 가변요소로 나뉜다는 것에 주목했습니다. 구조가 되는 기둥이나 설비시설이 고정요소이고, 공간이나 커뮤니티 같은 소프트웨어적인 것들이 가변요소로 작용하는 것을 단지계획에 대입했습니다.

땅에 대한 이해를 바탕으로 한 단지골격이 고정요소로 쓰이고, 여기에 건축시스템, 커뮤니티와 같은 다양한 가변요소들을 활용하는 것이 기본계획이었습니다. 이것은 한국전통마을과 전통주거의 시스템과 일맥상통하기도 했기 때문에, 전통주거의 가구식 구조를 이용하여 장수명 컨셉의 건축계획을 진행했죠.

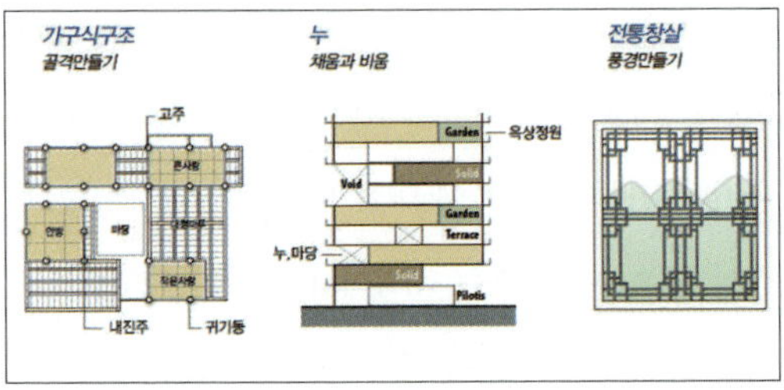

〈가변적 시스템의 전통주거〉

다양하게 계획된 단위주거의 조합으로 가변적 시스템의 확립뿐 아니라 주거동의 디자인과 시스템을 하나로 통합시킬 수 있었습니다. 소극적인 입면디자인에서 벗어나, 주거동의 형태 자체가 곧 디자인이 되는 적극적인 주동계획이었죠. 가변성을 디자인 자체에서 보여줌으로써 결과적으로 계획안의 전략 포인트로써 더욱 힘을 얻을 수 있었습니다.

경쟁설계에서 승리하기 위해서는 전략 포인트를 찾아 계획의 방향을 정하는 것이 가장 기본적이면서도 가장 중요하다는 것은 아무리 말해도 지나치지 않습니다. 포인트 없이 모두 다 잘했다는 식의 계획안은 개성도 없고, 자칫 밋밋해 보이기 쉽죠. 따라서 지침과 현황에 대한 자료를 분석해서, 이슈가 될 만한 전략 포인트를 잡아낼 때에는 신중한 결정이 필요합니다. 또 그 포인트를 결정했다면, 거기에 모든 계획의 초점을 집중시켜서 올인 해야만 합니다.

우리 계획안만의 유니크한 특징을 무엇보다 잘 보여주기 위해서 말입니다.

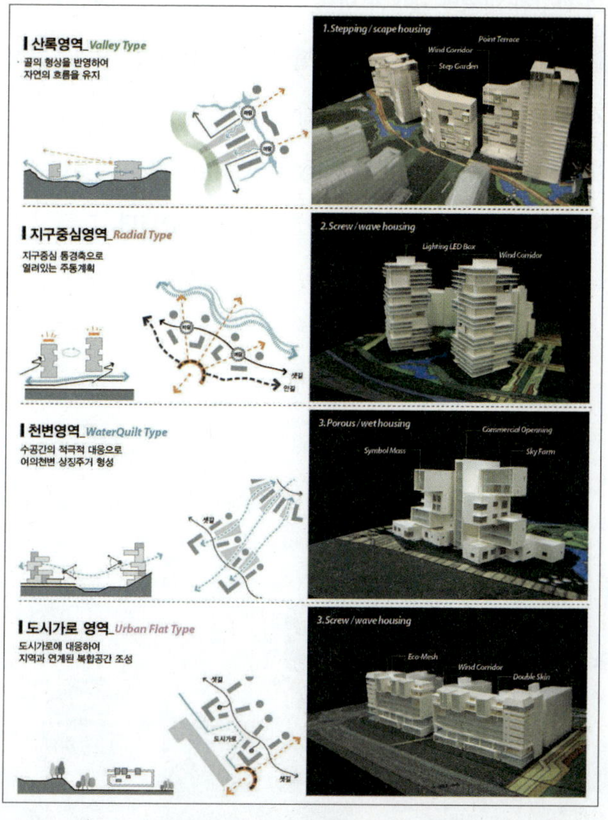

영역별
다양한 시스템의
주거유형

주동특화계획

···› 새로운 시도가 개성있는 그림을 만듭니다. ‹···

공동주택을 계획하다보면, 그 결과물 중 하나인 CG에 만족할 때가 많지 않습니다. 공동주택의 CG는 사실 비슷비슷할 수밖에 없죠. 사업성을 이유로 주거동 계획에 제한을 두기 때문에 일반건축의 CG처럼 계획안별로 그림이 뚜렷하게 차이나는 경우가 거의 없습니다. 주거동 입면은 그저 면분할에 불과하다는 자조 섞인 푸념은 디자인을 하는 입장에서 간혹 무기력해질 수 있는 부분에 대한 속상함의 표현이죠.

[서울내곡 보금자리주택사업]의 경우는 천편일률적인 공동주택 설계의 CG를 좀 다르게 만들어낼 수 있는 기회였습니다. CG의 주인공격인 주거동 디자인에 대한 발주처의 확고한 의지와 요구가 있었고, 기둥식 구조를 이용해서 다양한 주거동 형태를 만들어야하는 지침과 전략이 맞아 떨어졌죠. 사업성을 신경쓰지 않고, 마치 학교때 설계과제처럼 컨셉츄얼한 유닛을 개발하고, 그 유닛의 조합으로 다양한 주거동을 디자인할 수 있었습니다. 이것은 단순히 입면디자인에서 그쳤던 그동안의 주거동과는 다른 그림을 만들어 낼 수 있는 단단한 바탕이 되었습니다.

천변영역_WaterQuilt Type

지구중심영역_Radial Type

바탕이 다져진 상황에서, 이제 그림을 만들어야 했죠. 어떻게 하면 그동안의 공동주택 CG와 다른 그림을 만들어낼 수 있을까가 관건이었습니다. 소위 '자세가 안 나오는' 기존의 공동주택 CG를 탈피하기 위해서는 계획된 주거동 디자인을 돋보이게 할 수 있는 새로운 시도가 필요했죠. 차별화된 CG가 우리 계획안의 승패를 결정할 중요한 승부수였습니다.

먼저, 주거동 입면파트를 맡은 사람들은 영역별로 특화된 주거동과 분위기와 디자인이 비슷한 샘플을 찾는 것으로 디자인 구상을 하기 시작했습니다. 샘플은 주거동의 특징이 드러난 부분만 일치하면, 공동주택이든 일반건축이든 구분없이 자유롭게 찾기로 했습니다. 대신 되도록 국내 샘플은 배제하고, 해외 샘플 위주로 찾기로 했죠. 국내의 공동주택은 복잡한 제약조건이 많아서, 독특한 디자인의 공동주택을 계획하기 어렵기 때문에 참고로 할 만한 것을 찾는 것이 어렵다는 것이 이유였습니다. 또 되도록 특징이 명확하게 드러나는 과한 디자인의 샘플을 찾았습니다. 공동주택의 경우, '유닛'을 기초로 적층되기 때문에 특이한 디자인을 참고한다 하더라도 결국 다듬어져서 평범해지기 쉽기 때문이었죠.

산록변영역_Valley Type

도시가로영역_UrbanFlat Type

샘플을 찾는 또 다른 이유 중 하나는 CG를 실질적으로 작업하는 외주업체 작업자와의 긴밀한 의사소통을 좀 더 매끄럽게 하기 위함이었습니다. 머릿속에 있는 해외 공동주택 CG와 같이 세련된 느낌의 결과물을 얻기 위해서는 무엇보다 우리가 원하는 이미지를 잘 전달하는 것이 중요하죠. 백문이 불여일견이라고, 백번 설명하는 것보다 비슷한 이미지를 보여주는 것이 작업자를 이해시키기에는 더 없이 좋은 방법이 됩니다. CG의 전체적인 분위기부터, 주동의 재질과 색감 등을 모두 한번에 보여주는 가장 강력한 도구로 사용할 수 있는 것이 바로 샘플입니다.

이렇게 적절한 샘플활용 덕분에, 천변 영역의 'WaterQuilt Type', 지구중심 영역의 'Radial Type', 산록변 영역에 'Valley Type', 도시가로 영역의 'UrbanFlat Type'의 특징이 잘 드러나는 내곡지구의 CG가 완성될 수 있었습니다.

주동특화를 위한 아이디어가 반영된 입면 스케치

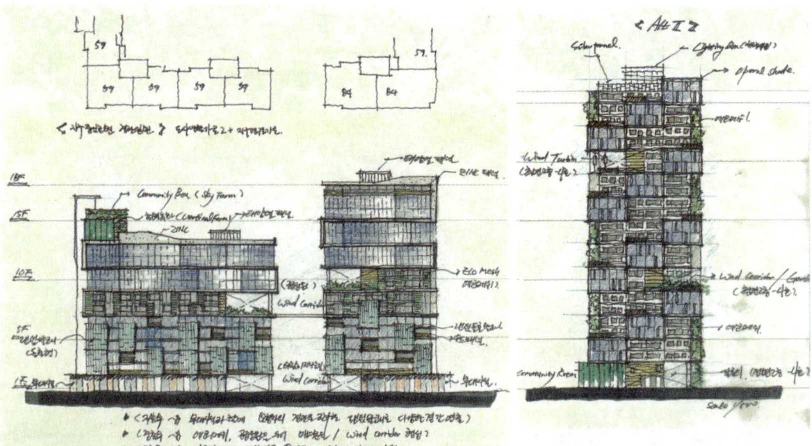

경쟁을 하다보면, 우리는 좀 더 안전한 방법으로 이기려는 경향이 있습니다. 도전은 언제나 불안함을 동반합니다. 아무리 지침에서 다양한 주동 개발에 대한 요구가 있었다 하더라도, 내곡지구처럼 파격적인 주동 CG를 결과물로 내놓기까지는 용기가 필요하죠.

그러나 결국 패러다임의 변화는 이러한 용기 있는 도전에서 이루어집니다. 새로운 시도를 통해 개성있는 그림이 나왔고, 이것은 다음 프로젝트에서 더욱 과감한 그림을 만들어낼 수 있는 초석이될 수 있습니다. 그것이 언제나 좋은 결과로 이어지진 않겠지만, 내곡지구처럼 전략에 부합한다면, 계획안의 더 없이 큰 특징이자 장점이 될 수 있을 것입니다.

【 서울항동 보금자리주택사업 】

보금자리주택 2차 사업이었던 내곡지구 이후, 1년 6개월 만에 3차 보금자리주택지구인 서울항동지구 프로젝트 참여가 결정되었습니다. SH발주의 항동지구는 함께 선정된 5개 지역 중에서 유일하게 서울권역에 속하면서도, 도심과도 가장 가까운 거리에 위치해서 수요자들의 큰 관심이 기대되는 지역이었습니다.

원주혁신도시 프로젝트를 마감하고, 바로 서울항동 보금자리주택지구 현상설계를 위한 합사가 차려졌습니다. 체력적으로는 힘들었지만, 모두들 당선에 대한 의욕은 넘쳤습니다. 보금자리주택의 첫 프로젝트였던 내곡지구가 비록 실시 설계권은 얻었지만, 당선작은 아니라는 아쉬움이 늘 남아 있어서였을 겁니다. 하지만 항동지구는 아쉽게도 좋은 결과는 얻지 못했던 쓰라린 기억으로 남아있습니다.

···› 추락하는 계획안은 날개가 있다? ‹···

털어서 먼지 안 나는 사람 없듯이 털어서 먼지 안 나는 계획안도 없습니다. 만약에 눈에 불을 켜고 잘못된 부분이나 지침 위반사항을 찾으려 한다면, 어느 계획안이건 거기에서 자유롭지 못합니다. 그만큼 완벽한 계획안은 없죠. 사람이 하는 일이고, 워낙에 많은 부분을 신경 써서 계획해야하기 때문에 놓치고 가는 부분은 있기 마련입니다.

특히 계획의 기초단계인 현상설계는 그 성격상, 실시설계 같은 도면의 정교함보다는 계획의 아이디어와 컨셉의 새로움을 더욱 요구합니다. 따라서 작은 실수를 했다 하더라도 자연스레 큰 문제가 되는 경우는 많지 않으며, 작은 위반사항은 눈에 잘 띄지 않습니다.

그렇다고 실수를 가볍게 여겨도 된다는 것은 아닙니다. 결과물이 나올 시점에서부터는 위반사항 체크리스트까지 만들어서 확인을 하는 이유는 만약에라도 위반사항이 나오면, 돌이킬 수 없는 결과를 초래할 수 있기 때문입니다. 아예 심사조차 받지 못하고, 탈락하는 상황은 피해야겠죠.

[지침내용]
지구내 지하를 통과하는
"서서울 고속도로"건설계획을 고려하여
공동주택 건설시 문제가 없도록
아파트 배치 및 구조계획을 수립한다.

서울항동지구는 미흡한 지침파악으로 위기가 있었지만 다행히 본 심사 전에 탈락하는 위험한 상황까지 가진 않았습니다. 그러나 그 여파로 계획안의 신뢰를 잃게 된 안타까운 상황이 벌어졌죠. 지침 상에 있는 개발계획에 관련된 유의사항 중, 지하에서 지구를 관통하는 '서서울고속도로'에 대한 내용에 좀 더 주의를 기울이지 않은 실수를 한 것입니다. 구체적인 제한사항은 없었기 때문에 그 부분은 미처 신경을 쓰지 못했습니다.

[질의회신]

Q. "지구 내 지하를 통과하는 "서서울고속도로"건설계획을 고려하여 공동주택 건설시 문제가 없도록 배치 및 구조계획을 수립한다"에서 고속도로 상부에도 건축물을 배치할 수 있다는 것인지.

A. 고속도로 상부에는 아파트 배치를 지양하고, 광장이나 녹지 등으로 조성토록 함. 단, 상가 및 부속 시설 등의 설치는 가능함.

문제가 된 것은 위의 질의회신 내용이었습니다. 타사에서 그 부분에 대해 질의를 했고, 발주처인 SH에서는 구체적인 제한사항을 답변한 것입니다. 질의회신의 내용도 지침과 동일한 힘을 갖기 때문에 고속도로 상부에 아파트를 배치하는 것은 지침위반이라고 할 수 있었죠.

우리는 이 부분을 놓친 겁니다! 타사안은 모두 이 사항을 지켜왔고, 실무자들은 모두 충격에 빠져버렸습니다. 그 동안의 노력들이 물거품이 될 수도 있는 아찔한 순간이기도 했습니다.

이와 같이 경쟁설계를 하면서 주의해야 할 것은 비단, 법규나 지침만은 아닙니다. 버린 대안도 다시 보자는 마음으로 관심에서 제외되는 계획에도 관심을 가질 필요도 있습니다.

심사 후에 각 계획안의 뚜껑을 열어보면, 우리가 버린 대안과 비슷한 계획안이 있는 경우가 많습니다. 사실 공동주택처럼 많은 제한사항이 있는 가운데에 여러 가지 대안을 내다보면, 거의 모든 경우의 수가 나올 수밖에 없습니다. 그 중 어떤 것을 선택해서 발전시키느냐에 따라 계획의 방향이 달라지게 됩니다.

우리가 선택한 안이 당선이 된다면 더없이 좋지만, 만에 하나라도 우리가 버린 대안을 발전시킨 타사안이 당선이 되면, 아쉽기 짝이 없습니다. 그래서 대안을 하나씩 제외해 나갈 때에는 그 이유를 차근차근 정리해 나가면서 합리적인 의사결정을 할 수 있도록 해야 합니다.

서울항동지구도 그렇게 흘려보내버린 많은 대안 중 당선작과 비슷한 개념의 배치가 있었습니다. 그러나 정신없이 회의와 결정을 반복하면서, 진지한 고민 없이 아깝게

놓쳐버렸죠. 물론 그 배치로 진행했다 하더라도 당선을 장담할 순 없습니다. 심사에는 많은 변수들이 있으니까요. 그래도 아쉬운 마음은 어쩔 수 없습니다.

핑계 없는 무덤은 없다는 옛말이 있습니다. 마찬가지로 낙선작도 다 그 이유가 있기 마련입니다. 디자인이라는 것이 자의적으로 판단하기는 하지만, 그렇다고 아무런 기준 없이 심사하는 것은 아니니까요. 그저 최소한 지침이나 법규를 놓치고 가는 부분은 없는지 조금만 더 주의를 기울이는 것만으로도 당선에 가까이 다가갈 수 있을지 모릅니다. 또 혹시라도 경쟁력 있는 대안이 눈에 띄지 못해 추락하고 있는지, 날개를 달아줄 방법은 없는지를 한 번 더 살핀다면, 아까운 계획을 놓쳐 버리는 실수를 줄일 수 있을 것입니다.

[다양한 알트의 배치스터디]

무수한 배치 대안이 생겼다가 사라지는 과정에서, 신중한 의사결정을 해야 합니다.
버려지는 대안 중에 당선작과 비슷한 배치가 나오는 경우엔, 땅을 치고 후회하기도 합니다.

···› 고정관념에 반항하라! ‹···

프로젝트를 시작하면, 초기에 현황분석과 함께 삼삼오오 조를 이루어 배치 대안을 계획합니다. 서로 다른 계획안이 많이 나와야 다양한 경우의 수를 검토할 수 있기 때문에 각 대안별로 개성 있는 배치를 위해 머리를 맞대고 고민하는 시간을 갖게 되죠.

서울항동지구 때에도 경쟁력 있는 배치를 결정하기 위해 조를 나누어 배치 대안을 만들었습니다. 배치를 하면서 건축, 커뮤니티 같은 파트별 계획개념도 정리해야 하는 상황이라서 자연스럽게 업무분장대로 조가 결정되었죠. 이런 경우, 자신이 맡은 분야 중심의 배치계획이 나오기도 하는데, 일반적인 배치프로세스에서 벗어남으로써 새로운 접근의 배치가 시도될 수 있었습니다.

보통의 배치프로세스는 배치골격을 먼저 고민한 후에, 배치개념이 정해지면 건축, 커뮤니티 등의 부가적인 계획이 이어지게 됩니다. 하지만 일반적인 프로세스라고해서 정답은 아니죠. 오히려 기존의 생각과 관념에서 벗어나면, 좀 더 신선한 계획안이 나올 수 있는 기회가 열립니다.

[자연을 활용한 외부공간+건축시스템] _건축계획팀이 제안한 배치 초기안

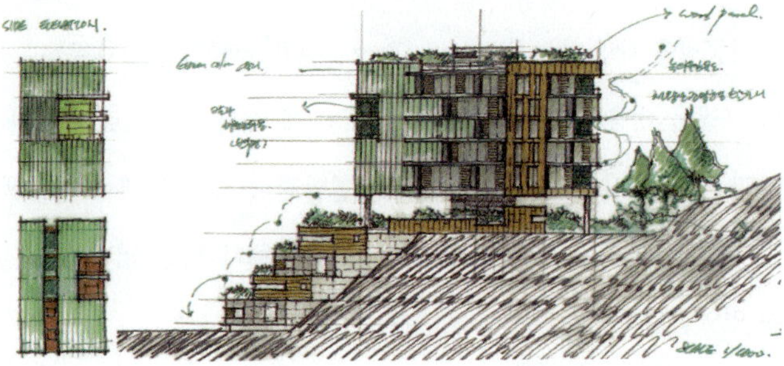

Contoured Town
in Hillside Park

건축계획 팀에서 제안한 배치가 다른 대안을 물리치고 항동지구의 최종 배치안으로 채택될 수 있었던 것도 다른 접근으로 새로운 이야기를 했기 때문입니다.

서울항동지구는 얼마 전까지 논농사를 지었던 전원적인 풍경과 분위기를 가진 동네입니다. 옛 철길과 저수지, 개울이 있고, 천왕산, 건지산 등의 산세로도 둘러싸여 있어서 풍부한 자연환경이 인상적이죠. 흐르는 물과 고여 있는 물, 공원과 숲, 평지와 구릉 등 다양한 성격의 땅이 혼재되어 있다는 것이 주요 특징이었습니다.

건축계획 팀에서는 이러한 환경을 적극 이용했습니다. 땅의 특성에 맞는 외부공간과 건축시스템이 유기적으로 결합된 마을을 구성하는 계획이었죠.

처음부터 배치를 생각한 것이 아니고, 건축계획부터 시작한 것입니다. 도시조직과 근린공원을 대응하는 'In Urban Park', 수공간과 철길을 대응하는 'In Water Park', 녹지와 구릉을 대응하는 'In Hillside Park'의 세 가지 영역으로 자연환경을 나누어서, 각 영역별로 두 가지 타입의 외부공간과 결합한 건축 시스템을 개발했습니다. 그 건축계획이 마을을 이루고, 마을의 모임이 지구 전체가 되는 역발상의 결과로 배치가 완성될 수 있었습니다.

사실 다른 팀의 배치대안이 형태는 다르더라도, 자연에 밀접한 마을이라는 전략을 기본으로 한 것은 동일했습니다. 단지 건축계획 팀의 배치는 건축계획에 대한 고민부터 시작한 덕분에 구체적인 주거동의 디자인과 함께 외부공간까지 결합한 시스템에 대한 개념이 추가되어 설득력을 얻을 수 있었죠.

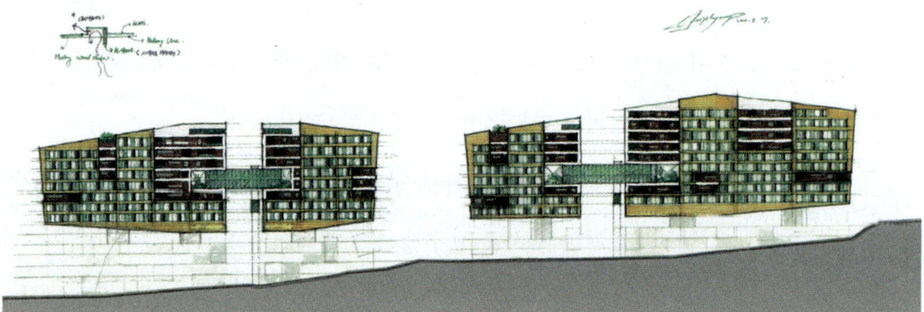
Valley Garden in Hillside Park

경쟁설계를 쉬지 않고 이어서 하다보면, 매번 새로운 생각으로 참신한 대안이 나오기는 쉽지 않습니다. 경우에 따라서는 마치 습관처럼 그동안의 프로세스를 따라하거나 지난 프로젝트에서 이용했던 개념을 재탕하는 유혹에 빠지기도 합니다. 실제로 어떤 회사의 경우, 각각 다른 계획안에 토씨 하나 다르지 않은 개념을 반복 사용합니다. 마치 '하나만 걸려라~'하는 복불복의 마음가짐인가 봅니다.

하지만 그런 태도는 스스로의 경쟁력을 후퇴시킬 뿐입니다. 힘들어도 좋은 결과물을 얻기 위해 기존의 생각들, 혹은 프로세스를 뒤집어 보는 수고쯤은 해봐도 좋지 않을까요?

Rever Deck
in Water Park

Stream Flow
in Water Park

경쟁불패(競爭不敗)
#3-통합능력과 일정관리

디자이너로
성공하기 위한
『현상설계 즐기기』

Part 1

경쟁불패(競爭不敗) #3 통합능력과 일정관리

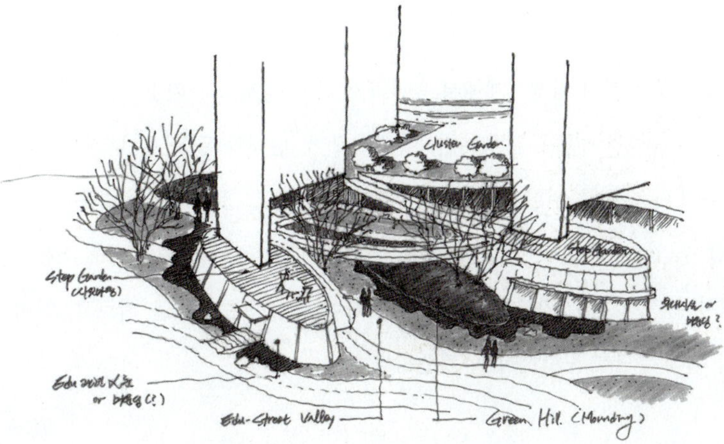

경쟁불패(競爭不敗)#3 - 통합능력과 일정관리

드라마에서 건축가가 주인공의 직업을 차지하는 경우는 셀 수 없이 많습니다. 엄청난 인기였던 〈겨울연가〉부터 좀 더 현실적인 건축가의 성향을 보여준 〈결혼 못하는 남자〉, 〈개인의 취향〉, 최근 장동건의 출연으로 이슈가 된 〈신사의 품격〉까지. 참 다양한 드라마에 건축가가 등장하지만 이미지는 다 비슷합니다. 건축가 한 사람이 엄청난 능력으로 프로젝트를 멋지게 성공시키는 것은 이제 당연해 보이기도 하죠.

그러니 현실에서는 건축가 혼자서 프로젝트를 진행하기는 힘듭니다. 아시다시피 건축설계는 구조, 설비, 시공, 조경, 전기, 기계 등등 여러 전문분야에 맞닿아 있는 매우 복잡한 과정이기 때문입니다. 과거에는 건축가 혼자서도 어느 정도 일처리가 가능했겠지만, 지금은 각 분야의 전문가들이 서로 긴밀하게 협의하며 프로젝트를 진행시켜야만 합니다.

이를 위해 필요한 것이 경쟁설계에서 승리하기 위한 '경쟁불패(競爭不敗)', 그 세 번째 조건인 '통합능력과 일정관리'입니다. 경쟁불패 첫 번째와 두 번째인 '컨셉만들기'와 '전략세우기'가 승리를 위한 기둥이라면, '통합능력과 일정관리'는 승리를 위한 초석이라고 할 수 있습니다. 기본이 흔들리면 컨셉과 전략이 아무리 훌륭해도 소용없겠죠. 경쟁에서 이기기 위한 기본자세로써, 협의하여 통합하는 능력을 기르고, 철저한 일정관리를 위해 부단히 노력해야 할 것입니다.

【 ‘통합과 분리’ 코디네이션 방식 】

짧은 기간 안에 다양한 분야의 전문가들이 모여 하나의 계획안을 내야하는 경쟁설계의 경우, 프로젝트를 이끄는 PM의 역할은 무엇보다 중요합니다. 사실 모든 업무는 아무리 사소한 것이라도 리더의 자질을 필요로 하는 만큼 우리 모두는 리더여야 하죠. 하지만 적절한 시기에 결정하고, 책임을 지는 것은 결국 총괄 PM입니다. 이 역할을 얼마나 잘 수행해 내느냐가 경쟁설계의 승패에도 많은 영향을 미치게 됩니다.

그럼 경쟁설계의 리더로써 PM의 자질과 능력, 그리고 자세는 어떠해야 할까요?

가장 중요한 것은 통합과 분리의 균형있는 조직화 능력이 아닐까 합니다. 여러 사람의 의견을 통합해서 적정한 시기에 결정하고, 업무분장에 의한 권한위임을 할 수 있어야 어느 한 곳에 로드가 걸리는 일 없이 프로젝트가 원활히 진행 될 수 있는데, 이를 조정하는 것이 바로 PM의 역할입니다.

얼마 전 TV토크쇼인 〈힐링캠프〉에 YG엔터테인먼트의 양현석사장이 나와서 자신이 생각하는 리더에 대해 말한 적이 있습니다. “잘 될 때는 뒤에 숨어서 박수를 쳐주고, 감당하기 힘든 위기에서는 제일 먼저 앞에 서는 게 제 역할이에요.” 일이 원만하게 돌아가게 하기 위해서는 뒤에서 지원해주고, 때론 결단력 있게 결정해주는 코디네이션이 필요한 것이죠. 경쟁설계에서 PM의 역할도 마찬가지라고 생각합니다. 이러한 통합과 분리를 통해 조화로운 조직운영이 이루어지면, 프로젝트가 안정적으로 진행되어 승리에 더 다가가기 쉽습니다.

〈힐링캠프〉 리더에 대한 생각을 말하는 YG엔터테인먼트의 양현석 사장

직급이 올라갈수록 자신이 관리해야 하는 직원의 수가 늘어나면서, 통합과 관리의 능력은 본격적으로 요구되기 시작합니다. 개개인 모두가 리더의 자세로 임해야 하지

만 본격적으로 하나의 분야를 맡거나 팀을 이끄는 팀장이 되면 PM으로써의 능력이 시험대에 오르게 되죠.

근래에 흥미로운 인터넷 기사를 보았는데, 취업포털 인크루트가 실시한 '승진 못하는 직장인의 이유'를 설문조사한 내용이었습니다. 10명 중 2명 꼴의 응답자가 승진 못하는 직장인들의 공통점으로 '실무자로는 뛰어나지만 관리자의 역량이 부족하다.'라고 답한 것이 눈길을 끌었습니다. 실무자로서 디자인 능력이 뛰어난 것이 관리자로서의 능력과 동일시 될 수 없다는 것을 보여주는 설문조사였죠.

PM이 되면 직접 계획을 하는 시간은 줄어들고, 모든 내용의 '합'을 맞춰서 관리해야 하는 시간이 늘어납니다. 결국 반짝이는 아이디어와 업무스킬로 무장한 사람보다는 여러 의견을 하나로 통합할 수 있는 사람이 좋은 PM이 될 확률이 높습니다. 좋은 아이디어라도 정리하지 않으면 프로젝트의 진행이 어려울 수밖에 없습니다. 정리된 내용을 공유해서 한 목소리를 내는 결과물로 완성해야 하는데, 모든 것을 파악하고 있어야 하는 PM이 그 역할을 잘 수행해 내야 하는 것이죠.

경쟁설계를 이끄는 PM에게는 이렇게 정리하고 통합할 수 있는 능력 뿐 아니라 일을 나누어 책임과 권한을 위임할 수 있는 분리 능력도 함께 요구됩니다. 〈멀티플라이어〉의 저자인 리즈 와이저먼에 따르면, 각 분야별 담당자에 대한 신뢰와 소통을 바탕으로 권한위임과 업무분리에 적극적인 자세의 리더를 '멀티플라이어(Multiplier)'라고 하고, 이러한 유형의 리더는 팀과 조직의 역량을 최고로 이끌어낼 수 있다고 합니다. 결국 혼자서 일을 잘하는 것은 아무 소용이 없습니다. 팀이 힘을 합쳐 얼마만큼의 성과를 낼 수 있느냐가 중요한 것입니다. 따라서 혼자서 모든 분야의 디테일한 부분까지 컨트롤 하려는 전지전능형 리더는 좋은 PM이 되기 어렵습니다. PM 한사람에게 너무 많은 업무가 부과되어 일의 진행도 느리고, 전체를 봐야하는 시야도 놓치게 되는 과오를 범하기 쉽기 때문입니다. 각 분야를 담당하는 전문가들의 의견을 조율해 나가는 과정이 중요한 경쟁설계에서 이러한 전지전능형 PM은 프로젝트 진행에 치명적인 약점이 되기 쉽습니다.

미국의 리더십 전문가인 존 맥스웰은 PM이 팀원들에 대한 신뢰를 바탕으로 권한위임을 하면, 혼자서 모든 일을 처리하는 것보다 더 좋은 결과를 얻을 수 있다고 말합니다. 주도적으로 일할 수 있는 여건을 마련해줌으로써 개개인의 역량이 200% 발휘될 수 있다는 것이죠. 경쟁에서 승리를 향한 구성원의 열정만큼 큰 힘을 발휘하는 것은 없습니다.

"권한위임을 하면 부하직원이 더 높은 역량을 발휘하여 조직의 영향력이 확대되는 동시에 리더의 권한과 영역도 증대된다."

-존 맥스웰(John C. Maxwell))-

영화제작의 PM이라고 할 수 있는 영화감독의 경우는 어떨까요? 영화감독도 멀티플라이어형이 전지전능형보다 제작자와 함께 일하는 스텝들, 그리고 대중과의 소통 모두를 만족시키는 경우가 많습니다. 그것은 모든 분야의 전문성과 창의성을 존중해주는 자세 덕분에 가능합니다. 영화는 감독의 개인적인 작품이라고 생각하는 사람들이 많지만, 사실 영화만큼 다양한 전문가들의 복잡한 의사결정 과정을 거쳐서 만들어지는 창조물도 없을 것입니다. 문학, 연극, 미술, 음악 등의 모든 예술장르의 전문가들이 만든 하나의 플롯에 투자, 제작, 마케팅 분야의 인력이 협업하는 거대한 결과물이죠. 이런 면에서 경쟁설계를 진행하는 조직과 크게 다르지 않습니다.

우연히 인터넷잡지를 보다가 리더십에 대한 영화감독들의 인터뷰 기사를 읽은 적이 있습니다. 여기서 스페인 영화, 〈내 어머니의 모든 것〉의 감독인 페르도 알모도바르는 감독에게 가장 중요한 자질을 묻는 질문에 이렇게 답합니다. "영화감독은 자기 한 사람이 영화에 관련된 모든 것을 통제할 수 있다는 환상을 포기해야 합니다. 아, 감독이 프레임을 선택할 수는 있어요. 그러나 촬영할 때가 되면, 모든 것은 촬영감독의 손에 달리게 돼요. 조명에 대해 몇 시간이고 이야기할 수는 있지만, 결국 조명은 조명기사가 결정하죠. 그러나 괜찮아요. 최대한 통제력을 발휘하려는 그 노력 자체가 창조성을 발휘하는 일이기 때문이죠."

결국 창의적인 재능 뿐 아니라 개입해야 하는 부분과 방향만 논의하는 부분, 즉 통합과 분리의 코디네이션의 역할은 영화감독에게도 중요하다는 것을 알 수 있습니다. 감독의 일은 결국 예술보다는 정치에 가깝다는 〈가위손〉감독인 팀 버튼의 말처럼 어쩌면 PM의 역할은 모든 분야가 일맥상통할지도 모릅니다.

다양한 분야가
협업하는 영화제작은
경쟁설계의 작업과정과
비슷합니다.
또한 영화감독과
프로젝트PM의 역할도
일맥상통합니다.

〈내 아내의 모든 것〉
페르도 알모도바르 감독

'통합과 분리'의 코디네이션을 해야 하는 PM의 자세 중 가장 근본적인 것은 결단력과 책임감입니다. 영화제작이나 경쟁설계 과정에서 결정할 시기가 오면, 각 분야의 전문가들의 의견을 심도있게 고민해서 많은 사람이 공감하는 방향으로 의사결정을 해야 하겠죠. 이때 우유부단함으로 방향을 못 잡거나 결정의 시기를 놓치는 우를 범하는 것을 피해야 합니다. 또한 어떠한 결정을 내렸든, 또 그로 인해 어떠한 결과가 나왔든, 프로젝트의 모든 책임은 PM의 몫입니다. 공은 팀원들에게 돌리고, 허물은 자신이 뒤집어쓰겠다는 마인드를 갖는 것이 바람직한 PM의 자세라고 할 수 있습니다.

【 '낮과 밤' 작업의 방식 】

야근과 철야. 건축설계를 업으로 삼고 있는 사람들에게는 너무나도 익숙한 단어입니다. 특히 일정한 기간 내에 결과물을 제출해야 하는 경쟁설계는 야근 · 철야와 떼려야 뗄 수 없는 관계죠. 일정관리를 완벽히 하더라도 마감시즌이 되면 휴일근무, 야근, 철야 등등 시간 외 근무를 할 수 밖에 없습니다. 아마도 '마감'이 있는 직종에서 근무하는 사람이라면, 누구나 공감할 것입니다.

건축학과 재학시절, 대부분의 친구들은 밤을 꼴딱 세어가며 작업을 하는 것에 반하여 어떤 이들은 잘 거 다 자면서도 완벽한 작품을 만들어 옵니다. 게다가 퀄리티도 좋아서 교수님의 후한 평가까지 차지하곤 했었죠. 실무를 하면서도 그렇게 마감할 수는 없는 걸까요?

사실 학생 때의 작업과정과 실무에서의 작업과정은 큰 차이가 있습니다. 바로 여러 사람과의 협의를 통한 의견 조율 과정이 그것입니다. 실무에서는 학교에서처럼 팀 작업 시 몇몇 조원들과의 협의를 하거나 교수님의 조언을 참고하는 것과는 차원이 다른 복잡한 협의 과정이 존재 합니다. 서로 작업이 긴밀히 연계되어 있기 때문에 내 일이 끝났다고 해서 끝난 것이 아닌 것이죠. 다른 분야의 작업으로 내가 맡은 분야가 변경되거나 수정되는 경우가 허다하기 때문입니다.

공동주택 현상설계의 경우, 주동배치가 살짝 흔들리면, 그 여파는 지하주차장, 외부공간, 부대복리시설 분야로 이어져서 줄줄이 수정작업을 해야 하므로 업무시간이 늘어날 수밖에 없습니다.

간혹 보고를 위한 비합리적인 작업이나 급박한 마감 중에 대세에 지장 없는 작은 수정사항 같은 작업으로 불만이 생기는 경우도 있긴 합니다. 이렇게 비합리적이고, 고질적인 야근의 생활화도 문제겠지만, 야근을 무조건 부정적으로만 받아들이는 자세도 좋지 않습니다. 갓 신입으로 사회에 첫발을 들이는 사람이 맡은 업무를 할 때 최소한의 시간만 할애하는 경우를 종종 볼 때는 참 안타깝죠. 일을 배우려는 마음가짐이라면, 좀 더 고민하고, 연습해보는 시간을 소홀히 여겨서는 안 됩니다. 일에 숙달되기 위해서 일정 시간 이상을 투자하는 것을 아까워하면, 경력이 쌓여도 그만큼의 몫을 해내지 못할 수 있습니다.

보통 좋은 상사라고 생각할 수 사람의 경우, 일의 프로세스를 자세히 설명해주고, 자신만의 노하우까지 친절히 가르쳐줍니다. 하지만 이런 상사를 둔 사람은 주의해야 할 점이 있습니다. 그것을 그대로 받아들이고, 하라는 대로만 하다가는 내 것을 이룰 수가 없다는 것입니다.

아무리 좋은 노하우도 내가 터득한 것만큼 좋을 순 없습니다. 터득이라는 것은 내가 여러 경우의 수를 겪어 봐야 할 수 있는 것입니다. 일을 처음 배울 때 야근을 하고, 철야를 하게 되더라도 억울해 해서는 안 되는 이유입니다. 그래야 나만의 프로세스가 생기고, 노하우를 가질 수 있습니다. 피할 수 없으면 즐기라는 말이 있죠. 어쩔 수 없이 해야 하는 야근이 아닌 자신의 업무능력 향상을 위한 자발적 야근이 되면, 지옥 같은 무의미한 시간들이 경력의 밑거름이 되는 소중한 시간이 될 것입니다.

긍정적인 생각과 함께 야근 · 철야에 대한 원칙을 세워두면, 좀 더 효율적인 업무가 가능합니다. 낮과 밤의 작업방식을 분리한 일정관리가 바로 그것인데, 낮과 밤은 그 특성상 환경적으로나 심리적으로 작업에 각기 다른 영향을 미치기 때문입니다.

우선 낮 시간은 여러 분야 사이의 협의가 활발히 이루어지는 특성상, 작업시간의 지속이 오래가지 않습니다. 회의며, 보고며, 외주업체 관리며, 대부분이 주간에 진행되어서 정작 작업을 하나도 하지 못하고 하루가 모두 흘러가버리기도 합니다. 따라서 업무에 대한 집중도도 떨어지게 되죠. 하지만 협의나 발주를 위해서는 작업물이 있어야 합니다. 이때 밤 시간을 이용해야 되는데, 사실 방해하는 사람이 없는 밤 시간의 작업이 오히려 편하게 느껴질 때도 있습니다. 그만큼 업무에 대한 집중도도 높아 효율적인 작업이 가능합니다. 밤 시간을 제대로 이용하지 못하면 일정을 맞추기가 쉽지 않다는 것을 염두에 둬야 할 것입니다. 그렇다고 밤늦게까지 일해서 낮과 밤을 뒤바꿔 버리면, 졸린 상태로 낮 시간의 업무를 해결하는 것이 어려워질 수 있고, 이것은 오히려 업무효율을 떨어트리게 되죠. 낮과 밤의 작업의 균형을 잘 이루는 것이 중요합니다.

2011년 봄에 진행했던 [행복도시 M10BL] 현상설계는 그 중요성을 잘 보여주는 경우였습니다. 당시 팀원들이 모두 초죽음의 상태까지 갔을 만큼 험난했던 프로젝트로 기억됩니다. 컨소시엄으로 운영되어 서로 손발이 맞지 않은 상태인데다가, 엎친 데 덮친 격으로 외주업체 발주를 얼마 남기지 않은 작업의 마무리 단계에서 계획안의 방향이 흔들렸던 최악의 상황이었습니다.

그런 상황에서 일정을 맞추기 위해 새벽 5시까지 작업이 연일 계속되었고, 이것은 악순환으로 돌아왔죠. 퇴근시간이 늦어진 만큼 출근시간이 늦어지거나 제 때 출근을 하더라도 멍한 상태로 오전시간을 보내기 일쑤였습니다. 작업은커녕 회의나 협의도 불가능한 반수면 상태로 오전시간과 함께 오후시간이 훌쩍 지나가버리면, 그만큼의 업무량이 뒤로 밀리면서 퇴근시간은 더욱 늦어질 수밖에 없었습니다.

낮과 밤의 작업 모두 효율적으로 운영되지 못한 이 프로젝트의 운명은 당선 실패였습니다. 패배의 원인이 그 때문만은 아니겠지만 비효율적인 작업의 방식도 영향을 미쳤다고 생각합니다. 그러고 보면, 야근 · 철야를 할 때 가장 중요한 원칙은 적당한 시간에 업무를 마무리하는 미덕일지도 모르겠습니다.

지나친 야근 · 철야가 불러오는 부작용

지나친 야근 · 철야는 생활의 균형을 무너뜨리고, 체력적으로나 정신적으로나 우리에게 어려움을 줍니다. 그러나 앞서 말씀드렸듯이 야근과 철야는 우리에게 일을 배우는 넉넉한 시간을 주고, 업무능력을 다져주는 긍정적인 면도 있다는 것을 인식해야 합니다. 멀리 보면, 나에게 득(得)이 되는 시간으로 남을 수 있습니다.

혹시 '일만 시간의 법칙(The 10,000-Hour Rule)'을 아시나요?

'일만 시간의 법칙'이란 어떤 분야에서 전문가가 되기 위한 최소한의 투자시간이 일만 시간이라는 것으로, 말콤 글래드웰의 〈아웃라이어〉에 소개된 신경과학자 다니엘 레비틴(Daniel Levitin)의 연구결과입니다. 이 책에서는 모차르트, 비틀즈, 빌 게이츠 등 우리가 아는 세계적으로 성공한 사람들의 사례를 통해 이 법칙을 증명하고 있습니다.

천재 작곡가 모차르트(1756~1791)는 여섯 살부터 작곡을 시작했지만 최초의 걸작인 협주곡9번, 작품번호 271번을 포함한 그의 진정한 작품은, 작곡을 시작한 후 일만 시간이 흐른 스물한 살 이후에 만들어졌다고 합니다.

20세기 최고의 록밴드인 비틀즈 또한 '일만 시간의 법칙' 덕분에 성공할 수 있었습니다. 1960년 리버풀의 별 볼일 없던 록밴드였던 비틀즈는 독일의 함부르크 클럽에서 하루 8시간씩 1년에 270일을 연주한 결과, 연주실력 향상과 함께 여러 가지 곡들에 대한 새로운 연주방법을 시도할 수 있는 기회를 가졌죠. 비틀즈의 전기작인 〈Shout!〉의 저자인 필립 노먼은 이렇게 말합니다. "12,000시간을 연주한 뒤, 그들은 차별화된 소리를 내기 시작했습니다."

뿐만 아니라 피겨여왕 김연아와 마린보이 박태환과 같이 자신의 분야에서 한 획을 그은 많은 운동선수들도 비교적 어린나이에 성공한 것처럼 보이지만, 그 이면에는 학창시절을 모두 운동연습에 매진했다는 사실이 있습니다. 엄청난 재능으로 단번에 성공한 것만 같은 이들이 모두 최소한 일만 시간을 자신의 분야에 올인 했다는 것입니다. 그만큼 치열하게 일에 몰두해야 자신의 일에 자신감을 가질 수 있고, 전문가가 되는 길로 나아갈 수 있습니다.

'1만 시간의 법칙'으로 성공한 볼프강 아마데우스 모차르트와 비틀즈

"1만 시간은 위대함을 낳는 매직넘버다." 말콤 글래드웰이 성공을 위한 매직넘버라고 말한 일만 시간은 하루 3시간, 일주일에 20시간씩 10년을 연습한 것과 같습니다. 이 시간을 지나왔다고 해서 앞서 소개한 유명인들처럼 무조건 성공할 수 있는 것은 아닙니다. 그러나 이만큼의 시간조차 투자하지 않으면 절대 성공할 수 없다는 것은 자명한 일입니다.

우리도 이 분야의 전문가가 되기 위해서는 절대시간이 필요합니다. 야근 · 철야시간에 이 '일만 시간의 법칙'을 대입해보면 어떨까요? 전문가가 되기 위한 10년의 기간을 단축할 수도 있고, 10년 뒤에 내가 어떤 팀장이 될 수 있는지를 결정하는 시간일 수도 있습니다.

당신은 지금 1만 시간을 쏟아 부을 일에 집중하고 있나요? 아니면 상사가 시킨 일만 하거나, 야근에 대한 무조건적인 거부반응을 갖고 있진 않나요?

우리가 어떤 자세로 일하고 있는지 돌아볼 필요가 있습니다.

"훈련하는 데는 돈이 든다. 그러나 훈련하지 않으면 돈을 벌 수 없다." 중국의 기업가, 부차한의 말처럼 투자하지 않으면 성과도 없습니다. 그것이 시간이든 열정이든 말입니다.

【 경쟁설계에서 스케줄 관리는 생명줄! 】

건축학과 재학시절, 2학년 때의 일입니다.

마감을 향해 달리던 어느 날 교수님께서 설계실에 들어오시더니 피곤에 절어 있는 우리들에게 질문하셨습니다. "잘하는 것이 중요할까? 아니면 마감시간을 지키는 것이 중요할까?" 대답은 가지각색이었습니다. "잘 하는 게 최고죠~", "시간을 지키는 게 우선입니다!" 다 틀렸다고 말씀하신 교수님은 "잘 하면서 마감시간을 지키는 것"이 정답이라고 하셨습니다. 그땐 힘들고 지쳐서 '마감시간 좀 늦춰 주시지…'하는 생각뿐 이었는데 지금 생각해 보면, 그 말씀에 공감하게 됩니다.

물론 잘한다는 것은 매우 주관적인 부분이라 심사결과가 나오기 전까지는 장담할 수 없습니다. 그때의 상황과 심사위원의 성향 등에 따라 급변하는 것이 경쟁설계의 결과라고 할 수 있죠. 결과를 장담할 수 없다면, 어쨌든 최선을 다해 성과물을 준비하는 것으로, 좋은 평가에 대한 심리적 부담을 해소하려 합니다.

심사의 채점이 주관적인 영역이라면, 마감시간을 지키는 것은 객관적인 영역입니다. 다들 알다시피 건축에서 평가를 내릴 때 객관적인 부분은 그리 많지 않습니다. 때문에 객관적으로 평가할 수 있는 부분을 철저히 지키는 것은 기본이죠. 기본 중의 기본인 마감시간을 지키지 않는 것은 경쟁설계에 참여 자체를 안 하겠다는 것을 의미하게 됩니다. 이것이 일정관리가 중요한 이유죠. 잘못하면 짧게는 몇 주, 길게는 몇 달 동안 야근과 철야를 밥 먹듯 하면서 만들어 놓은 결과물 뿐 아니라 그 시간과 경비, 노력과 열정을 의미 없이 만들어 버리기 때문입니다.

몇 년 전에 OO시청사 TK프로젝트가 있었습니다. 내놓으라하는 설계사무소와 건설사가 모두 뛰어든 상징적인 프로젝트였는데, 그 중 한 컨소시엄이 마감시간을 못 지켜서 작품 제출을 하지 못했었습니다. 복합적인 사정이 있었겠지만 건축업계에선 꽤나 이슈가 되었던 사건이었죠. 사실 잦은 수정은 보고체계가 복잡한 TK나 현상이나 매한가지의 문제입니다. 언젠가는 터질 문제가 그제서야 터진 것입니다. 이 일을 계기로 건축업계에 일정관리에 대한 중요성을 인식하는 데 경종을 울렸다고 생각합니다. 이후에 그 사건과 연관된 건설사와 TK프로젝트를 진행한 적이 있었는데, 그 사건 때문인지 마감시간을 3일이나 일찍 당기길 원했습니다. 만약을 대비해서 말이죠.

그 프로젝트처럼 마감을 예정보다 일찍 하면 더할 나위 없이 좋겠지만 특별한 경우를 제외하면, 거의 불가능한 일이라고 봅니다. 발주가 될 때부터 넉넉한 기간을 주는 경우는 없으며, 기간이 길다 하더라도 마감을 위해 최종으로 정리하는 시기는 크게 달라지지 않기 때문입니다. 완성도에 대한 미련으로 얼마든지 작업시간은 길어질 수 있습니다.

이렇게 기본적으로 주어지는 시간 안에 일정을 짜고, 마감을 하는 것도 만만치 않은데, 설계기간이 반으로 줄어서 발주되는 경우는 정말이지 피를 말리는 스케줄이 됩니다.

[과천지식정보타운 S2, S3BL] 2011년 가을에 했던 공동주택 현상설계로, 바로 그 피말리는 스케줄의 프로젝트 중 하나였습니다. LH에서 발주하는 대부분의 현상설계의 경우, 약 4주가 주어지는데 반하여 우리에게 주어진 시간은 단 2주 뿐 이었죠. 게다가 바로 전 프로젝트를 마감한지 채 일주일이 되지 않은 시점이어서 부담은 더욱 클 수밖에 없었습니다.

일정을 듣고, 우린 망연자실했습니다. 이런 상황에서 이틀 뒤에 있을 본부 야유회에도 한사람도 빠짐없이 참석하라는 본부장님의 지시도 함께 알았기 때문입니다. 한 날 한 시도 아까운 시점에 우리는 목요일 업무 종료 후, 본부 내 다른 팀들과 함께 양평에 있는 펜션으로 향했습니다. 10월 말의 날씨는 우리 마음처럼 차기만 했죠.

불편한 마음으로 야유회가 끝난 다음날 오후, 집으로 향하는 다른 사람들과 달리, 우리 팀은 회사로 갔습니다. 그리고 새벽 세시까지 일해야 했고, 그 뒤로도 마감까지 쭉 달리는 일만이 남아있었죠. 후에 마감이 일주일가량 미뤄지는 행운이 있었지만, 시작부터 마감까지의 기간은 다해도 2주가 조금 넘었을 뿐입니다. 그 짧은 시간에 야유회까지 참석해야 했었죠.

어려움은 또 있었습니다. 경쟁설계임에도 불구하고 입찰한 업체가 하나 밖에 없어서 재 공지를 하게 된 프로젝트였던 것입니다. 상대사는 이미 마감을 위한 최종정리를 하는 시점에서 저희 팀이 도전장을 내민 상황이었습니다. 뒤처진 출발 시점으로 여러모로 핸디캡을 갖고 시작했기 때문에 좀 더 효율적이고 효과적인 스케줄 관리가 절실했습니다.

일정표를 받아든 팀원들은 모두 초긴장 상태로 정해진 스케줄을 지키기 위해 함께 노력했습니다. 누군가의 실수나 판단 착오로 일정이 한번이라도 미뤄지면, 자칫 마감을 할 수 없을지도 모른다는 불안감에 더욱 열심이었죠.

먼저 배치파트와 단위세대 및 주동 파트가 초반부터 치고 나가야 했습니다. 부대시설과 주차장, 입면 등 다른 파트는 배치가 어느 정도 결정된 후에야 실질적인 계획이 가능하기 때문이었습니다. 배치는 빠르게 결정되었습니다. 성상적으로 진행하는 프로젝트의 경우, 팀원 모두 배치 대안을 내지만 이번에는 더 빠르게 진행해야 했기 때문에 배치 파트에서만 몇 개의 대안을 만들어서 보고했고, 덕분에 윗분들의 결정도 앞당길 수 있었습니다. 물론 워낙 일정이 급한 프로젝트란 것을 인지했기에 결정권자도 빠른 선택의 중요성을 알았기에 가능했습니다.

배치가 결정되자, 그 뒤의 계획도 차질 없이 착착 진행되었습니다. 평소보다 짧은 설계기간이었지만 스케줄 관리를 철저히 한 덕분에 CG와 모형, 그리고 편집 발주 시점은 기존일정에서 크게 벗어나지 않았고, 기간이 짧았다고 해서 그 부담을 외주업체에 떠넘기지 않을 수 있었습니다.

힘든 상황 속에서도 철저한 스케줄 관리 덕에, 조급한 마음으로 계획안이 흔들리는 일 없이 무사히 마감시간을 맞출 수 있었죠. 상대사보다 불리한 입장이었음에도 결과는 당선이었습니다. 맨파워로는 어느 팀과 비교해도 뒤처지지 않는 각 파트별 PM의 능력과 함께 오랫동안 손발을 맞춰 온 팀웍이 빛을 발휘하는 순간이기도 했습니다. 스케줄을 생명줄로 생각한 덕분에 결과물의 퀄리티와 일정이라는 두 마리 토끼를 다 잡고, 좋은 결과를 이룰 수 있었다고 생각합니다.

경쟁설계에서 좋은 아이디어와 전략도 중요하지만 더욱 중요한 것은 '기본'을 지키는 것입니다. 일정관리 또한 기본 중의 기본이죠. 일정관리가 제대로 이뤄지지 않으면, 실무자도 힘들고 만족할 수 있는 결과물의 퀄리티도 기대하기 어렵습니다. 처음 시작할 때 시간을 많이 허비해 버리면, 뒤에 가서 급하게 마무리 져야하는 상황이 발생하기도 하기 때문에 시간분배와 결정시기가 적절하게 짜여 있어야 합니다. 결국 원활한 일정관리를 위해서 필요한 것은 숲과 나무를 나눠서 볼 수 있는 균형 있는 시각입니다. 숲을 본 후에 나무를 봐야지만 결과물에 대한 완성도도 놓치지 않을 뿐더러 마감시간 안에 효율적으로 프로젝트를 운영할 수 있습니다.

불리한 상황임에도 불구하고 철저한 일정관리를 통해
최상의 퀄리티를 끌어낼 수 있었던 [과천지식정보타운 S2, S3BL]

【 건축가는 지휘자이다! 】

오케스트라에서 지휘자의 권한은 절대적이라고 합니다. 그만큼 많은 권한을 가짐과 동시에 책임도 뒤따르죠. 음악의 문외한이 볼 땐, 직접적으로 연주를 하지 않는 지휘자가 가장 편하면서도 돈을 많이 벌 수 있는 위치 같지만 실상은 그렇지 않습니다. 누구보다 연주하는 음악에 대해 완벽히 파악하고 있어야 하죠. 지휘자는 각 악기별로 나뉘어져 있는 악보가 아닌, 전체 악기의 악보가 총합된 스코어라고 불리는 복잡한 '총보'를 보면서 연주를 이끌어야 하기 때문입니다. 하나하나의 악기의 연주부터, 전체의 조화된 음악까지 섬세하게 관리해야만 합니다.

음악적 역량만큼이나 중요한 것이 오케스트라라는 조직을 이끄는 능력입니다. 연습량을 결정해서 주관하고, 각각의 음악적 재능을 끌어낼 수 있는 환경을 만들어주는 것이 지휘자의 중요한 역할입니다. 그럼으로써 연주자가 오케스트라의 부속품이 아닌, 함께 음악을 만들어 나가는 창조적 주체임을 느끼게 해야 합니다. 그것이 결국 수준 높은 오케스트라의 공연을 만들어 내는 원동력이 되죠.

"이 세상에 좋은 오케스트라, 나쁜 오케스트라는 없다.
좋은 지휘자, 나쁜 지휘자가 있을 뿐이다."
-세르주 첼리비다케 (Sergiu Celibidache)-

정명훈과 서울시향 오케스트라

편안한 카리스마로 오케스트라를 이끌어 최고의 공연을 보여주는 정명훈

루마니아 출신 지휘자인 세르주 첼리비다케는 이처럼 오케스트라에서 지휘자의 역할이 얼마나 중요한지 말해줍니다. 영화감독과 스포츠감독, 주방장 그리고 경영자 모두 지휘자와 다를 바 없습니다. 어쩌면 세상의 모든 마스터의 역할은 비슷하다고 볼 수 있죠. 단지 전문분야가 다를 뿐, 그 분야에 대한 전문성과 관계를 조율하는 정치성, 그리고 하나의 조직을 잘 이끌어서 무언가를 이뤄내야 한다는 창조성까지 말입니다.

여기에 건축가도 빠질 수 없습니다. 건축가가 여러 분야의 전문성을 고려하여 협의하고, 하나의 결과물을 만들어내야 하는 것은 지휘자가 각 악기별로 나뉘어져 있는 악보를 모두 볼 줄 알아야 하는 것과 같습니다. 또한 지휘자가 오케스트라의 단원들의 역량을 잘 이끌어내어 최상의 연주를 할 수 있도록 해야 하는 것처럼, 건축가도 함께 작업하는 팀원이나 협력업체에 대한 이해를 바탕으로 그들에게서 최고의 퀄리티를 이끌어내야 합니다.

한쪽에서 불협화음을 내고 있진 않은지, 나아갈 방향을 잡지 못해 우물쭈물하고 있진 않은지를 세심한 관심을 통해 알아채야 하고, 그것을 컨트롤해야 합니다. 그래야 비로소 지휘자의 지휘에 따라 아름답고 조화로운 음악을 연주하는 오케스트라처럼, 건축 또한 건축가의 지휘 아래 작품에 참여한 모두가 만족하고 멋진 결과물을 내놓을 수 있을 것입니다.

한국 근대건축의 거장 故김수근 선생님과 경동교회
건축에 대한 열정 뿐 아니라 타고난 정치성으로 많은 프로젝트를 완성한 김수근

습관을 다스려라

디자이너로
성공하기 위한
『자기경영하기』

Part 2

04 습관을 다스려라

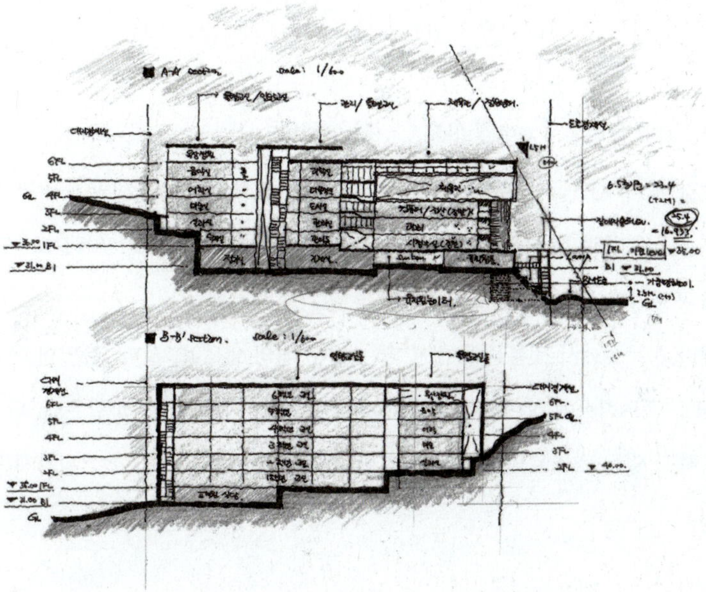

04 습관을 다스려라

【 자기표현하기 [스케치하기] 】

신입사원… 설계 초년차로의 사회생활은 왠지 모를 설렘도, 두려움도 있는 시기일 것입니다.

자신에게 주어진 업무를 해결하기에도 하루가 부족한 것 같고, 입사할 때 스스로 다짐했던 각오와 자신감은 순간순간 밀려드는 긴장감에 무릎을 꿇는 것만 같을 것입니다. 누가 무엇을 잘하는지 지켜보는 듯한 주변의 시선도 왠지 부담스러울 테구요. 주는 눈치에 눈치를 살피면서도 회사에서 나름 인정도 받고 싶을 것입니다. 또한 안 좋은 습관인줄 알면서도 회사 동료들과 비교해가며 부족한 자신의 모습에 스스로를 단정해 버리기도 합니다. 때론 그런 자신의 모습을 자책하면서도 말이죠.

저의 신입시절도 마찬가지였습니다.

군대를 갓 제대하고 금성건축에 입사하게 된 저는 복학해서 대학생활을 마저 하고 들어온 동기들에 비해 툴 다루는 능력이 많이 부족했습니다. 캐드도, 포토샵도, 그 외의 그래픽 프로그램 모두…

이런 제가 사무실에서 윗분들의 눈에 띄는 일은 거의 없었죠. 얼마 안 있어 동기들은 크고 작은 프로젝트에 참여하며 나름대로 자리를 잡아가고 있는 것 같은데, 단순작업만 계속하고 있는 스스로의 모습을 발견한 저는 하루하루 열등감만 키워가게 됐습니다.

어느 순간 이대로는 안되겠다는 생각이 들더군요. 그래서 동기들보다 잘할 수 있는 게 무엇인지 심각하게 고민을 하고난 후, 매일 아침 일찍 출근하여 사무실 청소를 하고 8시 이전에 자리에 앉아 있기를 거의 1년을 했던 것 같습니다. 또한 디지털방식보단 아날로그방식의 작업이 익숙했던 저는 동기들이 툴을 이용해 스스로를 표현하는 시간에 손으로 드로잉한 스케치들을 과감히 벽에 붙여놓기 시작했습니다.

부족한 게 많았던 제가 스스로를 표현하기위해 택했던 이런 행동들이 습관처럼 될 때쯤, 조금씩 윗분들에게 인정도 받기 시작했고 이후 짧은 경력임에도 많은 기회가 주어졌던 것 같습니다.

[2003 군산대학군단 입면계획]

금성건축에서 벽에 붙인 첫 스케치입니다.

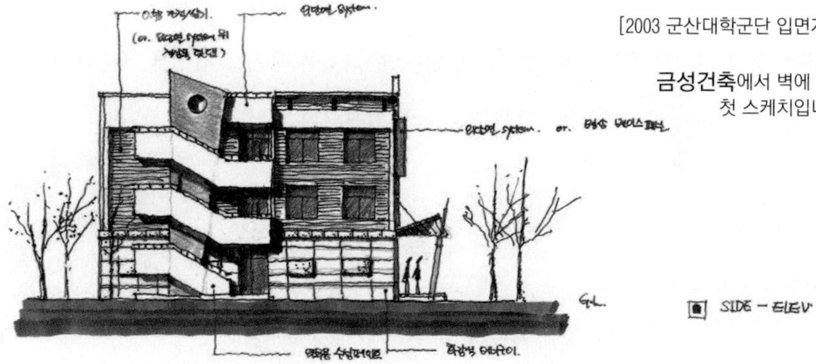

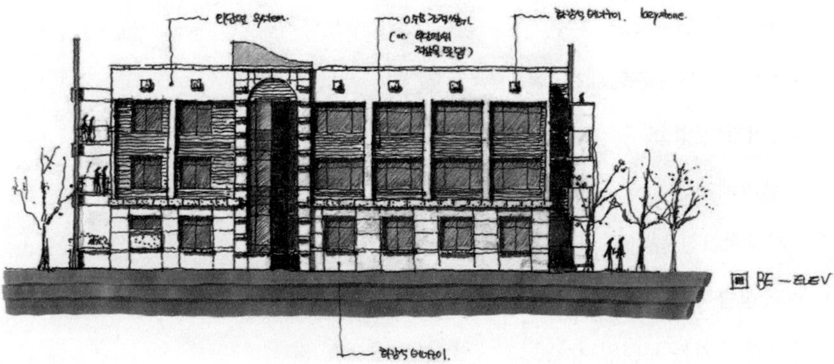

이런 습관은 원양건축으로 이직을 해서도 계속됐습니다. 경쟁설계 프로젝트로 야근 철야를 밥 먹듯이 하는 와중에도 아침에 제일먼저 자리를 지키고 있으려고 노력했고, 누군가는 귀찮게 여길지 모를 규모검토를 하게 될 때도 진중한 고민을 담은 스케치들로 책상 앞 벽면을 가득 채웠습니다. 이직 초반에 존재감이 없던 저는 몸에 베인 이러한 습관들로 얼마 지나지 않아 "저 친구는 스케치하는 친구지~" 라는 인식을 얻게 됐죠. 스케치는 어느덧 제 무기가 되어 있었고, 지금도 이런 저의 습관은 계속되고 있습니다.

주변을 유심히 둘러보십시오. 그리고 자신이 남들보다 조금이라도 더 잘할 수 있는 게 무엇인지를 발견하십시오. 모형을 만드는 일이든, 그림을 그리는 능력이든, 포토샵, 스케치업 등의 툴을 잘 다루든, 아님 팀의 분위기메이커가 되든… 뭐든 상관없습니다. 일단 그중에 하나라도 발견하게 된다면, 그것을 무기로 자신을 표현하며 어느 자리에서건 스스로의 존재감을 느끼는 사람이 되시길 바랍니다.

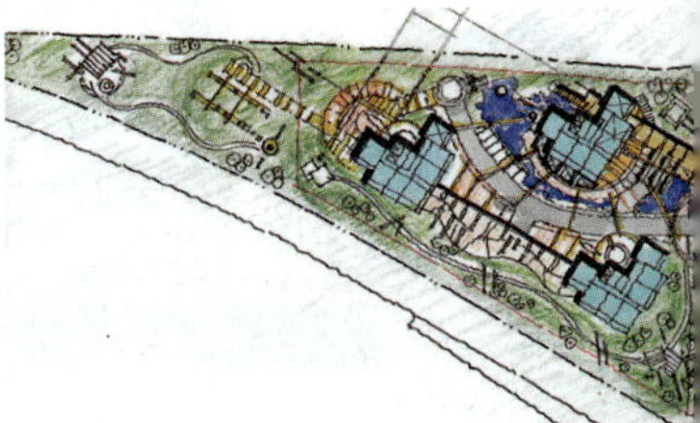

원양건축에서 벽에 붙인
첫 스케치입니다.
ALT한번 잡아보라는 말에 신명나게
하루를 꼬박 투자한 결과물입니다.

[2005 인천용마루 주거환경개선사업]

〈상상력에 엔진을 달아라〉의 저자
임헌우씨의 말이 떠오릅니다.
"삼국지의 관우에게는 적토마가 있었고,
스타워즈의 제다이에게는 강력한 포스의
광선검이 있습니다.
헤르메스에게는 카두세우스라는
지팡이가 있었고,
잭 웰치에게는 사람을 감동시키는
프리젠테이션 능력이 있습니다.
묻고 싶습니다.
당신의 무기는 무엇입니까?"

[2009 광주선운 공공임대아파트]

토문건축에서 벽에 붙인
첫 스케치입니다.
단 3명이 작업했는데도
당선된 프로젝트입니다.

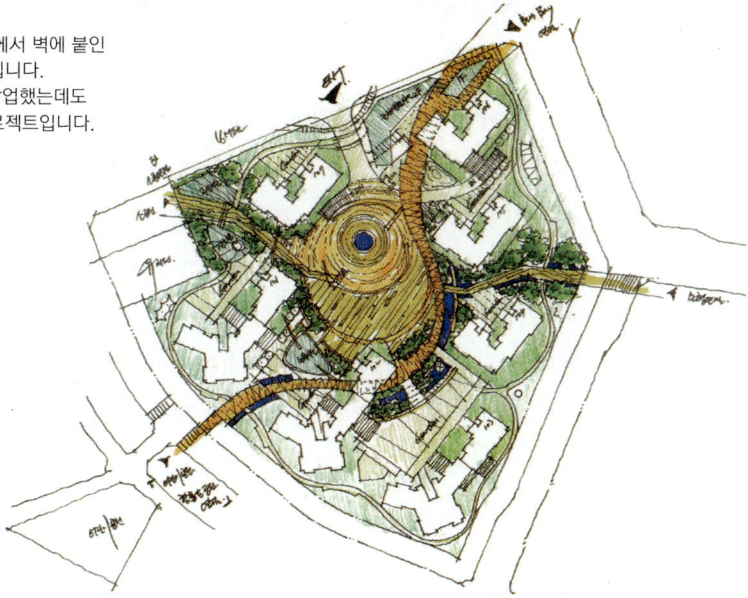

【 자기관리하기 [목표정하기] 】

야근철야가 너무도 익숙한 설계사무실 생활 속에서 우리는 대부분 일에 끌려 다니는 것이 일상이 되곤 합니다. 그런 와중에도 스스로를 관리하며 시간을 쪼개서 꾸준히 자신을 위해 투자하는 사람들을 발견할 때면, 괜시리 부럽기도 하고 난 왜 그렇게 못하는 건지 자책도 하게 됩니다. 그리고는 자신도 무엇인가를 해보겠다는 결심으로 해마다 거창하게 계획을 세워보기도 하고 또 그 계획을 실천하고자 많은 시도들을 하곤 합니다. 하지만 계획대로 되는 일은 별로 없죠. 시작하는 일마다 제대로 마무리하지도 못하고 중간에 포기해 버리거나, 자신은 전혀 의도하지 않은 다른 일을 하고 있는 경우도 한 두 번이 아닐 것입니다.

왜 그러는 걸까요? 무언가 시작은 했는데, 그 끝은 잘 보이지 않는 불편한 진실. 과연 무엇이 문제인걸까요?

치열한 경쟁사회 속에서 살아가는 우리는 조금씩 성급해져 있습니다.

빨리 무엇을 이뤄냈으면 좋겠고, 되도록이면 쉽고 편하게, 한꺼번에 많을 것을 얻고자 하는 욕심에 스스로의 열정을 유지하지 못한 채 이미 지쳐버렸기 때문입니다. 그래서 우린 많은 시작만이 있는 인생을 반복하고 있는지도 모르겠습니다.

사람들은 누구나 자신이 목표한 바를 이루고 성공하기를 원합니다. TV에서 방영되는 수많은 성공 다큐프로그램, 서점에서 흔히 볼 수 있는 성공, 자기계발서에 나오는 성공의 원리는 모두 다 유사합니다.

'뚜렷한 목표를 세우고, 그 목표를 이루기 위해 열정을 바쳐 최선을 다하는 것.' 너무 많이 듣는 얘기라 사실 진부하기도 하죠. 하지만 누구나 아는 이 진부하고 단순한 원리를 실천으로 옮기는 것은 정말 쉽지 않습니다. 하루에도 몇 번씩 포기하고 싶은 마음을 이겨내고 목표를 이루고자 하는 열정을 끝까지 유지하기란 너무나도 힘이 들죠. 그래서 성공하는 사람들을 보면 대부분 우직하게, 스스로의 목표를 위해 열정을 유지해나가는 공통점을 지니고 있습니다.

다만 이 열정을 유지하기위해서는 철저한 자기관리의 지혜가 필요한데, 자신이 잘하고 좋아하는 일을 더 잘할 수 있도록 노력하고, 스스로가 진정 원하는 것을 발견하여 구체적이고 성취 가능한 목표를 가져야 한다는 것입니다. 그리고 무엇보다 그 목표가 향하고 있는 방향성이 중요하죠. 빠르거나 쉽고 편한 길이 아닌, 자신만의 이익과 안락한 삶을 영위하고자 하는 방향이 아닌, 스스로가 해야 한다고 생각되는 진정한 목표의 방향성 말입니다.

2009년 말에 방영된 백지연의 〈피플인사이드-다트머스대학 김용 총장편〉을 보면, "어떤 점이 총장으로 선출될 수 있게 했을까요?"라는 백지연의 질문에 김용 총장은 이런 얘기를 합니다.

김용 다트머스대학 총장
아이비리그의 첫 아시아인 총장인 김용 다트머스대학 총장의 공식 취임사
(연합뉴스 2009.09.23)

"제 인생이 '뭔가가 되려고' 살아온 게 아니라는 점인 것 같습니다. 말하자면 학장이 된다거나 부총장, 총장이 된다거나 하는 식으로 말이죠. 저는 평생 의료혜택을 제공하고 약값을 낮추거나 어려운 사람들을 돕는 일을 해왔는데, 그런 점을 좋아했던 것 같습니다. 어떤 자리를 거쳐 온 사람인가를 찾기보다, 세상에서 어떤 일을 해 온 사람인지를 보기 원했던 것 같습니다."

아시아계 최초로 아이비리그 총장이 된 그는 2006년 미국 타임지가 뽑은 '세계에서 영향력 있는 100인'에 선정되기도 한, 분명 이 시대의 성공한 사람입니다. 이런 그의 성공이 조금 더 가슴에 와 닿는 이유는 총장의 말처럼 뭔가가 되려고 한 삶이 아닌, 그가 평생 해온 일들에 진정한 방향성이 보이기 때문입니다.

김용 총장의 말을 듣고 나니, 학창시절부터 사회생활을 하고 있는 지금 이 순간에도 자의든 타의든 우린 항상 무엇인가가 되려고만 하지 않았는지 생각해보게 됩니다. 정작 스스로가 무엇을 해야 하는지 그 방향성에 대해서는 인색한 채, 어쩌면 자신의 부와 직급, 사회적 명성 등이 높게 더 높게만 올라가기를 바라면서 말이죠.

얼마 전 사내 그룹웨어 게시판에 누군가가 건축가 '구마 겐고'의 철학이 담긴 최선옥 시인의 글을 올린 적이 있었습니다.

낮고, 작고, 느린

사람들은 대부분 높이에 관심이 많다.
그래서 갈수록 고층빌딩을 짓고,
끊임없이 기록을 갱신하고자 한다.

얼마나 더 하늘에 가까이 갔는가 하는 것으로
가치를 평가할 때
낮고, 작고, 느린 건축을 말하는 이가 있다.

21세기 건축은 높이가 아니라고,
하느님 시선으로 내려다보지 말라고 말하는 이.
세계적인 건축가 '구마 겐고'다.

20세기는 '높게, 높게' 짓는 방향으로 갔지만
21세기는 높이 짓는 것은 누구나 가능하기에
높이보다는 지면에 관심을 두어야 한다고 그는 강조한다.

최고, 최대에 유난히 관심이 많은 때
보다 인간적이고, 인간중심적이고,
인간이 걸어가는 시각에서 바라보고
상상의 날개를 펴야한다는 그의 건축이론은 생각해볼만하다.

구마 겐고(Kuma Kengo)
자연스러운 건축-
건국대 강연회 중에서
(2010.10.14)

높이에 관심이 많고 최고, 최대에 유난히 관심이 많은 시대를 살아가는 현대인들은 대부분 성공에 목말라 있습니다.

사람마다 성공과 삶에 대한 정의가 다를 수 있기에 그에 대한 가치판단을 함부로 내릴 수는 없을 것입니다. 하지만 이럴 때일수록 무엇이 되려고 하기보다는 진정 자신이 무엇을 해야 하는지 그 방향성을 발견하고, 스스로를 관리하며 자신만의 인생목표를 찾는 노력이 필요하지 않을까요?

2009년 그해 겨울부터였을 것입니다.

인생의 뚜렷한 방향성 없이 그냥 열심히만 하면 될 거라 생각하며 막연히 무엇이 되기를 바랐던 지난날을 반성하고, 지금 스스로가 가진 능력, 앞으로 키워나갈 능력으로 무엇을 해야 할지를 생각하며 장기적인 인생플랜과 연간목표를 해마다 세우기 시작했습니다.

부끄럽게도 다시 돌아보니 하고자하는 방향 이면에 어떤 자리에 있고, 무엇이 되고자하는 욕심들로 목표를 가득 채우고 있다는 생각이 듭니다. 너무 거창하게 목표를 잡아놔서 성취 가능한 건지 좀 의심이 들기도 하구요. 이뤄낸 것도 있는 반면, 아직 시도조차 하지 못한 것도 많이 있는 것 같습니다. 뭐 괜찮습니다. 목표는 바뀔 수도 있는 것이니, 지금이라도 다시 조금씩 조정해 가야겠습니다.

중요한건… 방향성이니까요.

[Leaf House]

숲속 나뭇잎 형태를 모티브로 디자인한 전원주택. 언젠가 이런 전원주택을 멋있게 짓고 살겠다는 구체적인 목표를 그리며 스케치를 했었습니다.

【 기록하는 습관 갖기 】

"진심이 짓는다."

"사람을 향합니다."

"생활의 중심"

"나이는 숫자에 불과하다."

크리에이티브 디렉터, 박웅현씨가 탄생시킨 광고들

누구나 한번쯤은 들어봤음직한 위의 광고카피들은 많은 사람들의 공감을 받고, 마음을 움직였던 것으로 유명합니다. 사람과 세상에 대한 깊은 관심과 애정이 느껴지는 이 광고를 기획한 사람은 바로 〈인문학으로 광고하다〉의 저자, 박웅현씨 입니다. 그는 각종 매체와의 인터뷰에서 자신의 성공조건으로 '기록하는 습관'을 꼽고 있죠. 일상을 민감하게 관찰하면서, 또 독서를 하면서 끊임없이 기록한 메모들이 그가 아이디어를 얻는 원천이라고 합니다.

그는 특히나 독서를 할 때 많은 양의 메모를 하는데, 메모의 양으로 그 책을 얼마나 좋아하는지 가늠할 수 있을 정도라고 합니다. 스치는 문장 하나, 풍경 하나 허투루 흘려보내지 않고, 차곡차곡 기록하는 그의 습관이 바로 그가 사람들에게 감동과 재미를 주는 광고를 끊임없이 만들 수 있는 힘인 것이죠. 만약 그에게 생각의 데이터베이스인 일상과 독서의 기록이 없었다면, 그동안 그가 만들어왔던 수많은 광고들이 과연 탄생할 수 있었을까요?

광고와 같은 창조적인 작업을 해야 하는 건축 작업도 기록하고 메모하는 습관이 매우 중요합니다. 건축은 사람들의 생활 뿐 아니라 많은 분야와 밀접하게 관계가 있기 때문에 언제, 어디에서, 어떤 아이디어를 얻을 수 있을지 모릅니다. 그래서 건축가들도 순간의 아이디어를 기록한 메모에서 디자인을 시작하는 경우도 적지 않습니다. 건축가 류춘수씨가 설계한 '상암 월드컵 경기장'의 디자인은 프랑스 월드컵을 보러가기 위한 파리행 비행기 안에서 이루어졌다고 합니다. 우연히 기내지를 보던 중, 한국 전통 연에 관한 기사를 발견하고 떠오른 아이디어를 스케치로 기록함으로써 탄생할 수 있었던 작품이죠.

저 또한 부족하지만 기록하는 습관을 위해 나름의 노력을 하고 있습니다. 좀 더 체계적인 기록을 위해서 세 가지 노트를 동시에 이용하는데, 항상 지니고 다니는 일기장과 스케줄러가 결합된 다이어리, 회사에서 사용하는 업무노트, 그리고 여행할 때 늘 손에서 떨어뜨리지 않는 여행노트가 그것입니다. 이처럼 이용하는 방법과 사용시간은 크게 나뉘어져 있지만, 그 내용은 사실 정확하게 구분되어 있진 않습니다. 좋은 생각이 떠오르면, 그 시기에 갖고 있는 노트를 이용하여 흘러가는 기억을 기록으로 붙잡아 두는 것이 유일한 규칙일 뿐입니다. 또한 이 노트와 함께 다양한 메모지를 이용하여 진행 중인 프로젝트의 아이디어를 떠올리기 위해 낙서처럼 끄적이며, 생각을 메모하는데, 이를 통해 새로운 아이디어를 얻기도 하고, 컨셉의 프로세스를 정리하기도 합니다.

2012년 〈송파위례A1-10BL〉프로젝트를 진행할 당시, 전략파트에서 잠시 고민을 할 때에도 여러 가지 아이디어와 회의내용을 바탕으로 컨셉 시나리오를 정리했었습니다. 이것은 그대로 설계 설명서에 반영되었죠. 그때그때 생각을 정리하고, 그것을 기록하려는 노력 덕분이었습니다.

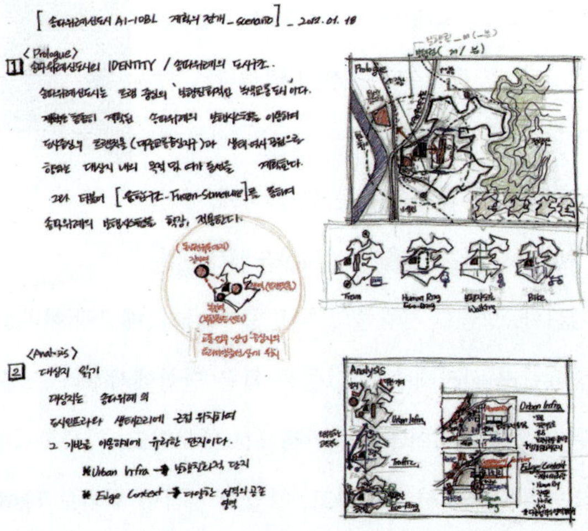

대상지의 현황에 집중하여
프로젝트의 컨셉을
정리해나갔던 기록입니다.
개인적인 아이디어와 함께
회의를 통해 나왔던
여러 사람들의 의견이
반영되었습니다.

[송파위례 A1-10BL] 프롤로그

생각이나 아이디어는 대부분의 경우, 특별할 것 없는 일상에서 불현 듯 찾아옵니다. 이동하는 시간이나 혼자 멍하게 있는 순간에 머릿속에 불이 켜지듯 번뜩이거나, 생각의 가지가 자연스럽게 이어져서 어떠한 결론에 도달하기도 하죠. 길을 걷다가, 또 버스를 타고 가다가 회사에서 현재 진행하고 있는 프로젝트와 관련해서 좋은 생각이 떠오르기도 하고, 책을 읽다가 마음을 움직이는 구절이 있으면, 오랫동안 기억하고 싶어지기도 합니다. 그러나 대부분은 '나중에 적어놔야지…'하면서 무심코 흘려보내고 맙니다.

회의시간도 마찬가지죠. 자유롭게 오고가는 의견 중에는 좋은 생각인데도 사람들이 그냥 지나치는 것들이 참 많습니다. 회의내용을 잘 기록해두면, 나중에 살펴봤을 때 마치 매직아이처럼 중요한 내용들과 아이디어들이 떠오를 때가 많죠. 그런데도 회의록은 막내의 임무라고 생각하고, 다른 사람의 의견을 적지 않는 사람들이 많다는 것이 참 안타깝기만 합니다.

[다이어리와 여행노트]
10년 이상을 모아온 일상의 각종 기록들

순간의 아이디어든, 의견이든, 분석이든, 회의내용이든 중요한 것은 '기록'입니다. 기록을 해야 추억할 수 있고, 써먹을 수 있고, 오래도록 기억할 수 있는 것입니다. 그 순간을 기록해서 이용하느냐, 아니면 흘려보내느냐는 우리의 선택에 달려있습니다. 흘러가는 생각 속에 어떤 기회가 숨겨져 있을지는 아무도 모를 일입니다. 성공한 사람들의 특징 중 하나가 '메모광'이라는 것은 기록하는 습관이 얼마나 중요한지 시사해주죠. 그들은 짧은 단상에서부터 스케줄, 업무와 직간접적으로 관련된 많은 아이디어들을 습관적으로 메모하고, 기록합니다. 순간의 기록은 한 기업의 경영방침을 결정하기도 하고, 창업의 시작이 되기도 하며, 세상을 변화시키는 발명품의 밑바탕이 되기도 합니다. 지금도 우리가 무심코 흘려보내는 생각의 파편들이 어쩌면 우리의 인생 뿐 아니라 시대를 변화시킬 수 있는 강력한 힘을 가지고 있을지도 모르는 일입니다.

당장에 큰 도움이 되지 않더라도 꾸준히 무언가를 기록하면, 계획과 생각의 바탕을 이루고, 그 자체만으로도 큰 의미가 될 수 있다고 생각합니다. 어떤 기록이든, 시작하면 됩니다. 그리고 그것을 습관화하면, 분명 언젠가는 도움을 받을 날이 반드시 올 것입니다.

결국 남는 것은 '기억'이 아닌 '기록'이죠. 잠시 가던 길을 멈추고, 메모하는 사람만이 그 순간을, 아이디어를, 그리고 기회를 잡을 수 있다는 것을 잊지 마시기 바랍니다.

지나고 나면 모든 기록들은
보물이 됩니다.
가끔 지난 일기를 펴보면,
그때의 감성이 기억납니다.

[일상의 기록]

2012년 2월의 다이어리

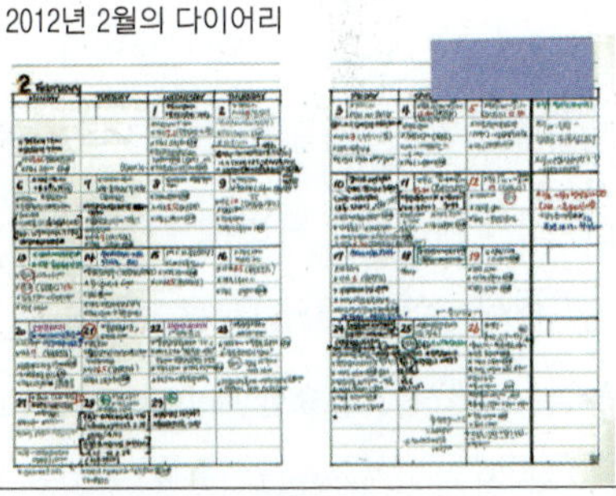

2009년, 어느 날의 회의를 기록한 업무노트

2007년 12월, 파리여행에서의 기록

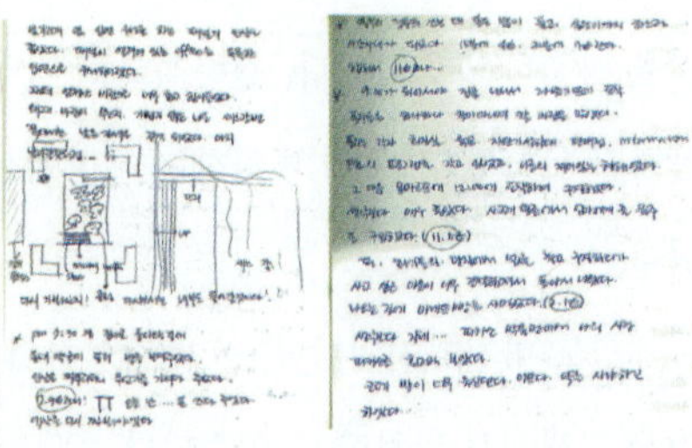

【 데이터 관리하기 】

설계사무소를 다니다보면 주체할 수 없을 정도의 많은 데이터들이 쏟아져서, 그것들이 컴퓨터 하드 속에 뒤엉키기도 하고 업무책상을 정신없게 만들기도 합니다. 개개인의 작업물에서부터 프로젝트의 결과물까지 어느 기업 못지않게 엄청난 양의 데이터를 수집하고, 또 생산하는 설계사무소에서는 자칫 방심하면 데이터들이 없느니만 못한 천덕꾸러기로 전락해버리기 일쑤죠.

누가 더 많은 데이터를 보유하고 있느냐가 개인의 능력이자 힘이 되지만, 단순히 많기만 해서는 쓸모 있는 데이터가 될 수 없습니다. '구슬이 서 말이라도 꿰어야 보배'라고 했죠. 보배를 만들기 위해 필요한 구슬을 그때그때 찾을 수 있도록 관리하는 것이 무엇보다 중요합니다. 언제, 어느 때에, 어떤 데이터가 필요할지 모르기 때문에 평소에 데이터 관리를 습관화, 생활화해야 합니다.

2012년 9월, KBS1 TV의 〈창〉에서 방영된 '빅데이터, 비즈니스를 바꾸다'에서는 생활의 모든 것이 데이터가 되는 현대기업의 비즈니스에 대해 말하고 있습니다. 대부분의 기업에서는 데이터가 필요할 때에만 조사하고 그 다음엔 쉽게 버려진다는 것을 꼬집으면서, 아마존과 같은 기업은 어떠한 데이터도 함부로 버리지 않고 비즈니스에 이용한다는 것을 강조하고 있습니다. 결론적으로 기업에서 데이터를 제대로 관리하지 못하고, 활용하지 못하면, 빠르게 변화하는 세상에서 도태될 수밖에 없는 현실을 경고하고 있습니다.

〈창〉 '빅데이터, 비즈니스를 바꾸다'
데이터분석 실패로 수요자의 요구를 읽지 못해
시장에서 도태된, 노키아

개인도 마찬가지입니다. 현재 작업하고 있는 것에 대한 데이터 관리를 소홀히 하면, 결국 경쟁에서 뒤쳐질 수 있습니다.

2009, 원주혁신 _데크 시스템

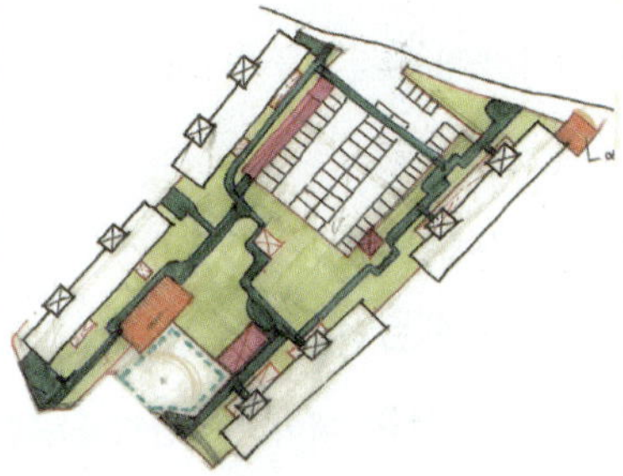

2012, 과천지식정보타운 _단위세대

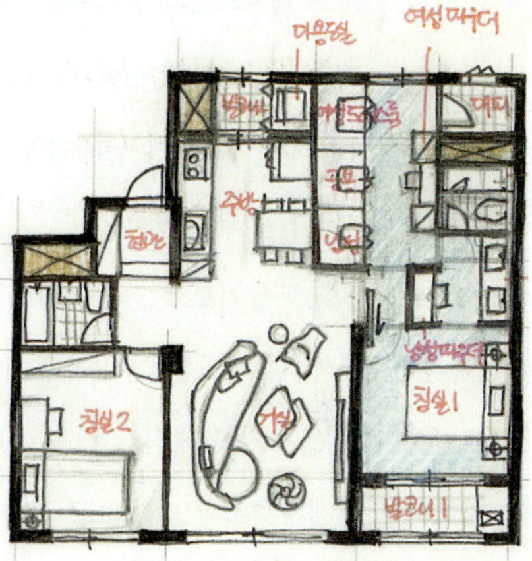

[작업물의 데이터화]

스케치와 같은 작업들은 스캔 후 정리하면, 더욱 쉽게 꺼내볼 수 있는 장점이 있습니다.

수집한 데이터와 작업물을 정리와 분류를 통해 관리하면, 언젠가 그 데이터가 다시 필요할 때, 자료수집에 있어서 그만큼의 수고를 덜 수 있고, 그것이 결국 자신의 경쟁력이 되기도 하죠. 또한 업무와 관련된 데이터를 얼마나 잘 수집하고, 관리하느냐는 회사생활에서 중요한 업무능력 중 하나이기도 합니다.

설계사무실에서의 결과물은 거의 대부분이 공동작업에 의한 것이지만, 기본적으로 개인의 작업이 베이스가 되어서 만들어집니다. 그때 나오는 작업물을 프로젝트가 끝났다고 해서 바로 휴지통으로 버리지 말고, 스캔해서 저장해 놓거나 파일철을 해서 정리하면, 훗날의 작업에도 도움이 될 뿐 아니라 자신의 경력관리에도 유용하게 쓰입니다.

평소, 데이터 정리에 소홀한 사람들은 정작 필요할 때 후회하고, 난감해하곤 하죠. 건축학과를 졸업할 때 필요한 포트폴리오를 만들 당시를 떠올리면, 쉽게 수긍할 수 있을 겁니다. 그때도 데이터 관리에 열심이었던 친구들은 비교적 수월하게 포트폴리오 작업을 했던 반면, 그렇지 못한 친구들은 처음부터 다시 계획해야 하는 프로젝트도 있어서 매우 힘들어 했었죠.

대학에 막 입학했을 무렵, 선배 한 명이 술자리에서 한탄 섞인 목소리로 "작업물에 대한 데이터 관리를 잘 해둬라."는 조언을 해 준 적이 있습니다. 자신은 졸업반이어서 포트폴리오를 만들어야 하는데, 저학년 때 작업했던 것들을 제대로 모아두지 않아 난감하다는 것이었습니다. 저는 그 선배의 말을 잘 새겨서 작은 작업물이라도 스캔을 해 놓고, 잘 정리해 두기 시작했습니다.

졸업반이 되어 포트폴리오를 만들어야 할 때, 작업물에 대한 데이터 관리에 소홀했던 다른 친구들은 예전 과제를 다시 작업해야 했지만, 저는 그런 수고를 다시 하지 않아도 되었습니다. 초창기 선배의 조언을 흘려듣지 않은 덕분에, 데이터를 관리하는 습관은 다행히도 설계사무소에 입사하고 지금까지 이어지고 있습니다.

필요할 때 아쉽지 않기 위해서, 또 나만의 경쟁력을 만들기 위해서 효율적인 데이터 관리가 필요한 것입니다. 이때 어떤 데이터가 유용할지, 또 어떻게 수집하고 관리해야 하는지의 구체적은 방법은 각자가 정하는 것이 좋습니다. 데이터 관리도 성격에 따라 매우 달라질 수 있기 때문이죠.

참여했던 프로젝트와 계획했던 분야는 컬러폴더와 ★표시

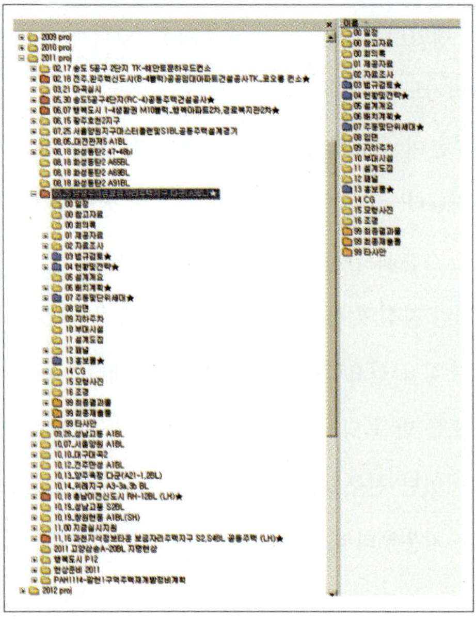

누군가의 책상은 매우 복잡하고 지저분하지만, 자신이 정해놓은 물건의 위치가 정해져 있어서 자리의 주인은 귀신같이 필요한 것을 찾아내고, 아무런 불편함 없이 생활하는 것을 종종 볼 수 있습니다. 이것은 자신만의 시스템을 구축해 놓아서 가능한 것입니다. 마찬가지로 데이터도 자신만의 분류시스템을 만들어서 관리하면, 그만큼 접근성이 높아지고, 필요한 데이터를 찾아 이용하는 것이 더욱 쉬워질 수 있습니다.

저의 경우는 크게 연도별 프로젝트와 참고자료별로 분류를 합니다. 그리고 참여했던 프로젝트와 직접 계획했던 분야의 폴더엔 별표(★)로 표시해서 그 안엔 저의 작업물까지 정리되어 있다는 것을 인식할 수 있게 합니다.

이것은 어디까지나 저의 방법일 뿐, 자신에게 가장 효율적인 시스템을 찾으면 데이터 관리의 첫걸음은 시작한 것입니다.

중요한 것은 데이터를 관리하는 방법이 아닌, 데이터를 관리하려는 의지입니다. 기회는 준비된 자에게만 모습을 드러낸다고 하죠. 또 준비되지 않았을 때의 기회는 오히려 재앙이라는 말도 있습니다. 데이터 관리도 하나의 준비입니다. 언젠가는 분명히 유용하게 쓰일 데이터를 미리미리 관리해서 기회가 내 옆을 그냥 스쳐지나가지 않게 해야겠습니다.

【 엉뚱한 상상하기 】

아무것도 없는 상태에서 아이디어가 불쑥 떠오르기는 참 힘듭니다. 그래서 우리는 아이디어를 떠올리기 위해 다양한 시도를 하곤 하죠. 관련 책이나 이전 작품들을 보기도 하고, 주변의 상황이나 물건들과 프로젝트의 연결고리를 찾아보기도 합니다. 사실, 아이디어를 짜내려고 하면 할수록 머리가 굳어져서 있던 아이디어도 쏙 들어가 버릴 것만 같지만, 힘을 빼고 좀 더 가벼운 마음으로 엉뚱한 상상을 하면, 의외로 좋은 아이디어 소스들을 발견할 수 있습니다.

영화, TV, 잡지를 보거나 길을 가다가 혹은 지하철 안에서 광고판을 보고 프로젝트와 연결해보는 엉뚱한 상상은 일종의 메타포밍으로, 창의적인 발상의 방법 중 하나입니다. 특히나 우리 주변의 사소한 것들도 얼마든지 아이디어의 출발점이 될 수 있죠. 작가나 만화가처럼 스토리텔링을 하는 사람들의 경우엔, 더더욱 주변에서 아이디어를 얻는 경우가 많습니다.

두터운 팬층을 가진 웹툰의 천재 강풀이 인터뷰에서 밝혔듯이, 그의 작품의 가장 큰 장점은 재기발랄한 상상력에 있습니다. 엉뚱한 상상이 현실 속 소재와 결합되는 순간, 사람들의 호기심을 자극하는 흥미로운 스토리가 탄생하는 것이죠.

평소 공상이 취미인 그는 생활 속에서 아이디어를 얻는다. 그의 작품 4편 모두 **엉뚱한 상상과 현실 속 소재가 버무려져 탄생한 것**이다.

"'순정만화'는 3년 전 제 또래의 남자 주인공과 인근에 여고가 많아 여고생을 떠올려 매치시켰어요. '아파트'는 조망권이 걸려 1년간 짓다 만 맞은편 불 꺼진 아파트를 바라보다 착안했고요. '바보'는 실제 풍납동에서 살던 바보 형을 떠올렸을 뿐이에요."

–만화가 강풀 인터뷰, 경향신문 2006.01.19

영화화된 강풀의 웹툰, 〈순정만화〉

우리주변에서도 만화가 강풀처럼 다른 사람들에 비해 호기심이 많고, 엉뚱한 상상을 하는 사람들을 종종 볼 수 있습니다. 이런 사람들의 경우, 관찰력이 뛰어나고, 매사에 창의적이며, 재미있는 발상으로 주위사람들을 깜짝 놀라게 하죠.

그러고 보면, 창의적인 사람들의 특징은 분명히 있습니다. 그 특징은 어느 정도 타고나야 하는 것이겠죠. 하지만 창의성이 타고나야만 가능한 것은 아닙니다. 창의적인 발상을 하기 위한 사고의 방법을 익히고, 습관화하면, 누구나 창의성을 발휘할 수 있습니다. 창의성을 위한 가장 기본적인 자세는 세상과 사람에 대한 '관심'과 '관찰'입니다. 상상의 나래를 펼치는 것도, 또 새로운 아이디어를 생각해내는 것도 모두 처음엔 어떤 것에 대한 작은 관심에서 시작하는 것이니까요.

일상에 대한 관심과 관찰을 바탕으로 한 엉뚱한 상상은 개그맨들을 따라 갈 수 없죠. 요즈음 최고의 인기를 구가하고 있는 〈개그콘서트〉를 보면, 개그맨들의 상상력과 창의력에 혀를 내두를 때가 많습니다. 그들의 엄청난 노력이 그대로 느껴지죠. 매순간 사람들을 관찰하고, 역발상해서 그것을 어떻게 개그로 탈바꿈시킬까하는 고민들이 많은 사람들이 공감하고 좋아할 수 있는 힘일 것입니다.

패션 스타일에 대한 소재로 재미를 준
개콘의 〈패션 넘버5〉

프로젝트를 시작할 때, 컨셉을 정하는 단계에서는 머릿속에 항상 프로젝트에 대한 생각이 가득합니다. 그러다 보면 자연스레 눈에 띄는 것들과 프로젝트를 연결해보는 엉뚱한 시도를 하게 되는데, 그 중에 개콘에서 힌트를 얻어 진행했던 프로젝트도 있습니다. 2012년의 시작을 함께 한 [송파위례A1-10BL]의 컨셉이 그것입니다. 배치안 컨셉 중 하나가 '3Style'이었는데, 이것은 당시 개콘 코너중 하나인 〈패션 no.5〉를 보고 떠오른 아이디어였죠. 〈패션 no.5〉는 개그우먼들이 패션의 난해함을 웃음으로 풍자한 개그로, '스따~일'이란 유행어를 낳기도 했었습니다. '남들과 똑같이 입을 순 없다'는 일념하에 세 명의 여자가 각자의 스타일을 기상천외하게 보여주는 것을 보며, '각각의 개성있는 스타일을 계획안에 접목해 본다면…?'이란 생각을 자연스럽게 된 것입니다.

단일 블록인 것에 비해 2,500세대가 넘는 대규모 단지였던 프로젝트의 특성상, 비록 필지는 하나이지만 여러 마을로 계획을 세분화해야 한다는 기본적인 생각과 함께 '3Style' 컨셉이 발전할 수 있었습니다. 대상지가 접하고 있는 도시적 컨텍스트도 다양해서 영역별로 특성있는 마을을 계획하고, 그 마을들을 커뮤니티로 엮어주자는 아이디어로 이어졌죠. 또 마을의 특성에 패션용어를 대입하여 이름을 정하기로 했습니다. 이렇게 해서 Unique style(커뮤니티), Glitter style(경관), Natural style(자연)의 '세 가지 특색있는 마을 -3Styling'을 개념으로 배치안이 완성되었습니다.

웃고, 즐기며 흘려보낼 수 있는 개그프로를 보면서도 프로젝트에 대한 생각의 끈을 놓지 않음으로써, 대상지의 현황에 대입 가능한 소스를 찾아내고, 그것을 컨셉으로 발전시키기 위해 노력했던 재미있는 작업으로 기억에 남습니다. 별거 아닌 상상도, 또 한없이 가벼울 것만 같은 생각도 어떻게 발전시키느냐에 따라서 보물이 될 수도 있다는 것을 알게 해줬던 프로젝트였죠.

유치할 수도 있고, 논리적으로 딱딱 맞아 떨어지지 않을 수도 있습니다. 그러나 디자인이 수학문제가 아닌 이상, 어차피 자의적일 수밖에 없는 한계를 가졌다는 것을 인정한다면, 좀 더 즐겁게 아이디어를 생각할 수 있을 것입니다.

"그대 눈에 비치는 것이 순간마다 새롭기를.
창의력이 있는 사람이란 모든 것에 경탄하는 자이다."
-앙드레 지드 〈지상의 양식〉에서-

니코스카잔차키스의 〈그리스인 조르바〉에서, 50세의 조르바는 마치 어린아이처럼 모든 일을 새롭고, 깜짝 놀랄 기적으로 받아들입니다. 덕분에 그는 엉뚱한 상상과 함께 세상의 즐거운 일이 많다고 생각하죠. 하지만 현실에서는 나이를 먹을수록 조르바처럼 되기는 힘듭니다. 어른이 되면, 신기할 것도 새로울 것도 없죠. 자연히 어린아이처럼 놀랄 일이 많이 줄어들게 됩니다. 어쩌면 세상 모든 일이 새롭고 놀랍기 때문에 어린아이들의 상상력이 기발한 것인지도 모릅니다. 앙드레 지드의 말처럼, 모든 것을 호기심어린 눈으로 관찰하는 습관과 함께 그것을 재료삼아 새로운 상상으로 뻗어나가는 연습을 하다보면, 좀 더 경쟁력 있고, 참신한 아이디어들을 떠올릴 수 있지 않을까요?

어린아이와 같은 호기심으로
세상에 관심을 가지고 관찰해 보세요.
또 놀라워하세요.
그리고 엉뚱한 상상으로 연결하세요.

타고나지 않아도,
우리가 충분히
창의적인 사람이 될 수 있는 길입니다.

【 긍정적으로 생각하기 】

말하는 대로~ 말하는 대로~
될 수 있단 걸 눈으로 본 순간,
믿어보기로 했지.
마음먹은 대로 생각한 대로
할 수 있단 걸 알게 된 순간,
고갤 끄떡였지.

–처진 달팽이 '말하는 대로'

처진 달팽이의 '말하는 대로'는 2011년 여름, 〈무한도전〉에서 진행한 '서해안 고속도로 가요제'에서 유재석과 이적이 함께 만들었던 노래입니다. 성공의 기쁨보다는 좌절의 순간이 더 많은 현실에서 많은 사람들이 이 노래를 듣고 힘을 얻었을 거라 생각합니다. 저 또한 이 노래를 한동안 즐겨 들었습니다. 생각한대로 인생을 변화시킬 수 있다는 믿음이 지금의 국민MC 유재석을 있게 한 힘이라는 것에서 생각의 중요성, 특히 긍정적으로 생각하는 것이 얼마나 중요한지를 말해주고 있죠.

노래가사 말처럼, 생각의 힘은 우리 인생도 변화시킬 수 있습니다. 어떻게 생각하느냐에 따라서 절망과 희망을 넘나들고, 결과적으로도 큰 차이를 만듭니다. 이 때 부정적인 생각보다는 긍정적인 생각이 더 좋은 결과로 이어진다는 것은 누구나 알고 있을 것입니다. 상황을 부정적으로 보는 사람보다는 긍정적으로 보는 사람이 성공할 확률도 높습니다. 부정적인 사람은 성공하려는 시도조차 하지 않고 포기하려하지만, 긍정적인 사람은 부정적일 수밖에 없는 위기 상황에서도 기회를 찾아내려 애쓰기 때문입니다.

차동엽 신부님의 〈무지개 원리〉에는 마음먹기에 따라 인생이 얼마나 변할 수 있는지를 보여주는 일화가 나옵니다.

「2차 대전 중에 델마 톰슨이라는 부인은 남편을 따라 캘리포니아 주 모하비(Mojave)

사막에 있는 육군 훈련소로 오게 되었다. 그녀는 남편이 훈련에 나가면 통나무집에 달랑 혼자 남았다. 그곳은 섭씨 46도를 오르내리는 지독한 무더위에, 바람에 날리는 모래가 음식에 섞이기 일쑤였다. 주변 사람들이라고는 멕시코인과 인디언뿐 영어가 전혀 통하지 않았다.

그녀의 마음은 상심 그 자체였다. 그녀는 이곳에서 '도저히 살 수 없다'며, '차라리 형무소가 낫겠다'고 친정아버지께 편지를 써 보냈다.

그러나 친정아버지의 답장엔 다음과 같이 달랑 두 줄만 적혀 있었다.

"감옥 문창살 사이로 내다보는 두 사람, 하나는 흙탕을 보고 하나는 별을 본다."

이 편지에 톰슨 부인은 충격을 받았다. 그리고 이 두 줄의 글이 그녀의 인생을 바꾸어 놓았다. 그녀는 곧 그곳의 낯선 이웃들과 친구가 됨은 물론 대자연을 깊이 관찰·연구한 끝에 〈빛나는 성벽〉이라는 책을 출판하기까지 했다. 생각을 바꿈으로써 불행의 포로에서 일약 베스트셀러 작가로 변신할 수 있었던 것이다.」

델마 톰슨의 경우처럼 모든 것은 선택의 문제입니다. 내가 어떻게 생각해서 행동하느냐에 따라 결과는 크게 달라지죠.

다른 모든 일에 그러하듯, 경쟁설계에서도 이러한 긍정적인 생각이 중요하게 작용합니다. 될 수 있다는 믿음으로 팀원 모두가 힘을 합쳐 위기를 헤쳐 나간다면, 그만큼 승리도 가까워질 수 있습니다. 우리보다 전력이 높다는 사실에 처음부터 불가능한 경쟁이라고 단정 짓고, 한걸음 물러서서 프로젝트에 임한다면, 싸우지 않느니만 못합니다. 일단 프로젝트를 시작하면, 팀원 모두가 당선을 목표로 달리고, 당선의 확신을 함께 가져야 승산이 있습니다. 물론 그러기 위해선 후회가 없을 정도로 최선을 다해야겠죠.

경쟁설계를 하다보면 최선을 다했지만, 내부적으로 평가가 부정적일 때가 있습니다. 하지만 설사 우리 계획안에 치명적인 단점이 있다 하더라도, 결과발표가 나기 전까지는 단점을 떠벌릴 것이 아니라 장점에 대한 자신감으로 당선에 대한 긍정적인 마인드를 가져야 결과에 좋은 영향을 줄 수 있다고 생각합니다.

그렇다고 무조건적인 긍정은 경계해야겠죠. 상황에 대한 정확한 파악과 분석 없이, 그리고 노력 없이 막연히 잘될 거란 생각은 오히려 상황을 악화시킬 뿐입니다.

지금지구 현상설계 제출 후의 일이었습니다. 주동과 주동이 붙어있는 면이 짧아 일명 '모가지 주동'이라고 불렸던 주거동이 공격의 대상이 되고 있을 때에도, 우리 팀은 모두 낙선에 대한 생각은 하지 않았습니다. 그보단 우리 계획안의 장점을 부각시키기 위해 노력했죠. 최선을 다했고, 계획안에 대한 확신도 있었기 때문에 상황을 긍정적으로 볼 수 있었습니다. 결국 윗분들의 부정적인 견해에도 불구하고, 당선이라는 값진 결과를 얻을 수 있었습니다.

지금지구처럼 경쟁설계에서 당선된다면, 더할 나위 없이 좋지만, 설사 당선되지 못하더라도 좌절할 필요는 없습니다. 수많은 성공 뒤엔 곱절보다 많은 실패가 숨어있기 때문입니다. 그 실패는 분명, 성공으로 가는 좋은 밑거름이 되어줄 것입니다.

결국, 열정과 노력을 바탕으로 한 긍정적인 생각이 더 큰 기회를 줄 수 있다는 것을 명심해야 합니다. 긍정적인 생각으로 '나는 할 수 있다.'는 자기 확신을 갖고, 노력하는 자세가 중요하죠. 당장은 실패하더라도 긍정적인 생각과 그 생각을 따를 수 있는 열정이 있다면, 언젠가는 잘 될 것입니다.

새뮤얼 스마일즈의 〈자조론〉에 있는 글귀처럼 말입니다.

생각을 바꾸면 행동이 바뀌고,

행동을 바꾸면 습관이 바뀌고,

습관을 바꾸면 삶이 바뀌고,

삶을 바꾸면 운명이 바뀐다.

-새뮤얼 스마일즈 (Samuel Smiles)

치열하게 도전하라

디자이너로
성공하기 위한
『자기경영하기』

Part 2

05 치열하게 도전하라

05 치열하게 도전하라

【 계획능력 갖추기 [창의력과 스피드] 】

"빠름, 빠름, 빠름, 엘티이 워프 올레(LTE WARP olleh)~!"

유행가처럼 흥얼거리게 되는 버스커버스커가 부른 KT olleh CF광고입니다. 올레(olleh)는 광고 속에서 경쟁사보다 빠른 LTE WARP의 이미지를 전달하기 위해 두 가지 창의적인 방법을 활용합니다. CF의 원곡은 전 세계적으로 잘 알려진 에디트 피아프의 샹송 '빠담빠담(두근두근)'의 후렴구인데, 이번 CF를 위해 리메이크 했다고 합니다. 이 중독성 있는 멜로디에 '빠름'을 가사로 활용한 것이죠. 또한 버스커버스커의 장범준씨가 직접 그린 익살스런 그림들을 번지는 효과를 응용하여 LTE WARP의 빠른 스피드가 연상될 수 있도록 한 것입니다. 창의적인 아이디어로 빠름을 정말 효과적으로 보여주는 광고인 듯합니다. 빠르다는 것에 매력을 느끼는 문화 때문인지, 최근 CF광고를 보면 이렇듯 스피드를 내세우는 기업들의 제품 광고가 유난히 많아지는 것 같다는 생각이 듭니다.

LTE WARP olleh CF광고

빨리빨리 문화에 익숙한 소비자들에게
제품의 스피드를 어필하는 KT광고

얼마 전 윤종용 삼성전자 전 부회장(現 국가지식재산위원회 위원장)은 경희대 평화의 전당에서 열린 '뉴스타트 2012 토크콘서트'에서 삼성의 성공비결을 다음과 같이 얘기한바 있습니다.

"삼성이 1등을 할 수 있었던 것은 '디지털시대'가 왔기 때문에 가능했다. 그렇지 않았다면 여전히 소니보다 뒤처져 있었을 것이다…

아날로그시대의 경쟁력은 경험과 기술축적이었으나 디지털시대의 경쟁력은 우수한 두뇌, 창의력, 스피드다." (파이낸셜뉴스 2012.05.20)

그는 디지털시대에 대처하기 위해서는 무엇보다 '창의력'과 '스피드'로 급변하는 시대 변화를 리드해나가야 한다고 강조하고 있습니다.

'Work hard가 아닌 Work smart가 필요한 시대'라는 말을 들어보셨을 겁니다. 단순히 맡겨진 업무를 성실하게 '열심히 하는 것'이 'Work hard'라면, 창의력과 스피드를 갖추어 '잘하는 것'이 'Work smart'일 것입니다. 이 말은 건축 설계사무실에서 꼭 기억해 둬야할 말인 듯합니다. 항상 창의적인 사고를 해야 하고 빠른 시간 안에 높은 수준의 성과물을 만들어 내야하는 계획업무를 담당하는 사람들에게는 두말할 나위 없겠죠.

개인마다 약간의 차이가 있을 테지만, 보통 설계사무실 생활을 1, 2년 정도 하다보면 조금은 빠르거나 혹은 천천히 하나둘씩 계획업무를 맡게 될 것입니다. 계획업무라는 것은 수주와도 연관이 있으므로 건축주를 감동시켜야하는 창의적인 사고를 필요로 하며, 업무를 진행함에 있어서는 추후에 문제의 소지가 없어야하는 정확성을 요구합니다. 또한 계획안을 여기저기 검토시키는 상황에서 속도에 뒤쳐져서도 안 됩니다. 빨라야 하죠. 말 그대로 계획업무는 'Work smart'해야 합니다. 그래서 평소에 앞서 언급한 데이터 관리에도 관심을 가져야하고, 또 모은 데이터들을 적기적소에 잘 활용할 줄도 알아야 하는 것입니다. 관계법령도 평상시에 관심을 가지고 있어야죠. 그래야 필요할 때 빠르게 찾아서 계획에 반영할 수 있습니다. 시설 별로, 지역 별로, 규모별로… 법을 외우는 개념이 아니라 그때그때마다 적용해야할 법규들을 평상시 어느 법을 어디서 찾아야하는지 정도는 알고 있어야 한다는 것입니다.

보통 현상설계와 같은 계획업무는 한 달 안팎의 정해진 기간 안에 성과물을 완성시키게 됩니다. 그러나 규모검토(기획설계라고도 하죠.)나 갑자기 의뢰받은 계획업무는 시간이 그리 많이 주어지지 않습니다. 길어야 일이주일. 일주일도 채 안 되는 경우도 많죠. 한참 규모검토 건이 많을 때는 하루에도 두세 건씩 처리한 적도 있으니 말입니다. 이럴 때 계획안의 정확성만큼이나 필요한 게 스피드입니다. 계획안을 디테일하게 퀄러티를 높이는데 치중한 나머지 필요한 시간에 제대로 마무리가 안 된다면, 그 또한 큰 낭패일 테니 말입니다. 그래서 적정수준 이상의 퀄러티를 유지하면서도 얼마나 빨리 성과물을 만들어내느냐가 중요한 것입니다.

금성건축에서 일주일도 채 안 되는 시간동안 소규모의 일반건축 계획안을 수행한 적이 있습니다. 월요일에 일을 받아 수요일에 건축주랑 협의하는 계획안이었습니다. 제게 주워진 팀원은 한명. 둘이서 어떤 결과물로 어떻게 프리젠테이션을 할지도 정해야 했습니다.

평소에 자료 모으기가 취미인 저는 그동안 모아놓았던 자료 중에 비슷한 규모의 비슷한 시설들을 빠르게 찾은 후, 스페이스 프로그램, 동선관계, 적용해야할 법규 등 기본적인 사항들을 숙지하고는 그 자료들을 참고로 바로 계획을 시작했습니다.

'신림교회 수양관 및 오방 최흥종 목사 역사전시관'을 계획해야하는 부지는 광주 동구 운림동의 깊은 산자락에 위치하고 있었습니다. 건축주는 400㎡정도 되는 이 부지에 신림교회의 영성훈련원과 기도원, 그리고 오방 최흥종 목사의 역사를 전시할 수 있는 전시관시설을 계획하기를 원했습니다. 계획안을 캐드화하여 도면을 완성시키기에는 시간이 많이 모자랄 것 같아서, 전 건축주가 그림을 좋아한다는 성향을 활용하여 수작업 느낌이 물신 풍기는 그림 같은 판넬을 하나 만들기로 했습니다. 그래서 모든 도면을 수작업으로 표현하고 포토샵으로 약간의 효과를 주어 판넬을 완성시키게 됐죠. 물론 이해를 돕기 위한 매스모형도 만들고 말이죠.

당시 이 계획안은 건축주의 흡족한 반응이 있었습니다. 비록 지금은 그 프로젝트의 진행여부에 대해서 알 길이 없습니다만…

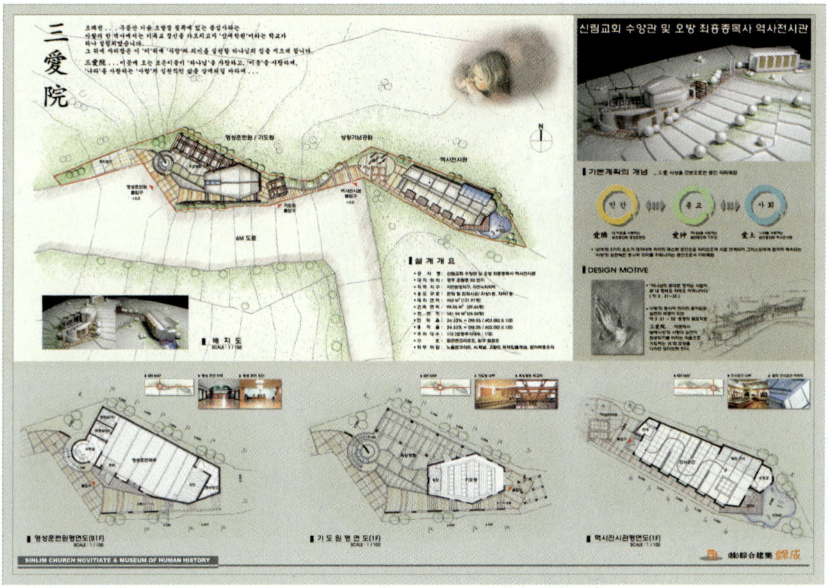

[2005 광주동구운림동 신림교회수양관]

SWY건축에서는 처음으로 지상철 전철역사 디자인을 하게 됐습니다. 이 또한 짧은 시간동안 빠르게 계획해서 발주처를 설득해야하는 상황이었죠. 타 회사에도 계획안을 의뢰했다는 정보를 얻은 우리는 프로젝트 수주를 위해 뭔가 강력한 디자인이 하나 필요했습니다.

역사가 위치할 경기도 시흥시 신현동은 청자 백자의 요지이면서, 산의 모습이 학이 머리를 조아리고 있는 형상으로 학의 눈썹처럼 생겼다 해서 지어진 학미산으로 유명했습니다. 우리는 이것에 디자인 포커스를 맞춰서, 학의 고귀한 자태와 같은 아름다운 형상을 지닌 학미산의 산형과 어울리는 매스디자인을 위해 물위로 날아오르는 학의 날개 짓을 모티브로 '신현역'을 디자인하였습니다. 외부 마감과 내부 인테리어 디자인은 청자 백자의 칼라와 문양, 라인을 살린 컨셉으로 전체 디자인을 풀어나갔죠.

결과적으로 프로젝트는 안타깝게도 수주를 하지 못했지만, 창의력과 스피드를 충분히 발휘한 훌륭한 계획안이었다고 생각됩니다.

[2008 신현역사 계획안]

물위로 날아오르는 학의
우아한 날개 짓을 모티브 한
매스디자인과 입면계획

IMAGE:www.samsung.com

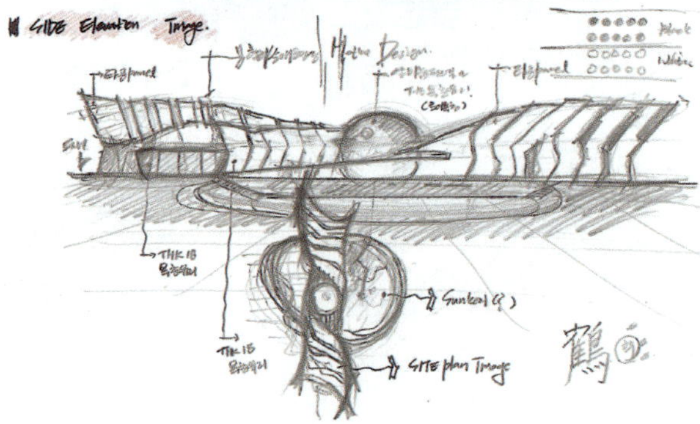

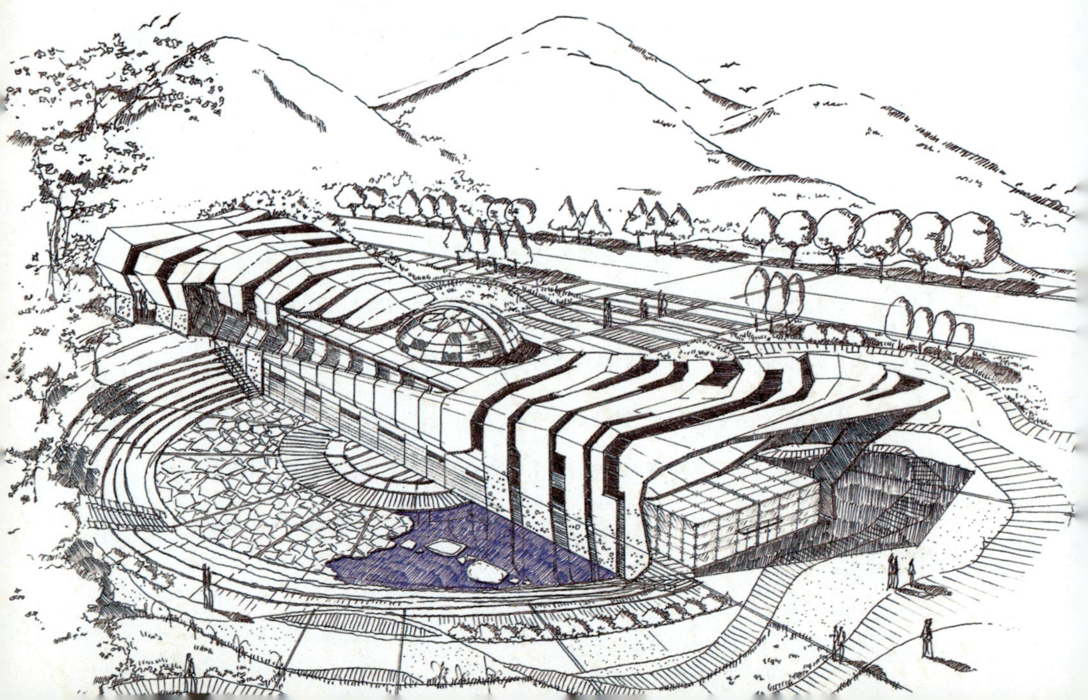

모든 업무분야가 마찬가지일 테지만, 우리가 계획설계 업무를 할 때 '열심히 하는 것(Work hard)'과 '잘하는 것(Work Smart)'에는 분명한 차이가 있을 것입니다.

맡겨진 프로젝트를 '열심히 하는 것'도 정말 중요하지요. 그러나 창의적인 사고와 스피드로 우리 계획안을 건축주의 입맛에 맞도록 '잘하는 것'은 하루아침에 얻어지는 능력이 아닙니다.

어떤 분야든 간에 어느 정도 연관분야의 자료축적이 이루어지지 않으면 질적 성장을 기대하기 힘들듯이, 계획업무를 'Work smart'하기 위해서는 평소에 주변에서 수행하고 있는 모든 프로젝트에 관심을 가지고 그것을 가능한 자료화하고 빠르게 활용할 줄 아는, 즉 관심과 준비의 자세가 필요할 것입니다. 그것이 바로 우리 자신의 계획능력 갖추기를 위한 기본바탕이 되는 것이니까요.

【 경계 넘나들기 】

"이집트가 수에즈운하를 만들면서 국고를 다 쏟아 부었었어.
공사기간만 10년, 노동자는 12만명이 죽었었고.
그런데도, 운하계통 기념으로 카이로 뮤지컬극장을 만들고,
베르디는 기념오페라 아이다를 작곡했지.
그렇게 운하 하나에 목숨 걸다가 어떻게 된 줄 알아? 나라전체가 파산직전으로 몰려서 결국 운하 조차권 자체를 영국에 다 넘겨줬어…
한 대상에 모들 걸 걸지 말라는 소리야~"

국경을 넘나들며 맹활약을 펼치는 명탐정 지우의 이야기 (도망자에스원문전사)

2010년 9월에 방영된 KBS2 TV 〈도망자 plan B〉에서 지우(비)가 진이(이나영)를 걱정하며 하는 말입니다. 드라마속의 진이처럼 우리는 현재 하고 있는 일이 자신의 전부인양, 그것에만 매달리는 삶을 살아가기가 쉽습니다. 자기가 해온 분야가 아까워서, 또는 그것 이외에 다른 것은 해본 적이 없어서, 그간 스스로가 해오던 것들에 더 올인하는 경향을 보이게 됩니다. 실시설계를 하던 사람이 계속 실시만 하려고 하고, 계획설계를 하던 사람은 계속 계획을 하려고 하는 것처럼 말이죠. 하지만 한 대상에 모든 걸 거는 것은 또 다른 새로운 분야에 다가갈 기회를 잡지 못할뿐더러, '융합', '통섭'이라는 단어가 유행처럼 등장하고 있는 시대의 변화에 뒤처지고 있는 것일 수도 있습니다.

한국 축구를 세계 4강에 올리며 '꿈은 이루어진다'는 비전을 보게 한 히딩크감독의 리더십 중에는 '멀티플레이어'로 변화무쌍한 창의적인 축구를 추구한 것이 있습니다. 선수들이 자기가 해오던 포지션에 붙박이로 머물러 있지 않고, 다양한 포지션을 이해하고 소화하는 멀티플레이어가 되기를 강조한 것이죠. 이 '멀티플레이어'라는 말은 사회생활을 하는 사람이라면 흔히 듣게 되는 말입니다. 그만큼 시대가 요구하는 인재상이라고 볼 수 있겠죠.

자신이 주로 해온 업무가 경쟁설계 보고서를 쓰는 일이라고 합시다. 그럼 거기에 머무르지 않고 디자인 능력을 키우기 위해 도전하여 그 분야에서 어느 정도 인정을 받습니다. 그리고는 책도 쓰고, 관리능력, 영업능력 등으로 계속해서 자신의 영역을 확장해 나갑니다. 설계사무실에서 멀티플레이어는 이런 과정을 통해 탄생될 수 있을 것입니다. 하지만 멀티플레이어를 위해서는 먼저 자신만의 카드를 하나 만드는 것이 중요합니다. 한 번에 여러 가지를 잘하려는 욕심은 자신을 이도저도 아닌 모습으로 만들 수 있기 때문이죠. 지금 자신이 올인하고 있는 것이 무엇이든 간에, 그것이 분명 스스로가 잘 할 수 있는 한 장의 카드가 될 것입니다. 그러면 그것에 안주하지 말고 계속해서 새로운 분야에 도전하며 스스로의 영역을 확장해가는 노력으로 시대의 변화에 대응할 수 있도록 해야 합니다.

사람들은 대부분 자신이 경험하지 못한 불확실한 영역에 대한 두려움으로 변화를 두려워하기 마련입니다. 하지만 그런 두려움을 극복하면서도, 어쩌면 조금은 편할지도 모를 자신의 자리에 안주하지 않고 계속적인 도전으로 자신이 바라는 미래를 만들어 가야 합니다.

여러분, 새로운 것에 대한 도전을 두려워하지 마십시오. 일반건축도, 공동주택도, 현상설계도, 턴키설계도, 인테리어도 하는, 그 외에 다른 분야도 관심을 갖는 멀티플레이어적 성향으로 경계를 넘나드는 스스로를 만들어 가십시오. 경계 넘나들기를 시도하다보면, 익숙한 것을 버리고 새로운 시도를 하다보면, 때론 너무 힘이 들기도 하고 장벽 같은 경계를 넘지 못할 것만 같은 생각이 순간순간 밀려들기도 하겠지만, 일이 마무리 된 후에는 벽으로만 느껴졌던 그 경계를 넘어서 한 단계 업그레이드 된 자신을 발견하게 될 것입니다.

"익숙하고 평온한 것만을 반복해서는 안 된다.
자기 자신을 불편하게 만드는 것이 크리에이터의 본질이다."
-사진작가 김중만-
서영아의 〈당신은 스토리다〉중에서

이 시대의 크리에이터로, 디자이너로 살아가고 있는 우리는 변해야만 합니다. 실패를 두려워 말고 스스로의 경계를 넘나들며 도전을 즐겨야 합니다. 소나무가 늘 푸르다지만 그런 늘 푸른 소나무도 솔잎을 떨군다는 사실 아시죠? 변해야만 늘 푸를 수 있는 법입니다.

이제 스스로가 잘할 수 있는 분야의 자신만의 카드를 한 장 만들었다면, 한 장 한 장 카드를 늘려나가듯 스스로의 영역을 확장하며 변화를 시도하는 노력을 해야 할 때입니다.

조금은 두렵더라도, 조금은 불편하더라도, 조금은 오래 걸리더라도,
그리고 조금은 고되더라도…
자유롭게 경계를 넘나드는 스스로의 모습을 만들어 가시길 바랍니다.

그간 간간히 조경업무는 해본 적 있었지만, SWY건축에서 건축이외에 인테리어라는 새로운 분야에 도전할 기회가 생겼습니다.

팀에서 기획설계부터 시작했던 '한국 연 박물관'의 조경계획과 인테리어계획을 하게 된 것이죠. 처음에는 '이걸 과연 잘 해낼 수 있을까?'라는 걱정도 있었지만, 또 하나의 경계를 허물며 도전하는 즐거움으로 작업에 임했던 기억이 납니다. 사실 외주경비를 조금이라도 줄이고자 시작한 일이었지만, 이 한 번의 도전으로 새로운 가능성을 발견하게 됐던 제겐 너무나도 소중한 프로젝트입니다.

[2009 한국 연 박물관]

제주도에 방치하고 있었던 식당을 리노베이션하고 일부를 신축하여 박물관으로 개발하는 프로젝트입니다.

연에 관심이 많은 건축주는 우리나라 최초의 연 박물관을 구상하고 있었습니다.

A동 제 3 전시실

SCALE : 1/100

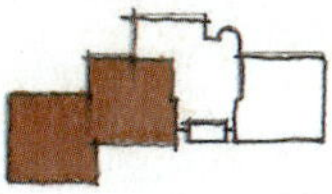

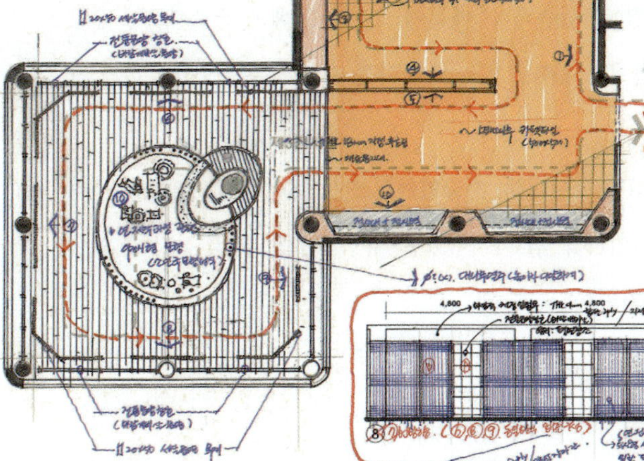

한국의 연 Korea kite

: 한국의 연

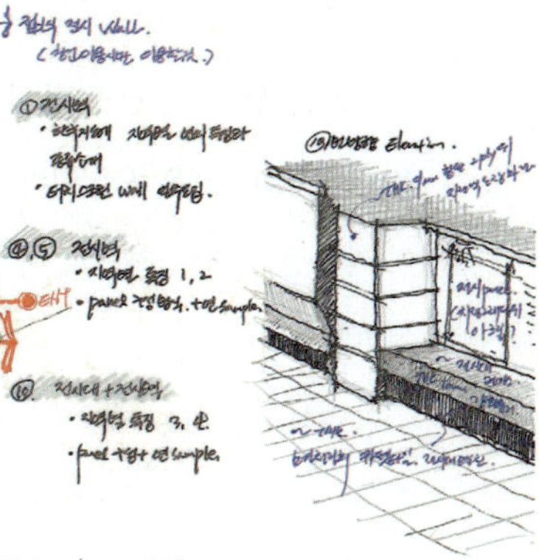

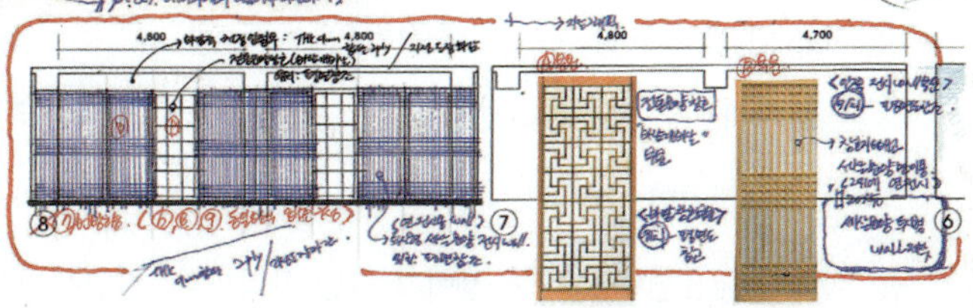

B동 제 4 전시실

SCALE : 1/100

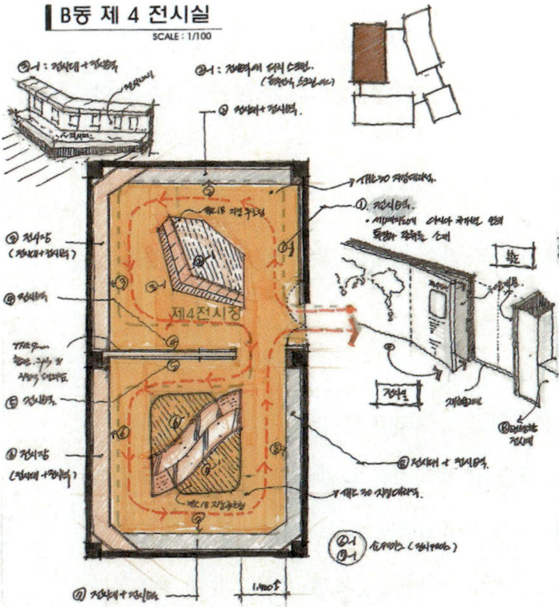

아시아의 연 Kite of world_Asia

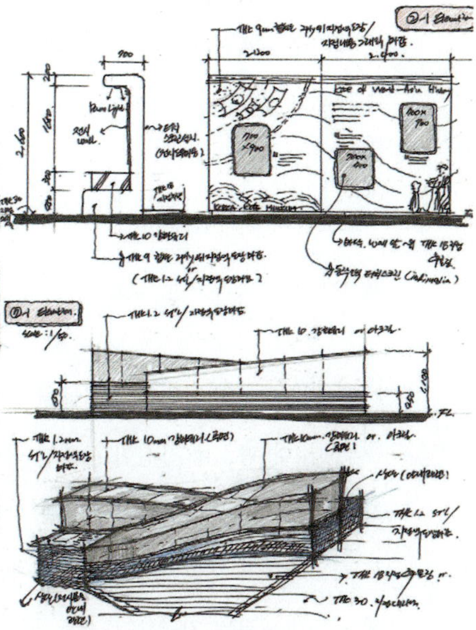

【 포트폴리오 】

포트폴리오란 간단히 말해서 '디자이너의 실력을 보여줄 수 있는 작품이나 관련 내용 등을 정리한 작품집'이라 할 수 있습니다. 때문에 그간 수행해온 프로젝트나 개인의 작품을 통하여 자신의 독창성과 능력을 한눈에 알아볼 수 있도록 간단명료하게 만들어내야만 하죠.

건축설계를 하는 사람들이라면 학생이든, 직장인이든 간에 이러한 개인의 포트폴리오 작업에서 자유롭지 못할 것입니다. 잘 아시겠지만, 유학, 진학, 취업, 이직 시 없어서는 안 될 중요한 것이기 때문이죠.

일반적으로 포트폴리오는 자신이 수행해온 작업, 작품들이 잘 설명되고 표현되도록 해야겠지만, 각자가 처한 상황마다 포트폴리오를 준비하고 만드는 데는 그 구성방식이나 내용면에서 다소 차이가 있을 것입니다. 신입사원으로 입사하기위해 준비하는 포트폴리오와 경력사원으로 이직하기위해 준비하는 포트폴리오가 조금은 다른 방법으로 접근하는 것이 바람직한 것처럼 말이죠. 각 대상별로 포트폴리오 작업에 대해 모두 얘기해보면 좋겠지만, 이 책에서는 주로 경력사원을 대상으로 한 포트폴리오 작업에 대해서 중점적으로 얘기해보려 합니다.

포트폴리오 작업에 있어서는 크게 다음의 두 가지 사항을 염두 해두는 것이 좋을 것입니다.

1. 매사에 자신의 작업 결과물들을 잘 정리하고 보관해야 합니다.

무엇보다 평소에 자신이 수행한 작품들을 잘 정리하는 습관이 필요하죠. 그래야 이직을 위해 포트폴리오를 준비하는 시점에 자료가 없어서 대충 조감도, 투시도, 도면들로 채워지는 포트폴리오를 방지할 수 있습니다. 주변에도 보면 이직 때문에 부랴부랴 제게 전화해서는 지난 프로젝트들의 파일을 요구하는 사람들이 있습니다. 얼마 전에는 실시설계를 줄곧 해온 한 친구가 이직을 해야 할 상황이 있었죠. 그 친구는 제게 이런 얘기를 하더군요. “보통 실시설계 쪽으로 가는 거면 이력서상의 경력만 확인하고는 면접을 보곤 하는데, 이 사무실은 포트폴리오를 요구한다. 이거 어떻게 해야 하냐?” 그래서 그 친구는 별수 없이 조감도, 투시도만으로 급조하여 포트폴리오를 만들어 버렸습니다. 다행이 이직에는 성공했습니다만…

실시설계를 하더라도 자신이 계획하는 부분이 분명 생길 것입니다. 그럴 때 발생되는 스케치들, 본인이 풀어나간 디테일들, 도면 체크사항들을 평상시에 잘 정리하여 자료화한다면 얼마든지 포트폴리오로 활용할 수 있을 것입니다.

2. 특징을 부각시키지 말고 장점을 부각시켜야 합니다.

포트폴리오는 형식에 얽매이지 말고 자신의 장점을 최대한 잘 표현할 수 있도록 구성해주는 것이 좋습니다.

미국의 억만장자였던 잭 켄트 쿠크는 “제품의 특징을 팔려고 해서는 안 되며, 그 장점을 팔아야 한다.”라고 말했습니다. 이 말은 판매를 위한 모든 상품에 해당되는 말이기도 하죠. 포트폴리오도 자신을 대변하는 일종의 상품이라 할 수 있습니다. 그러므로 포트폴리오의 표지 디자인은 어떻고 속지는 어떻게 디자인하고, 물론 이런 특징들도 중요하겠지만, 그보다 먼저 어떤 내용으로 자신의 장점을 최대한 부각시킬지에 포커스를 맞춰야할 것입니다. 또한 시각적인 면은 무시할 수 없겠지만 단순히 있는 자료를 짜깁기해서 겉만 그럴싸하게 만드는데 치중하지 말고, 수행했던 프로젝트에서 본인이 직접 작업한 것들 위주로 잘 포장하여 만드는 것이 바람직할 것입니다. 각종 그래픽 툴을 활용하여 편집한 후 책처럼 만들어내도 좋구요, 아니면 포트폴리오용 클리어파일에 자신의 작업 결과물들을 보기 좋게 잘 정리하는 방법도 있을 것입니다.

저의 포트폴리오는 아주 단순합니다. 최근 디지털시대에 맞춰 건축설계의 모든 작업이 컴퓨터로 이루어지다보니, 사실은 본인이 직접 참여하거나 작업했는지의 여부를 알 길이 없습니다. 그래서 저의 경우 가급적 제가 직접 작업한 것임을 강조하기도 하고, 또 스스로가 손의 감각을 잃어버리지 않게 하기위해서 항상 스케치위주의 작업결과물을 만들고 그것을 포트폴리오용 클리어파일에 잘 정리해 나갑니다.

사실 이렇게 포트폴리오를 만들게 된 계기가 있었습니다. 금성건축에서 다른 사무실로 이직하려고 준비 중이었는데, 그 때 대학 때 포트폴리오를 만들듯이 포토샵으로 그간 작업한 파일을 정리하여 사회생활에서의 첫 포트폴리오를 만들었습니다. 물론 시간도 많이 걸렸죠. 사무실에선 야근을 하니 퇴근 후 집에서 주로 작업이 이루어졌는데, 꼬박 몇 달을 매일 새벽까지 작업했으니까요. 그렇게 고생고생 만들어서 면접을 보는데, 면접본 사무실에서 면접관이 “자네가 직접 디자인한 게 맞나? 그걸 어떻게 확인하지?”… 결국 저는 그 회사의 면접시험에서 떨어지고 말았죠. 물론 단지 포트폴리오 때문에 떨어진 것은 아닐 거라 생각됩니다만… 그래서 다음 면접 본 회사는 프로젝트별로 간지 정도만 만들고, 그간 해온 작업들을 있는 그대로 볼 수 있도록 원본 스케

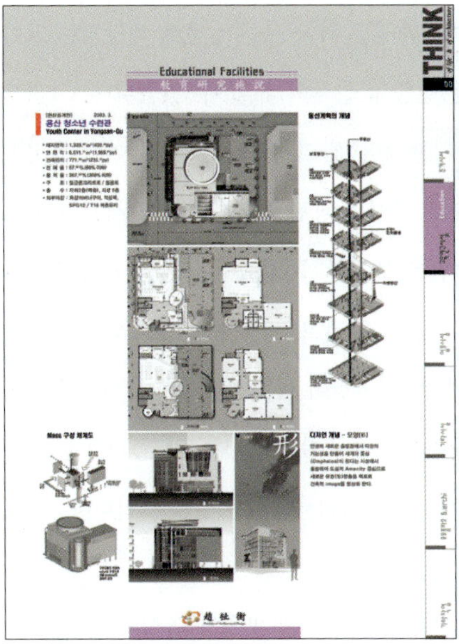

포토샵으로 작업한 포트폴리오

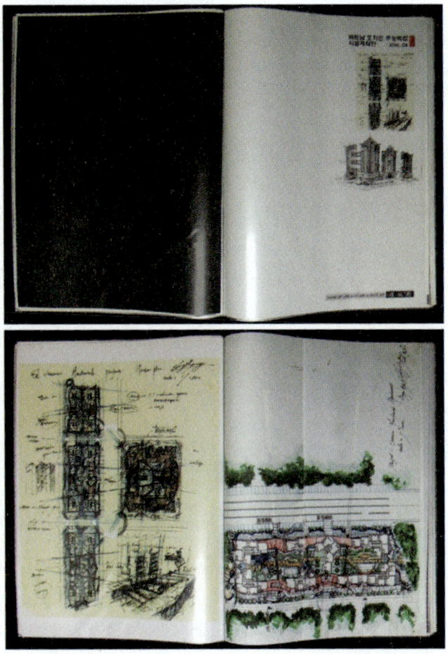
클리어파일에 정리한 포트폴리오

치와 작업과정의 결과물을 클리어파일에 보기 좋게 정리해 놓은 포트폴리오를 보여줬습니다. 그런데 의외로 좋은 평가를 받았고 결국 전 그 사무실로 이직할 수 있었습니다. 그곳이 바로 원양건축이었죠. 이후에 전 지금까지도 계속해서 이런 방식으로 차곡차곡 포트폴리오를 채워나가고 있습니다.

제 포트폴리오의 큰 특징은 따로 시간을 투자하여 만들었다기보다는, 평소에 작업 결과물들을 잘 보관하여 원본위주로 클리어파일에 잘 정리해 둔 것에 있습니다.(물론 다 스캔을 해놓습니다. 혹시나 만약의 사태를 대비해서 말이죠.) 그래서 제 포트폴리오(클리어파일에 정리한 것)는 단 하나밖에 존재하지 않습니다. 신입사원으로 입사하기위해 준비하는 포트폴리오는 여러 군데 동시에 지원할 수도 있고 또 그 가운데 손상될 수도 있기에 이런 방식은 맞지 않을 수 있으나, 경력사원으로 이직할 때 필요한 포트폴리오는 보통 면접 시에 본인이 직접 들고 가는 경우가 대부분이기 때문에 저와 같은 방식으로 한번 만들어 봐도 좋을 거라 생각됩니다.

포트폴리오 작업에 있어서, 수작업이 주였던 예전이나 그래픽, 3D 툴을 활용하는 지금이나 건축설계를 하는 사람들이 자신의 포트폴리오에 많은 시간을 투자하는 것은 매 한가지일 것입니다. 그렇게 시간을 투자하여 만든 포트폴리오는 앞에서 얘기했듯, 유학, 진학, 취업, 이직 시에 활용된다는 점에서 그 중요성은 두말할 필요가 없을 것입니다. 하지만 무엇보다 자신의 땀과 열정을 받쳐 온 그간의 작업들을 스스로가 뒤돌아보고 정리해서, 그 기록을 남긴다는 의미로 볼 때 상당히 가치 있는 일이라 생각됩니다. 그리고 그렇게 만들어진 포트폴리오가 자신의 건축인생, 즉 건축사(史)가 되는 것이기에, 지금 스스로가 수행하는 모든 프로젝트의 작업 결과물들을 소홀히 하지 말고, 잘 보관하고 정리해서 하나하나 포트폴리오를 채워나가는 노력이 필요할 것입니다.

【 경력관리하기 】

신입사원으로 입사하기 위해 우린 적지 않은 이력서를 썼습니다. 그것으로 인생의 이력서를 끝을 내면 좋겠는데 결코 끝나지가 않죠. 보통 설계사무실 생활을 2~3년 정도 하고나면 사무실에 대한 이런저런 불만과 함께 좀 더 다른, 좀 더 큰 경험을 하고 싶다는 생각에 슬슬 몸이 근질근질 해집니다. 아마도 우린 그때부터 다시 이력서를 쓰기 시작하게 되고 자신의 경력을 확인시켜줄 경력증명서라는 것에도 신경 쓰게 될 것입니다.

개인마다 조금씩 다르겠지만 한 회사에 몇 십 년을 근무해서 입사 이래 한 번도 이력서를 안 쓴 사람이 있는 반면, 가는 곳마다 자신의 기대와 맞지 않아 이력서를 여러 번 쓴 사람도 적지 않을 것입니다. 그런데 막상 자신의 이력을 작성하려다보니 경력관리가 제대로 되지 않아서 그제서야 지난 프로젝트들의 기억을 더듬어 경력을 정리하게 되는, 대략 난감한 상황을 경험해 본 사람들이 아마 많을 겁니다.

우리는 직장생활 가운데 자신의 경력관리를 위해 꾸준히 노력해야할 필요가 있습니다. 그 이유는 이력서를 작성하고 경력을 증명하기 위한 근본적인 이유들도 있지만, 경력관리를 통해 자신이 그동안 해온 일들을 정리해 보면서 앞으로 무슨 일을 어떻게 해야 할지, 무엇을 위해 노력해야 할지 그 목표를 발견할 수 있는 계기가 될 수 있기 때문입니다.

그럼에도 우리는 자신의 경력관리에 무척이나 무책임하기도 합니다. 주변을 보면 입사이후에 한 번도 경력관리를 안한 사람도 있고, 했더라도 몇 해 전에 했는지 가물가물한 사람도 많습니다. 예전에는 건축사협회에 직접 가서 경력을 등록해야 했기에 아마 귀찮기도 했겠죠. 그러나 요즘은 협회 홈페이지에 로그인하여 바로바로 경력을 등록하고 관리할 수 있는 시스템이 구축되어 있어서, 그마저도 핑계에 지나지 않습니다. 평소에 조금만 신경 쓴다면 얼마든지 쉽게 경력관리를 할 수 있을 테니까요.

건설기술자

인터넷경력신고

(http://rep.kira.or.kr)

무엇보다 우리가 경력관리를 위해 노력해야 하는 가장 중요한 이유는 앞서 얘기했던 그 역할의 의미를 넘어서, 스스로가 진정 '준비된 사람'이 되기 위해서입니다.

자신이 근무하고 있던 회사를 내일 당장 그만두게 되더라도, 스스로가 살아남을 수 있는 시나리오는 마땅히 준비돼 있어야 하죠. 그러기위해서는 자신을 조금은 불편하게, 그리고 조금은 냉정하게 대할 필요가 있습니다. 보통은 경력관리 대상이라 하면 지금껏 실무를 하며 자신이 수행해온 프로젝트들을 떠올리게 되지만, 넓게 보면 스스로가 남들보다 조금 더 치열하게 준비했던, 도전해 왔던 일들을 포함시킬 수 있을 것입니다. 외국인과 자유롭게 대화가 가능하도록 영어실력을 키웠다거나, 건축대전과 같은 각종 공모전에 도전해서 입상을 했다거나 하는 등등. 그 치열하게 준비해온 노력들 하나하나가 자신의 미래에 어떻게 쓰일지 당장은 알 길이 없지만, 분명한 것은 스스로를 어떤 환경에서든 살아남을 수 있는 '준비된 사람'으로 만들어주고 있다는 중요한 사실입니다.

우리가 이직을 하는 것도 마찬가지라 생각합니다.

낯선 환경에 적응해야하고 나름 인정도 받아야 하기에 이직 후의 생활이 조금은 불편하겠지만, 과감히 익숙함을 던져버리고 새로운 환경과 새로운 업무영역에 도전하는, 스스로가 준비된 사람이 되기 위한 경력관리를 하는 셈이죠. 하지만 이직을 하는 것도 자신의 진로를 결정하는 일이다보니 그 결정이 정말로 쉽진 않을 것입니다.

최근에 안철수씨가 쓴 〈안철수의 생각〉을 보면, 그는 자신의 진로를 결정할 때 항상 다음의 세 가지를 생각한다고 애기합니다.

"의미가 있는 일인가, 열정을 지속하고 몰입할 수 있는 일인가, 내가 잘 할 수 있는 일인가."

우리가 회사를 옮길 때에는 당장의 현실보다는 장기적으로 스스로에게 더 좋은 결정이 될 수 있도록 심사숙고하여 행동으로 옮겨야만 합니다. 지금 자신이 속한 회사가 마음에 들지 않는다고 해서 무조건적으로 회사를 옮길 생각을 먼저 하는 것도 그리 좋은 것은 아닐 테니까요. 그전에 스스로의 상황을 보다 냉철하게 진단해보면서, 우리도 안철수씨처럼 한번 깊이 생각해 보는 건 어떨까요?

의미 있는 일을 하는 회사인가?

내 열정을 지속할 수 있는 회사일까?

무엇보다 그곳에서 내가 잘해낼 수 있을까?…

심도 있게 고민하고 행동을 하지만, 매번 그 결정이 옳았다고 판단되지는 않습니다. 이직 후 어느 정도 회사생활에 다시 익숙해 지다보면 사람들은 대부분 과거 지향적이 되곤 하죠. 예전 사무실은 이게 좋았는데, 저건 저랬는데 하면서 그 전 사무실의 향수에 빠져버리고 맙니다. 물론 저도 마찬가지 였구요. 하지만 결국은 스스로가 선택했고 그 결과에 대한 책임도 본인의 몫이기에, 옮긴 후에는 적어도 자신의 결정에 후회하지 않도록 하루하루 치열하게 노력해야 할 것입니다.

분명 회사를 자주 옮겨 다니는 건 그리 좋은 것은 아닙니다.

그러나 스스로를 긴장시키며 자신의 열정과 크리에이티브에 자극을 주기위해서 어느 정도 이직을 시도하는 것은 괜찮다고 생각됩니다.

혹시 지금 자신의 자리가 편안하다고 생각하십니까?

그래서 안주하고 싶다는 생각을 종종 하고 있습니까?

특별히 어려운 것 없이 지금 그대로의 모습으로도 제때 월급 받아가며 회사생활을 유지할 수 있을 거라는 생각이 들고 있습니까?

그래서 지금 자신의 그 '치열'했던 열정을 '적당히'라는 말로 타협하고 있진 않습니까?

만약 그렇다면 신중하게 이직을 한번 시도해 볼 것을 권해 드립니다.

크리에이티브란 조금은 불편함 속에서, 그리고 조금은 치열함 속에서 나타나는 법이므로…

【 건축사 되기 】

건축사란 무엇인가? 설계실무를 해온지 만 10년이 넘은 지금 가끔 뒤를 돌아보며 건축사의 의미에 대해 스스로에게 던져보는 질문입니다. 어느덧 저도 건축사가 된지 5년이 다 돼가고 있네요.

건축사는 국가자격시험에 합격해야하는 전문직종 중에서도 창조성을 바탕으로 예술적 감각과 기술적인 경험을 필요로 한다는 점에서, 또한 공간을 다루고 그 공간의 이용자를 철저히 배려한다는 점에서 다른 전문직종과 확연히 구별되는 매우 매력적인 전문직임에 틀림없습니다. 건축사제도는 1963년 12월 1급과 2급 건축사로 구분되는 건축사법이 제정되었으나, 1970년대 중후반에 2급 건축사제도가 폐지되면서 지금의 건축사제도로 통합된 것입니다. 70년대 후반 몇 해 동안은 불과 20명 미만의 합격자만 배출되기도 했고, 현재에도 해마다 몇 천 명씩이나 되는 시험응시자들과 치열한 경쟁에서 승리해야만 비로소 건축사가 되는, 그 길은 정말 순탄한 길은 아닌 듯합니다.

설계업에 종사하고 있는 사람들이라면 어느 누구든 건축사 시험에 무심할 수가 없게 됩니다. 대부분 실무를 한지 5년이 가까워지면서 개인의 큰 관심사중의 하나로 건축사 시험이 자리매김 하게 되죠. 건축사 시험을 보기위해 회사를 다니면서 틈틈이 시험 준비를 하는 사람들이 많지만, 그게 결코 쉽지만은 않습니다. 아니 정말 어렵다고 할 수 있죠. 회사에서 본인이 맡은 프로젝트를 문제없이 수행해야하고 주변의 눈치도 봐야하고, 야근철야가 반복될 때면 평일에는 새벽이나 돼야 비로소 조금 공부를 할 수 있죠. 주말에는(다행히 회사로 출근하지 않는다면) 학원에 가서 하루 종일 강의를 듣고 옆 사람들을 의식하면서 문제를 풀어야 하구요. 그렇게 해서 건축사 시험에 합격하면 제일 좋은데… 몇 번 시험에 떨어지고 나면 독이 올라 회사를 그만두면서까지 시험을 준비하는 사람들도 생겨납니다. 회사를 그만두지 않은 경우라도 해마다 시험보기 한두 달 전인 7, 8월이면 휴직을 하고 시험을 준비하는 사람들도 많이 생겨나죠. 그리고 혹시 하는 마음에 그해에도 어김없이 기대를 걸어봅니다. 그렇게 해서라도 건축사 시험에 당당히 합격하면 좋겠는데, 아니 세 과목 중에 한두 과목이라도 합격하면 좋을 텐데, 해마다 300~400명의 합격자 가운데 자신의 이름을 올리기가 왜 그리 어려운 것인지…

주변에서 건축사 시험을 몇 해 동안 준비하고 있는 친구들이 이런 얘기를 자주하곤 합니다.

"건축사 있으면 좋지. 근데 사실 있다고 해서 어디 써먹을 때도 없는 것 같고, 내가 사무실 차릴 것도 아니고, 회사에서 월급을 더 주는 것도 아닌데…, 시간 낭비하고, 학원 다니느라 돈 낭비하고…"

그러면서 시험이 실무하고는 약간 괴리감이 있는, 시험을 위한 시험으로써 숙달된 사람만을 원한다는 말로 본인을 위로하고 있을지도 모르겠습니다.

드라마 속 두 건축사는 일도 사랑도 품격 있다.

너무나 서글픈 얘기지만 다 맞는 말들입니다. 건축사가 됐다고 해서 드라마 〈신사의 품격〉에 나오는 김도진(장동건), 임태산(김수로)처럼 품격 있게 설계를 할 수 있는 것도, 그들처럼 연애를 제대로 할 시간도, 그들처럼 번듯한 집에 번듯한 차를 끌고 다닐 수 있는 것도 아니죠. 또한 예전처럼 쉽사리 사무실을 차릴 수도 없습니다. 물론 집안 배경이 좋은 사람들은 충분히 그러고도 남겠지만 말입니다. 그리고 건축사라고해서 사무실에서 인정받는 것도 아니고, 오히려 건축사도 없는 윗사람들에게 무시당하거나 업무지시를 받는 건축사를 보면 정말 이걸 따서 뭐하나 싶은 생각이 머리를 가득 메우기도 합니다. 그럼에도 불구하고 경력이 쌓이고 직위가 올라가고 클라이언트 등의 사람들을 만나면서 건축사 자격증이 필요하다는 스스로의 생각과 주변의 시선 때문에, 건축설계를 하고 있는 한 숙명처럼 도전하고 또 도전하게 되는 게 바로 이 건축사 시험입니다.

'건축사 시험을 어떻게 준비해야 합격할 확률을 높일 수 있을까?'

아마 시험을 준비하는 사람들이라면 건축사가 된 주변 선배들에게, 그리고 스스로에게 수도 없이 질문해본 경험이 있을 것입니다.

여기서 제 경험을 토대로 합격의 확률을 높이는 방법을 말해볼까 합니다. 건축사 시험을 준비하는 방법은 독학을 하거나 건축사 학원의 인터넷 통신강좌를 듣거나 아님 주말마다 직접 학원을 다니며 공부하는 방법이 있을 것입니다. 저의 경우 학원을 다니며 시험 준비를 했기에 지극히 주관적인 입장에서 학원을 다니는 경우에 포커스를 맞춰 얘기해 보도록 하겠습니다.

1. 학원수업은 가능한 빠지지 말아야 합니다.

모든 공부가 그렇듯 흐름을 한번 놓치게 되면 뒤따라가기 정말 어렵습니다. 한주만 빠져도 주변 사람들에 비해 확실히 뒤쳐진다는 생각이 들 정도니까요. 물론 회사를 다니다보면 주말에 출근해야 하는 경우가 발생하므로 어쩔 수 없이 빠지게 되는 경우가 생깁니다. 하지만 어떻게든 시간을 쪼개서 본인이 빠진 수업에 대한 내용은 스스로가 보충해야 합니다. 그 수업시간의 문제들을 학원 측에 요청하여 문제를 풀어 본다든지, 문제 풀 시간이 안 되면 이론정리라도 꼭 하고 넘어가야 합니다.

2. 연초에 도면작도과정부터 수강하십시오.

건축사 시험을 처음 준비하는 사람이라면 작도과정부터 시작하는 게 좋습니다. 앞으로 건축사 시험이 어떻게 변형될지는 잘 모르겠으나 지금과 같은 방식으로 당분간 지속된다면 본인이 실무에서 스케치를 잘 하거나 펜을 잘 사용하는 것은 별 소용이 없습니다. 정해진 시간 내에 문제를 풀고 작도를 완성해야 하기에, 초반에 작도연습을 충분히 해서 작도에 자신 있어야만 문제 푸는데 시간을 좀 더 할애할 수 있게 됩니다.

3. 수업 후 당일 그날 배운 이론 및 문제풀이 프로세스는 필히 정리해야 합니다.(바인더 노트이용)

학원에서도 개강을 하는 연초에 이 부분에 대해서 많이 강조를 하고 있습니다. 한주 수업이 끝나면 힘들더라도 잠들기 전에 그날 배운 내용들을 본인이 잘 알아볼 수 있도록 정리해서 자신만의 핵심이론 노트를 만들어야 합니다. 그리고는 시간이 날 때마다 노트를 보며 이론과 문제풀이 프로세스를 습득해야하죠. 이와 더불어 본격적으로 실전 문제풀이과정이 시작되면 본인이 풀은 문제에 대한 오답체크 노트도 같이 만들면 좋습니다. 저의 경우도 학원수업을 마치고 집에 돌아온 늦은 주말 밤에, 이 노트정리를 빼먹지 않기 위해 쉬고 싶어 하는 제 자신과 싸워가며 정말 부단히도 노력했습니다.

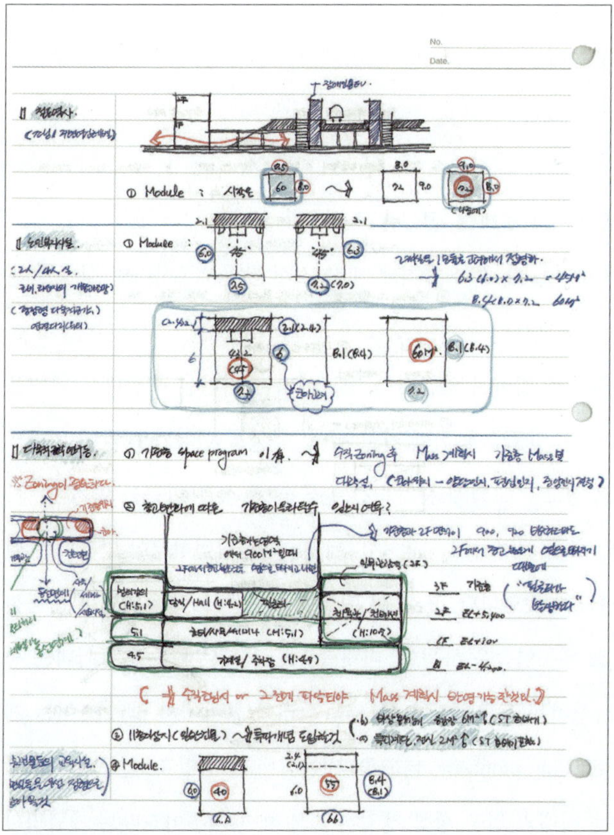

오답체크노트

예상문제를 풀고 난후 자주틀리는 부분이나 문제의 핵심 포인트를 정리한 노트입니다.

4. 어떻게든 복습만은 하셔야 합니다.

학원에서는 한주의 수업이 끝나면 그 주의 과제를 내줍니다. 보통 1, 2, 3교시 과목별 한 과제 이상을 내주죠. 이 과제들을 다 풀어보면 좋은데 회사 다니면서 과제를 한다는 게 여간 힘든 게 아닙니다. 만약 극도의 의지가 있는 사람이라면 가능할 수도 있겠지만, 대부분의 경우 한주의 수업 내용조차 따라가기 버거워하죠. 시험 준비만 하고 있다면 모르겠으나 일과 병행을 하는 이상 회사 스케줄로부터 자유롭지 못할 테니 말입니다. 그래서 저의 경우 과제는 못하더라도 평일 밤에 3~4시간(주로 밤 11시부터 새벽 3시까지)정도 가능한 시간을 내어 그 주 수업시간에 풀었던 문제를 프로세스를 익혀가며 다시 한 번 풀어보는 복습의 방법을 택했습니다. 과제의 경우 새로 접한 문제다보니 잘 안 풀리거나 제한된 시간을 오버하게 되면 상당히 스트레스를 받곤 하는데, 수업시간에 풀었던 문제는 한번 풀었던 거고 해설을 들었던 거라 그만큼 부담이 덜했기 때문이었습니다.

5. 건축사 시험이 끝날 때까지 하루하루 '절실함'으로 임하십시오.

앞서 1~4번까지 얘기한 것들도 결국 합격에 대한 절실함이 부족하다면 실행에 옮기기가 만만치 않죠. 시작은 했더라도 아마 중도에 포기하게 될지도 모릅니다. 매 순간 스스로가 정말 절실함으로 임하지 않는다면 반년이라는 기간을 주말마다 학원을 다니는 동안에, 쉬고 싶고, 수업도중에 집에 가고 싶고, 문제를 풀다가 창밖에 비라도 오면 소주한잔 하러 가고 싶고… 그렇게 순간순간 손을 놓고 싶은 마음을 이겨내기가 결코 쉽지만은 않을 것입니다. 그렇기에 시험 준비에 있어 꼭 합격하고야 말겠다는 절실한 마음가짐은 매우 중요한 것입니다. 또한 이 절실함을 담은 노력과 더불어 운동선수가 이미지트레이닝으로 운동연습을 하듯이, 머릿속으로 시험문제를 잘 풀어내는 자신의 모습을 매일매일 상상하는 훈련이 필요합니다. 심리학 분야에서 많이 쓰이는 개념 중에 '자성예언(self-fulfilling prophecy, 自成豫言)'이라는 말이 있죠. 일종의 자기암시효과로, 자신이 바라는 미래의 일을 항상 생각하고 말하면 이루어진다는 개념입니다. 건축사 시험에 당당히 합격해서 주변사람들로부터 축하받는 자신의 모습, 그리고 건축사라는 단어가 세겨질 자신의 명함을 매일매일 상상하며 노력하다보면, 건축사 자격증은 어느덧 여러분 손에 쥐어 있을 것입니다.

지금은 건축사 합격으로 70~80년대처럼 어느 정도의 성공이나 사회적 대우를 보장받을 수 있는 시대는 분명 아닙니다. 그렇다고 해서 건축사 되기를 마냥 회피하려는 것은 옳지 못한 행동입니다. 건축사는 건축인생을 살면서 스스로를 성장시키기 위한 최소한의 변화인 것입니다. 건축을 전공한자로서, 그리고 한 분야에 오랜 기간 일해 온 전문가로서, 최소한 부끄럽지 않은 스스로를 위하여 여러분은 꼭 건축사에 도전하시길 바랍니다.

"어느 자격시험이 다 그러하듯, 그것은 목표가 아닌 최소한의 필요조건일 뿐이다. 이 최소한의 필요조건을 필요이상으로 어렵게 만드는 이유는 무엇인가?…(중략)… 이 시험을 위해 공부해본 사람이면 누구나 인정하듯 건축도 하나의 학문이며 기술일진대 경험이나 들은 풍월로 막연히 안다고 믿고 있거나 전문가 연 하고 있으니 구체적으로는 우리자신이 너무나 무식하다는 사실이다. 개념도 좋고, 분석 종합하는 조직력도 중요하며, 또한 예술적인 기와 안목도 필연적인 것이지만, 이러한 시험제도를 통하여 교과서적인 기본에 충실해야함을 새삼 인식해야 될 것이다."

-건축가 류춘수의 건축문화 이야기1-

〈흐리는歲月 변하는場所〉중에서

【 여행, 문화생활하기 】

티파니 : 지금 느낄 수 있는 행복이 100 인데, 너무 힘들어서 10 밖에 못 느낀다는게 정말 속상해요.

유세윤 : 정말 저는 개그를 좋아하거든요. 그런데 개그콘서트에서 세 개의 코너를 맡은 적이 있었는데, 일주일에 세 개의 코너에 대한 아이디어를 짜려니 어느 순간 정말 하기 싫어지더라구요.

-M.net 비틀즈코드 〈소녀시대〉편-

소녀시대의 티파니와 유세윤이 말한 것처럼 정신없이 살다보면, 그 순간을 즐기지 못하는 경우가 더러 있습니다. 설계사무소에서도 체력적으로나 심리적으로나 위기의 순간은 너무나 자주 찾아옵니다. 모든 직장인들이 마찬가지겠지만, 특히나 긴장의 끈을 놓을 수 없는 경쟁설계를 해야 하는 설계사무소의 일은 아무런 준비없이 자신의 역량이 소진되고 있다는 위기감이 엄습하죠. 그것은 끊임없이 새로운 것을 만들어 내야 하는 스트레스와 맞물려 우리를 힘들게 합니다.

고달픈 청춘의 단상을 보여준 〈괜찮아, 서른〉

이럴 때 필요한 것이 휴식입니다.

얼마 전 방영한 KBS스페셜 〈괜찮아, 서른〉에서는 말합니다.

"살다보면, 속도를 내야하는 엑셀레이터 같은 순간이 있고, 때론 인생의 쉼표 같은 브레이크가 필요할 때가 있다."고 말입니다. 그리고 그런 엑셀레이터와 브레이크는 생각보다 가까이에 있다고 얘기합니다. 이 말은 비단 서른에게만 해당되는 것은 아닐 것입니다. 인생의 절정을 달리고 있는 우리 모두에게는 잠시 쉬어갈 수 있는 브레이크 타임이 절실할테니까요. 달리고 있을 때의 휴식이기에 더욱 의미가 있을지도 모르겠습니다.

결국, 쉬어가는 것은 다시 달리기 위함입니다.

그렇다면 쉬어가는 시간을 어떻게 보낼 수 있을까요?

누구에게나 휴식을 갖는 자기만의 방법이 있을 것입니다. 미뤄둔 잠을 원없이 잘 수도 있고, 그동안 못 만났던 친구들을 볼 수도 있습니다. 하지만 이렇게 보낸 시간들은 지나고 나면 뭔가 허무하게 느껴질 때가 많죠.

우리를 소모시킨 후의 휴식이라면, 뭔가 다시 채워 넣을 수 있는 시간을 보내는 것이 의미가 있으리라 생각합니다. 그렇다고 굳이 머리 아프게 뭔가를 배우자는 것이 아닙니다. 우리가 흔히 하는 여행이나 문화생활을 하는 것만으로도 소모가 아닌 지친 심신을 충전하는 휴식이 될 수 있습니다.

저의 경우도 보통의 다른 이들과 마찬가지로 시간이 나면 여행을 하거나 영화를 보거나 하면서 심신을 재충전합니다. 특히나 여행은 일상을 살아가는데 큰 원동력이 되죠. 입사 후, 일 년차 때부터 주말이나 짧은 휴가를 통해 훌쩍 떠나던 여행이 제겐 지친 일상의 오아시스와도 같았습니다. 부산, 대구, 경주, 광주, 전주 등을 짧게 다녀오곤 했는데, 소쇄원과 식영정은 계절별로 가서 한참을 앉아있다 오는 것만으로도 큰 위안을 받았었죠.

여행을 계획 없이 다니다보니, 해외여행도 시간이 날 때마다 즉흥적으로 다녀오는 과감함이 생기게 되었습니다. 사실 일정치 않은 휴가일정 때문에 그렇게 가지 않으면 아예 못 가게 되는 상황이기도 했죠. 입사 후 2년간은 정신없이 지내느라 해외여행은 다녀오지 못했지만, 3년차부터는 일 년에 한번 씩은 가까운 곳이라도 다녀오려고 노력했습니다. 2005년부터 2009년까지는 중국, 홍콩, 베트남, 호주, 파리를 다녀왔고, 2010년엔 일본의 나고야와 도쿄를 회사동료들과 건축답사로 다녀왔죠. 2011년엔 갑자기 생긴 휴가소진을 위해 즉흥적으로 싱가폴로 떠났었고, 2012년엔 러시아의 모스크바와 상트페테르부르크를 다녀왔습니다. 이렇게 틈틈이 떠났던 여행을 통해 다른 문화와 다른 사람들과 다른 세상을 경험했고, 그것은 궁극적으로 제 삶에 좋은 영향을 미칠 것이라고 생각합니다. 특히나 건축을 업으로 삼고 있는 우리들에게 여행은 다른 문화의 건축과 사람들을 보고 오는 것만으로도 큰 공부가 될 수 있습니다.

이경훈 교수의 〈서울은 도시가 아니다〉에 나오는 구절은 그런 의미에서 공감이 갑니다.

"책을 많이 읽는 것이 좋은 글을 쓰기 위한 기본인 것처럼,
건축의 경험이나 공간의 경험은 좋은 설계의 필수 조건이다.
여행과 문화생활도 우리가 좋은 설계를 하고,
좋은 삶을 살 수 있게 하는 경험이다."

여행이 좋은 점은 다른 세계의 문화를 접할 수 있다는 것뿐만 아닙니다. 스스로를 되돌아보고, 생각할 수 있는 시간이 일상에서보다 많이 주어진다는 것에서 더 큰 매력이 있죠. 오랜 이동시간이, 또 여유로운 마음이 좀 더 깊은 생각을 하게 하는 것인지도 모릅니다. 〈여행의 기술〉에서 알랭 드 보통이 "여행은 생각의 산파다."라고 말한 것처럼, 여행은 우리에게 충분히 생각할 시간을 주는 가장 좋은 방법입니다. 생각이라는 것은 우리가 살아가는 데 매우 중요하지만 가장 소홀히 여기는 것 중 하나죠.

마이크로 소프트사의 CEO
빌 게이츠

마이크로소프트사는 '생각주간(Think Week)'이라는 공식적인 제도를 갖고 있는데, 이것은 이 회사의 CEO인 빌 게이츠가 먼저 실천하던 것이라고 합니다. 생각주간이란 1년에 두 번, 일주일간을 생각하는 데에 시간을 할애하는 것으로, 이 기간을 통해 기업의 방향과 목표 등 중요한 결정을 한다고 하죠.

이런 생각주간을 이용하는 것도 우리가 여행이나 문화생활을 통해 얻으려하는 것과 같은 맥락이라고 볼 수 있습니다. 굳이 여행이나 문화생활이 아니더라도 바쁘고, 익숙한 일상에서 한 걸음 물러나 생각을 정리하는 나만의 생각주간을 갖는다면, 우리의 삶은 더욱 안정적이고, 풍부해질 것입니다.

그래도 만약 지금의 휴식이 불안하다면, 이 글을 주문처럼 읽어보세요. 지금의 휴식이 결코 낭비나 사치가 아니라 가치투자라고 말해주고 있으니까요.

사람이 살아가면서 꼭 위로 높아지는 것만이 정답은 아닌 것 같아.
옆으로 넓어질 수도 있는 거잖아. 마치 바다처럼.
넌 지금 이 여행을 통해서 옆으로 넓어지고 있는 거야.
많은 경험을 하고, 새로운 것을 보고, 그리고 혼자서 시간을 보내니까.
너무 걱정 마.
네가 여기서 시간을 보내는 동안 다른 사람들이 너보다 높아졌다면,
넌 그들보다 더 넓어지고 있으니까.

-김동영 〈너도 떠나보면 나를 알게 될 거야〉-

【 꿈, 비전 품기 】

"부의 격차보다 무서운 것은 꿈의 격차이다.
불가능해 보이는 목표라 할지라도,
그것을 꿈꾸고 상상하는 순간 이미 거기에 다가가 있는셈이다."

-이지성, 〈꿈꾸는 다락방〉 중에서-

우리는 꿈과 비전에 관련된 명언이나 글을 책, 영화, 드라마, 광고, 유명한 강사들의 강의 등에서 수도 없이 많이 접하게 됩니다. '꿈, 비전을 품고 열정적으로, 포기하지 않고 노력하다 보면 언젠가 그 꿈이 이루어진다.'는… 내용은 비슷비슷한데 이렇게도 일상생활 속에서 많은 사람들이 자주 사용하고 얘기하는 까닭은 그만큼 꿈과 비전을 품고 살아가는 것이 중요하기 때문일 것입니다.

차동엽 신부님이 쓴 〈무지개원리〉라는 책에도 일상에서 우리가 꿈을 품어야 하는 이유에 대한 좋은 사례를 들고 있습니다. '하버드대학의 놀라운 연구결과'라는 주제로 소개된 이 사례는 다음과 같습니다.

「IQ와 학력, 자라온 환경 등이 서로 비슷한 사람들을 대상으로 실험을 한 결과, 놀라운 사실을 발견할 수 있었다.

27%의 사람은 목표가 없고, 60%는 목표가 희미하며, 10%는 목표가 있지만 비교적 단기적이라고 응답하였다. 단지 3%의 사람만이 명확하면서도 장기적인 목표를 갖고 있었다. 그리고 이들을 25년 동안 끈질기게 연구한 결과 재미있는 사실이 발견되었다.

명확하고 장기적인 목표가 있던 3%의 사람은 25년 후에 사회 각계의 최고 인사가 되었다. 그들 중에는 자수성가한 사람도 있으며, 대부분 사회의 주도적인 위치에서 영향력을 행사하고 있었다.

10%의 단기적인 목표를 지녔던 사람들은 대부분 사회의 중상위 층에 머물러 있었

다. 그들은 단기적인 목표를 여러번에 나누어 달성함으로써 안정된 생활의 기반을 구축하였으며, 사회 전반에 없어서는 안 될 전문가로 활동하고 있었다.

그중 목표가 희미했던 60%는 대부분 사회의 중하위 층에 머물러 있었다. 그들은 모두 안정된 생활환경에서 일하고는 있지만, 10%의 사람들에 비해 뚜렷한 성과는 없었다.

27%의 목표가 없던 사람들은 모두 최하위 수준의 생활을 하고 있었고, 취업과 실직을 반복하며 사회가 나서서 구제해 주기만을 기다렸다. 때로는 남을 원망하고, 사회를 원망하면서…」

이 연구결과는 명확하면서도 장기적인 목표. 즉 꿈을 품고 살아가는 것이 개인의 성공적인 삶에 얼마나 많은 영향을 미치게 되는지 잘 얘기해주고 있습니다.

여러분은 지금 어떤 꿈을 품고 계신가요? 혹시 답답한 일상에 찌들어 자신이 진정 바라는 꿈들을 점점 잃어가고 있다고 느끼시나요? 일상이 너무 바빠 꿈, 비전이라는 단어들을 생각할 겨를도 없이 하루하루 버텨내기도 힘드시다구요?

이해가 갑니다. 요즘 같은 시대에 건축분야에서 긍정적으로 미래의 자신의 꿈을 향해, 비전을 향해 열정으로 살아가려고 노력한데도 사실 그 열정을 지속하기가 여간 어려운 게 아닐 겁니다.

경기침체의 여파에 민감한 건축시장은 점점 악화되는 것 같고, 더 이상 비전도 없어보이고, 회사생활 중에도 하루에 몇 번이고 이 일을 계속해야하나, 언제까지 이래야되나 그런 생각이 들을 때가 참 많을 겁니다. 하루하루의 업무진행도 비효율적인 것만 같고, 인건비, 외주비를 줄이기 위한 상사들의 노고에 오늘도 변함없이 야근철야를 해야 하는 자신을 돌아보며 왠지 모를 서글픔마저 들지도 모릅니다. 때론 건축설계라는 것이 지극히 고객을 만족시켜야하는 서비스업이다 보니 발주처하고 협의하며 그들의 몇몇 사람들에게 수고했다는 의미로 접대도 하고, 또 본의 아니게 접대를 강요받기도 하겠죠. 마음속엔 건축에 열정을 받치며 지나온 시간들이 후회도 되고, 뭐 이런 부류의 사람들한테 내 건축 열정을 쏟아 부어야 하나 싶은 생각에 당장 내일이라도 때려치고 싶은 마음이 굴뚝같을지도 모릅니다.

그렇게 조금씩 자신의 바람과 어긋나기만 하는 현실 속에서 꿈은 꿈일 뿐이라는 생각에 오늘도 무언가를 시작하려다 또다시 낙망하고 실패할까 두려워 망설여지기도 할 것입니다. 넌 꿈이 뭐니? 라고 누군가 묻는 질문엔 희망의 말 대신 어느 순간 깊은 한숨 소리만 내뱉고 있을 수도 있겠죠.

그러나 '피그말리온 효과'가 말해주듯이, 사람은 스스로가 생각하는 대로 존재한다고 합니다. 자신이 처한 현실이 어떻든 꿈이, 비전이 없다고 생각하면 그런 삶을 살게 되는 것은 어쩌면 당연한 것이겠죠. 그러니 마음을 넓게, 생각을 좀 더 크게 해서 일상의 어려움들을 거뜬히 이겨내고, 망설임과 두려움을 이겨내고, 꿈만큼은 다시금 크게 품어야 하지 않을까요?

바라는 바만 다를 뿐 우리 모두는 꿈을, 자신만이 볼 수 있는 인생의 희망을 내면 깊숙이 품고 사는 존재들입니다. 그러므로 절대 자신이 처한 지금의 현실을 비관해서는 안 됩니다. 우리의 꿈을 향해, 비전을 향해 당장 오늘 처참하고 비겁한 것 같은 자신의 현실을 이겨내야 합니다. 용기를 잃지 말고 오늘 하루 격정적이었던 자신의 모습에 진심어린 박수를 보내주세요. 꿈과 비전이 있는 한 우리가 어느 자리에 어떻게 서있건 승리는 항상 우리 곁에 있을 것입니다.

그러기위해 최소한 우리는 꿈과 비전을 향한 노력을 멈추지 말아야겠습니다. 중간중간 포기하고 싶은 마음을 열정으로 붙들어야 합니다. 꿈에 대한 열정은 이를테면 등산을 앞두고 산을 오를지 말지 망설이고 있는 것이 아니라, 조금만 오르면 산의 정상에 오를 수 있다는 기대와 희망으로 한발을 힘차게 내딛기 시작한, 그래서 산의 정상을 향해 가고 있는. 그런 현재진행형의 열정일 것입니다.

꿈을 이루려면 그 과정을 즐길 줄 알아야 한다고 합니다. 불가능해 보이는 목표라 할지라도 마음속에 커다란 꿈을 품고, 확신으로 자신의 꿈을 지속적으로 꾸는 사람만이, 열정으로 그 과정을 즐길 줄 아는 사람만이 꿈에 조금 더 가까이 다가갈 수 있다는 것을 기억해야 할 것입니다.

헬렌 켈러는 말했습니다.

"진정한 시각장애인은 시력이 없는 사람이 아니라, 비전이 없는 사람"이라고…

꿈과 비전을 품고 살아가는 여러분이 되시기를 진심으로 응원합니다.

무선모형잡지 표지모델로 실린 로봇 태권브이 (2008.03)

현재 계획 중인 건담 무선모형의 라이노 모델링

대학 내내 공모전 설계를 할 때 단짝처럼 붙어 다녔고, 현재도 같은 회사를 다니고 있는 김영주라는 후배가 있습니다.

이 친구는 만드는 것을 무척이나 좋아했습니다. 사회에 나와 회사 다니면서 취미생활로 했던 로봇 만들기로 한때 무선모형잡지와 EBS 방송에도 나온 적이 있었죠. 건축을 전공했음에도 전자, 기계를 전공한 친구들만큼이나 무선조종 로봇에 대한 열정이 정말 남달랐습니다. 어쩌면 그 이상일지도 모르겠네요.

이 친구에겐 커다란 꿈이 하나 있습니다.

1:30 스케일의 무선조종 로봇 건담(대략 60cm 높이)을 만들어서 일본 최고의 프라모델 회사 반다이가 자신의 건담을 꼭 사고 싶게 하겠다는…

회사생활하면서 조금씩 만들다보면 자신의 생각보다 오래 걸릴 수도 있겠지만, 지속적으로 꿈꿔온 시간만큼, 포기하지 않고 꿈을 위해 쏟아온 열정만큼, 저는 이 친구의 꿈이 꼭 이루어지길 희망해봅니다.

보다 높은 곳을 보라

디자이너로
성공하기 위한
『자기경영하기』

Part 2

06 보다 높은 곳을 보라

06 보다 높은 곳을 보라

【 기획능력 갖추기 】

오늘날 기업이나 조직의 업무분야에는 '기획'이라는 용어를 붙여 만들어낸 많은 업무분야가 존재하고 있습니다.

마케팅기획, 광고기획, 공연기획, 출판기획, 웹기획, 상품기획…

건축설계업무 중에서도 건축기획이라는 업무분야가 있으며, 최근에 일부 대학에서는 전공수업 중의 하나로 건축기획 과목을 편성하기도 했었죠. 이렇듯 '기획'이라는 용어는 분명 현대사회의 많은 분야에서 폭넓게 사용되고 있습니다.

기획이란? '어떤 일을 꾸미어 계획한다.'는 사전적 의미가 있듯이, 기업의 관점에서 기획은 정보를 수집하고 분석해서 종합적으로 판단하여, 기업이 최고의 수익을 올리고 지속적으로 발전할 수 있는 어떤 일을 만들어 내는 것이라고 할 수 있습니다. 잘 만들어낸 기획 하나가 기업을 되살리고 많은 부를 가져다주는 사례는 우리 주변에서도 많이 접할 수 있죠. 김종원씨의 〈전략기획자로 승부하라〉를 보면 '빼빼로'를 식품업계의 대표적인 기획 성공사례로 얘기하고 있습니다.

「빼빼로가 본격적인 성장의 길을 걷게 된 것은 1996년이었다. 부산의 한 여자중학교에서 11월 11일을 맞아 친구들끼리 빼빼로를 주고받는 '빼빼로데이' 기념일이 있다는 사실을 접한 것이 계기가 되었다. 이 소식을 전해들은 롯데제과의 마케팅 기획자들은 전국적으로 대대적인 시장조사와 판촉행사를 벌이기 시작했다. 반응은 예상보다 뜨거웠다. 전략적인 마케팅을 펼친 결과, 2000년 이후 지금까지 한 해 평균 매출액 450억 원 안팎을 기록하게 되었다. 더욱 놀라운 것은 이 전체 매출 가운데 빼빼로데이 대목 기간인 9월에서 11월 동안의 매출액이 한 해 매출액의 60%를 차지하는 현상이 매년 반복되고 있다는 것이다. 물론 빼빼로데이를 만들어 이를 적극적으로 활용하는 모습에 대해 지나친 상업주의적 접근이라는 비판도 있다. 하지만 우리가 여기에서 얻을 수 있는 의의는 상업적이라는 부정적인 시각보다는 지방에서의 작은 움직임을 놓치지 않은 기획자의 호기심과 관찰력이다. 결국 기획자 한명의 호기심이 빼빼로 450억 원의 매출을 만든 셈이다.」

건축가 이현욱의 땅콩주택

건축업계에서는 최근에 유행한 땅콩주택-껍질 하나에 땅콩 두 알이 들어 있는 모양의 집, 즉 두 집이 붙어 하나의 건물을 이룬 주거용 주택-을 꼽을 수 있습니다. 내 집 마련을 하고 싶어 하는 많은 사람들이 마당이 있는 단독주택에서 살기를 소망해보지만, 대부분은 경제적인 문제로 생각만 하고 있는 게 현실이죠. 그런데 건축가 이현욱씨의 상상력을 통해 땅콩주택이 구현되면서, 3억 정도의 금액으로 땅도 사고, 마당 있는 집도 지을 수 있게 되었습니다. 이현욱씨는 '한 필지에 두 집짓기', '마당 공유하기', '에너지 효율을 최상급으로 하기'라는 기본개념을 설정하고, 전략적으로 모바일 하우스-이동식 주택, 공장에서 만들어 부지에 갖다 세우는 작은 건물-개념을 이용하여 한 달 만에 자신의 집을 지어보기로 했죠. 바로 그렇게 탄생된 것이 땅콩주택입니다.

빼빼로데이, 땅콩주택, 이 두 사례는 모두 상상력과 통찰력을 바탕으로 한 전략적인 사고를 통해, 정보수집, 분석, 판단, 실행의 과정을 거쳐 만들어낸 성공적인 기획의 산물이라고 말할 수 있습니다.

현대의 대부분의 기업이나 조직은 치열한 경쟁사회를 살아가면서 자신의 기업이 생존하고, 경쟁우위를 점하기 위해서는 '전략기획'이 필요하다고 생각합니다. 앞의 사례를 통해 얘기했듯, 기획에 필요한 것이 전략적 사고이므로 전략과 기획은 같은 맥락이라 볼 수 있는데, 바로 이러한 전략적 사고의 활용이 '전략기획'이라 할 수 있습니다.

전략기획은 다시 말해서 '누구를 대상으로', '어떤 상품을', '어떻게 개발하여 판매할 것인가', 그리고 '어떻게 경쟁우위를 점하여 승리할 것인가'를 전략적으로 사고하여 실행에 옮기는 것을 말합니다.

설계사무실에서 설계 프로세스상의 기획설계를 하는 경우를 한번 생각해 봅시다. 건축주가 원하는 부지에 원하는 시설의 타당성을 검토하는 경우도 있지만, 설계사무실이 전략적으로 시행사 등과 협업하여 '어떤 고객을 대상으로', '어떤 부지에', '어떤 시설을 개발할 것인가' 총체적으로 종합 판단하여 기획하는 경우도 있습니다. 이런 경우 잘된 기획설계 하나가 많은 수주액을 가져다주기도 하죠. 경쟁설계를 하는 경우에는, 이제는 자료와 정보의 공유 등으로 계획안이나 프리젠테이션 퀄러티가 별반 차이가 없기 때문에, '계획안에 어떤 콘텐츠를 담아내야 할까?', '이번 판은 어떤 전략을 세워야 상대사를 이길 수 있을까?'를 끊임없이 생각하며 디자인을 진행하게 됩니다. 전략적으로 끊임없이 사고하는 이 모든 것들이 결국 전략기획인 것이죠.

이렇듯 기업이나 조직에 있어서 기획의 역할은 상당히 중요합니다. 그래서 기획능력은 일반 직장인들뿐 아니라 설계사무실을 다니는 우리들에게도 꼭 필요한 능력이라 할 수 있습니다.

IMF이후 평생직장이라는 개념이 사라지면서 기업이든, 개인이든 미래를 예측하고 시대의 변화에 민첩하게 대응하지 않으면, 기업은 망하고 개인은 직장에서 쫓겨나기 십상입니다. 설계사무실도 예전처럼 대표나 임원들의 인맥, 지명도에 의해 일을 수주하는 수동적인 수주방식으로는 더 이상 사무실을 운영할 수가 없습니다. 또한 건설사, 시행사, 공공 발주기관 등에 크게 의존하고 있는 현재의 수주실태만으로는 현상유지하기도 힘든 상황이죠. 그래서 어느 정도 규모가 되는 사무실의 경우엔 그 이름은 조금씩 다르지만 '전략기획본부'라는 걸 만들어서 운영하고 있습니다. 이를 통해 끊임없이 새로운 일을 찾으려 노력하고, 경쟁에서 우위에 설 수 있는 확률을 높이려 하고, 지금의 설계사무실 시스템을 개선하면서 효율적인 운영이 될 수 있도록 노력하고 있습니다.

설계사무실을 다니는 개개인도 마찬가지 노력을 해야 합니다. 평생직장의 개념이 사라진 오늘날 각자의 삶을 롱런하기 위해서는 지시받은 일을 잘 소화해내는 것은 물론이요, 개인적으로는 기획하는 능력을 키워야 한다고 봅니다. 그것이 자신이 속한 기업이나 조직의 시스템을 개선하는 차원이든, 수주에 도움이 되는 기획이든, 뭐든… 무엇을 기획할지 생각하고 있는 것을 분명히 말해야 합니다. 언제까지 회사에서 주는 월급만 받고 있을 순 없기에, 그렇게 스스로를 자꾸 자립시키는 훈련을 해야 합니다. 당분간은 꼬박꼬박 나오는 월급이 달콤할 테지만, 그 기간이 그리 오래지 않음을 우리는 잊지 말아야 합니다. 그 달콤함이 지속되려면, 시대의 변화에 민첩하게 대응하며 무엇인가를 전략적으로 생각하고 기획하는 훈련을 해야 할 것입니다.

장기적인 경기불황과 시장개방 탓에 건축시장이 갈수록 좁아지면서, 이제 모든 설계사무실들이 앞으로 변화하지 않으면 안 된다는 위기의식은 충분히 가지고 있는 듯합니다. '궁즉변 변즉통 통즉구(窮則變 變則通 通則久)'라는 말이 있습니다. '궁하면 변하고 변하면 통하고 통하면 오래 간다'는 뜻으로 약 2,400년 전의 전국시대 글이지만, 오늘날 설계사무실 입장에서 변화와 혁신의 필요성을 잘 표현해 주고 있는 글입니다. 바로 이 변화와 혁신을 주도하는 역할을 하는 것이 전략적 사고를 통한 기획능력입니다.

한치 앞도 예감할 수 없는 불확실한 시대에 치열한 경쟁을 뚫고 살아남기 위해서는 기업이든, 개인이든 과거의 방식에 얽매여 있어서는 안 될 것입니다. 기획능력을 통해 미래를 예측하고, 끊임없이 변화를 주도하여 새로운 것을 만들어 내야만 합니다. 그렇기에 우리는 이러한 기획능력을 갖춘, 스스로가 '전략기획자'가 될 수 있도록 꾸준히 노력해야겠습니다.

【 리더십 갖추기 】

"오케스트라를 지휘하는 지휘자는 자기는
정작 아무 소리도 내지 않습니다.
그는 다른 이들로 하여금 얼마나 소리를 잘 내게 하는가에 따라
능력을 평가받습니다. 다른 이들 속에 잠자고 있는 가능성을
깨워서 꽃피게 해주는 것이 바로 리더십 아니겠습니까?"

-보스턴 필하모닉 지휘자, 벤 젠더-

건축설계분야에서 리더는 어떠해야 하는가?

요즘 들어 부쩍 이런 생각을 많이 하게 됩니다. 실시파트에서는 오랜 경험을 바탕으로 대관업무 등의 일을 문제없이 처리하고, 수많은 디테일을 머릿속에 가득 담아놓고, 직원들이 놀지 않게 적절히 일을 배분하고, 무엇보다 발주처로부터 기성금을 잘 받아내면…

계획파트에서는 아이디어를 잘 통합하여 계획방향을 잘 잡고, 제때 결정을 잘 내리고, 적은 인원으로 프로젝트를 완수시키고, 외주비가 적게 들게 하고, 무엇보다 프로젝트 당선확률을 높이면…

그렇게 하면 리더인 것일까? 물론 오늘날 경제논리를 앞세우는 설계사무실에 꼭 필요한 리더의 자질일 수 있겠습니다. 이 책에도 PM 또는 팀장의 역할이라는 명목아래 리더의 자질에 대하여 간간히 언급한바가 있습니다. 의견을 수렴하고 통합하는 정리형 리더, 권한위임과 업무분리를 잘하는 멀티플라이어형 리더, 선택과 집중, 스케줄관리를 잘하는 리더… 어찌 보면 이런 것들 또한, 프로젝트를 원활하게 완수하기 위한 리더의 기본적인 자질에 불과한 것일 수도 있겠네요.

리더십에 관한 서적도 성공관련 서적만큼이나 수많은 책들이 서점에 비치되어 있습니다. 중국, 일본의 전국시대에 등장한 역사적 인물의 리더십에서부터, 현대의 성공한 기업가들의 리더십에 이르기까지. 사실 너무 많다보니 책에 등장한 인물들만 파악해내는 것도 그리 쉽지만은 않습니다.

대한민국 샐러리맨들의 애환과 성공스토리를 담은 현대판 초한지 (JS픽쳐스)

얼마 전에 SBS 월화 드라마 '샐러리맨 초한지'가 방영됐었죠. 이 드라마의 배경이 된 '초한지'는 중국의 실제 역사 기록인 사마천(司馬遷)의 〈사기(史記)〉중에서 '항우본기'를 기반으로 쓰인 고전담론입니다. '초한지'는 초한시대의 항우와 유방, 두 영웅의 전쟁이야기를 소재로 하고 있죠. 기원전 206년 진나라의 멸망 후, 서쪽의 초나라 패왕이 된 항우는 귀족출신의 무장이었고, 한나라의 왕이 된 유방은 시골출신의 하급 관리인이었으나, 5년에 걸친 초한전쟁(楚漢戰爭)에서 마침내 승리하여 중국을 통일한 인물은 유방이었습니다.

유방이 지략과 힘 모든 면에서 월등한 무적 항우를 무찌르고 통일을 이룰 수 있었던 근본적인 이유는 그의 용인술에 있다고 볼 수 있습니다. 즉 대범하게 자신을 능가하는 인재를 등용하고 기용해서, 능력에 맞게 역할분담을 하고 적재적소에 배치하여, 그들이 자신들의 능력을 충분히 발휘할 수 있도록 한 것입니다.

"나는 지모와 계략에는 장량을 따라갈 수 없고, 나라를 다스리는 데는 소하에 뒤지며, 군대를 지휘하는 능력 또한 한신에 이르지 못한다. 그런 내가 천하를 얻을 수 있었던 것은 바로 이 셋을 얻었기 때문이다." 유방이 한 이야기입니다. 인재를 인정하고 신뢰하며 활용할 줄 아는 그의 리더십이 잘 보여 지는 대목이죠.

일본의 전국시대에는 세 명의 영웅, 오다 노부나가, 도요토미 히데요시, 도쿠가와 이에야스가 있습니다. 김광희씨의 〈이수일은 심순애를 어떻게 꼬셨나?〉를 보면, 에도 시대 말기의 다이묘(大名, 지방호족)였던 마쓰라 세이잔의 수필집에 실린 세 영웅의 성격을 명료하게 표현한 글을 하나 소개하고 있습니다.

오다 노부나가

도요토미 히데요시

도쿠가와 이에야스

누군가가 두견새를 보내왔다.

그러나 두견새는 울지 않았다.

울지 않는 두견새는 죽여 버려야 한다. (오다 노부나가)

울지 않는 두견새는 울게 만들어야 한다. (도요토미 히데요시)

울지 않는 두견새는 울 때까지 기다려야 한다. (도쿠가와 이에야스)

이 글을 보면 세 영웅의 성격뿐만 아니라, 각자가 추구하는 리더십의 방향도 어느 정도 짐작할 수 있을 겁니다. 노부나가는 빠른 결단력과 추진력을 갖춘 리더십의 소유자입니다. 항상 치열한 전투의 최전방에 서야했던 그의 삶의 환경이 자연스레 그에게 빠른 결정을 하게하고, 냉정하면서도 강하게 일을 추진하도록 했을 겁니다. 히데요시는 전략적이며 능동적인 리더십의 소유자입니다. 그는 울지 않는 두견새도 스스로 울게 만들만큼 매우 영리했지만, 목표를 이루기 위해서라면 온갖 수단과 방법을 가리지 않았던 인물이기도 했죠. 이에야스는 강인한 인내와 신뢰를 중시하는 리더십의 소유자입니다. 그는 히데요시의 충신역할을 하면서 서두르지 않고 자신의 시대가 올 때까지 때를 기다렸던, 그래서 결국 일본 전국시대를 완전히 통일한 인물이죠.

이들 세 영웅의 리더십은 일본 전국시대라는 시대적 상황과 그들의 성장배경에 따라 형성된 리더십이라고 볼 수 있습니다.

전국시대만큼이나 치열한 경쟁을 해야 하는 오늘날은 어떤 리더십의 형태들이 있을까요? 〈안철수의 생각〉을 보면 안철수씨가 생각하는 21세기형 리더십에 대한 이야기가 나옵니다.

「21세기에는 탈권위주의가 진행되고 위아래의 벽이 붕괴되면서 수평적인 구조가 가능한 세상이 됐습니다. 그러다보니 이제는 리더십이라는 게 리더가 스스로 주장한다고 생기지 않습니다. 사람들이 쳐다보면서 따라갈 만하다고 판단하면 그 사람을 따르는 것이죠. 영어로는 '팔로워디(follow-worthy)', 즉 따라갈 만한 가치가 있다고 판단되는 사람을 리더로 인정하고, 그런 사람에게 대중이 선물로 주는 것이 리더십이라고 생각합니다. 이러한 리더십은 자연스럽게 수평적인 리더십, 소통과 공감의 리더십이 되죠.」

안철수씨는 이 이야기와 더불어 경제위기 속에서 앞으로 우리 사회가 처할 현실을 해결하려면 '대화와 설득의 리더십', '통합의 리더십'이 절실해질 것 같다고 말하고 있습니다.

이렇듯 수많은 서적들이 리더십에 대해서 이야기하고 있지만, 보여 지는 리더의 자질이나 리더십에 필요한 조건들은 모두 비슷합니다.

스스로가 '통찰력과 비전'을 가져야한다.

선택의 순간에서 신속, 정확한 '결단력과 실행력'이 필요하다.

문제에 대한 '자기확신'이 필요하다.

강한 '책임의식'을 지녀야 한다.

좋은 '조언자'를 곁에 두고 그들의 의견에 귀 기울인다.

직원들에게 '동기부여'를 하고 함께할 '비전제시'를 한다.

직원들에게 '권한위임'을 한다.

나무 기르듯 '인재관리'를 한다.

적재적소에 '인재활용'을 한다. 등등.

대략 이정도로 정리해 볼 수 있겠네요. 많은 리더십 관련 서적에서 공통적으로 나오는 얘기 이듯이, 오늘날 기업이나 조직의 리더들에게 꼭 필요한 조건임에는 틀림없는 것 같습니다.

그럼 디자인을 중시하는 건축설계분야의 리더십에는 어떤 능력들이 필요할까요? 왠지 일반기업이나 조직에서의 리더십하고는 조금은 다른 면도 필요하지 않을까라는 생각도 듭니다. 〈새로운 미래가 온다〉의 저자 다니엘 핑크는 미래의 인재에 대한 6가지 조건으로 '디자인, 스토리, 조화, 공감, 놀이, 의미'를 이야기 하고 있습니다. 이 책에서 말하고 있는 6가지 조건들이 리더를 대상으로 하는 얘기는 아니지만, 설계사무실에서 필요한 리더십의 조건으로 재해석하여 한번 얘기해보도록 하겠습니다.

1.디자인 - 일반적인 기업에서 리더의 위치에 있는 사람들이 관리능력을 우선시하곤 있지만, 설계사무실의 리더는 기본적으로 디자인 능력을 갖춰야 합니다. 그런데 요즘 경기가 어렵다보니 디자인능력보다는 관리능력을 제일로 여기는 경우가 생겨납니다. 디자인을 상품화하는 설계사무실에서 디자인능력이 없는 리더들이 직원들과 소통하며 디자인을 논한다는 것 자체가 웃긴 일이죠. 디자인능력이 좋으면 관리능력 또한 충분히 좋을 거라 생각합니다.

2.스토리 - 다수가 프로젝트에 참여해 디자인을 결정해 가는 과정에서 리더의 취향에 맞추려는 단순 주장이 성립되어서는 안 되죠. 리더는 디자인의 올바른 방향을 위해 감성을 자극할 전체 스토리를 만들어내는 능력을 겸비해야 합니다. 이것은 리더뿐만 아니라 직원 개개인도 키워가야 할 능력이라 할 수 있습니다.

3.조화 - 많은 회의를 주간하는 리더의 위치에서는 분석보다는 종합하는 능력이 필요합니다. 즉 전체 스토리를 구성하기 위해서 경계를 넘나들며 서로 다른 요소들을 결합해 내는 능력이 바로 조화인데, 이것은 다른 말로 통합능력이라고도 할 수 있습니다.

4.공감 - 공간을 다루는 설계사무실에서 직원들과 의사소통을 원활하게 하려면 공감능력을 키워야합니다. 리더의 기준으로 다뤄지는 공간이 아닌, 그들이 얘기하는 공간을 공감하는 능력은 그들의 생각과 느낌을 이해하고 유대를 강화하며 그들을 세심히 배려하는 것입니다.

5.놀이 - 창의적인 사고를 해야 하는 설계업무특성상, 지나치게 진지한 업무분위기보다는 마음의 여유를 즐길 수 있는 업무분위기를 조성해주는 것이 좋겠죠. 리더는 일과 중의 적당한 놀이문화를 어느 정도 인정해줄 필요가 있습니다.

6.의미 - 설계사무실 직원들의 능력은 다양합니다. 디자인 잘하는 직원, 도면 잘 그리는 직원, 모형 잘 만드는 직원, 프리젠테이션 잘 하는 직원 등등. 이런 그들을 어느 한 기준으로 평가해서는 결코 안 되죠. 개성과 능력이 다른 그들 모두의 의미를 인정하고, 또 각자의 능력에 맞게 의미를 부여해주는 것이 리더의 중요한 역할일 것입니다.

중국 고전 초한지에서부터 현대의 설계사무실에 이르기까지, 장황하게 리더의 자질과 리더십의 여러 조건들에 대해서 알아봤습니다. 앞서 살펴본 여러 리더십의 형태에서도 알 수 있듯, 리더십이란 어떠한 시대적 상황이나 주변 환경 등에 의해서 조금씩은 다르게 나타날 수밖에 없을 겁니다. 그래서 난세에는 오다 노부나가와 같은, 치세에는 도쿠가와 이에야스와 같은 스타일의 리더십이 필요하다는 말이 있는 거겠죠. 그리고 우리가 살고 있는 21세기는 안철수씨의 말처럼 '소통과 공감', '대화와 설득'을 통한 진정 '통합의 리더십'이 필요한 때일 수도 있겠습니다.

요즘 들어 제가 생각하는 리더십은 이렇습니다.

하나의 이미지로 멈춰있어서는 결코 안 되는 것.
시대의 변화에 따라 적절히 이미지를 변화시켜가는 것.
냉철한 시선으로 현재의 상황을 꿰뚫어 보는 것.

개인의 이익을 위해 직원들을 이용하지 않는 것.
공(功)이 있을 때 본인을 내세우지 않는 것.
과(過)가 있을 때 본인이 앞장서는 것.

직원들의 자존감을 높여주는 것.
서로가 경쟁상대가 아닌 팀 메이트로 보게 하는 것.
울지 않은 두견새에게 또 다른 가치를 발견해주는 것.

꿈과 비전을 직원들에게 제시해주는 것.
그 비전을 공유하며, 같은 방향으로 노력하는 것.
진정으로 그들 각자의 삶의 승리를 염원해주는 것.

한사람의 의견도 놓치려하지 않는 것.
한사람의 마음도 놓치려하지 않는 것.
한사람, 한사람에게 진심으로 다가가려는 것.

【 CRM과 PRM 】

혹시 CRM과 PRM을 들어본 적 있나요?

건축설계를 업으로 삼고 있는 사람들에게는 생소한 단어죠. 하지만 건축설계도 서비스업으로써, 고객만족에 관련한 이 용어에 대해 관심을 가져야 합니다.

생소한 용어인 만큼 간단한 설명부터 하자면, CRM이란 'Customer Relationship Management'의 약자로 '고객관계관리'를 말합니다. 기업이 고객과 관련된 자료를 분석하고 통합해서 고객특성에 맞게 마케팅하는 것이죠. 또 'Partner Relationship Management'의 약자인 PRM은 '파트너관계관리'를 말합니다. 이것은 '고객관계관리(CRM)'를 더욱 효과적으로 하기 위해 고객과 기업의 중간위치에 있는 영업소나 협력업체를 관리하는 것이죠.

이러한 CRM(고객관계관리)과 PRM(파트너관계관리)을 설계사무소에도 대입해 볼 수 있습니다. CRM은 최적의 계획안을 도출하기 위해 건축주나 발주처의 수요와 니즈를 파악하여 관리하는 것이고, PRM은 결과적으로 결과물의 퀄리티를 높이기 위해 협력업체를 관리하는 것으로 생각할 수 있습니다.

수행했던 프로젝트를 수록해서 직접 만들었던 **연하장**

-여러분도 업무적으로 인연을 맺은 분들께 이런 연하장을 만들어서 보내보세요.-

경쟁설계를 오래 하다보면, 지침을 통해 건축주나 발주처의 성향은 어느 정도 파악이 가능하죠. 하지만 한번만 삐끗해도 정보력에서 뒤처지게 되는 것이 경쟁설계입니다.

지속적으로 다양한 정보를 얻기 위해서는 업무적으로 맺은 발주처나 건축주와의 관계를 유지시키기 위한 노력이 필요합니다. 서비스업에서 고객을 분석하여 그에 맞는 마케팅을 하는 것 뿐 아니라 고객의 생일이나 기념일을 챙기는 등을 계속해서 관리하는 것처럼 말입니다. 평소 안부를 묻거나 연말과 같은 때에 연하장을 보내는 등의 노력을 기울이면, 자연스러운 홍보 효과도 볼 수 있습니다. 이는 관계의 지속과 함께, 수주의 가능성이 높아지는 기회가 되기도 합니다.

수주를 안정적으로 이어가기 위해선 건축주나 발주처에 대한 관리하는 CRM뿐 아니라 파트너십을 유지해야 하는 협력업체를 관리하는 PRM도 게을리 해선 안 되겠죠. 고객만족을 위해 CRM이 제대로 되려면 PRM의 뒷받침이 있어야 한다고 합니다. 좋은 계획안을 보여주는 사무실이라는 믿음을 건축주에게 지속적으로 심어주기 위해서는 파트너관리가 필수적입니다. 우리가 아무리 좋은 계획안을 낸다 해도 결과물을 책임지는 협력업체의 작업이 그에 맞게 따라주지 않으면 계획안이 좋다한들 아무 소용이 없습니다. 경쟁설계에서 CG, 모형, 편집과 같이 제출물을 작업하는 업체가 결과물의 마지막 작업을 맡은 만큼, 계획안의 퀄리티가 여기서 좌지우지 된다고 할 수 있죠.

퀄리티가 일정수준으로 유지되기 위해선 각 분야별 업체와 지속적으로 관계를 맺는 것이 도움이 됩니다. 함께하는 프로젝트가 많아질수록 서로의 작업 시스템과 취향 및 능력치를 간파하고 있기 때문이죠. 덕분에 일의 진행도 매끄럽고, 좀 더 빠른 작업속도도 기대할 수 있습니다. 특히나 짧은 일정의 제안서와 같은 경우에는 시간단축의 중요한 열쇠가 되기도 합니다.

궁극적으로 경쟁설계에서의 당선을 위해, 건축주의 만족도를 높이기 위해 최선을 다하는 것이 CRM과 PRM을 하는 이유일 것입니다. 건축설계시장이 점점 더 작아지고 있는 이 시점에서, 살아남기 위해 고객관리와 파트너관리에 더욱 노력을 기울여야하지 않을까 합니다.

【 협상능력 갖추기 】

'어떤 목적에 부합되는 결정을 하기 위해 여럿이 서로 의논함'이라는 사전적 의미를 가지고 있는 협상은, 쉽게 말해 자신이 원하는 것을 가장 신사적으로 얻을 수 있는 방법이라 할 수 있습니다. 어려울 것만 같은 협상은 생각보다 우리 일상 가까이에 있죠.

스튜어트 다이아몬드는 자신의 저서 〈어떻게 원하는 것을 얻는가〉에서 이렇게 말합니다.

"협상은 사람 사이에서 이루어지는 상호작용이다."

많은 관계 속에 살고 있는 우리는 매일매일 협상하며 살고 있다고 해도 과언이 아닙니다. 시장에서 가격을 흥정하거나 개인간의 사소한 이익을 위한 것에서부터 기업간, 국가간의 이익을 위한 비즈니스와 외교문제까지 협상은 우리 일상에서 자주 접하게 되죠. 어쩌면 현대를 살아가는 우리의 삶은 원하는 것을 얻기 위한 협상, 그 자체일지도 모르겠습니다. 설계사무소에서도 협상은 거의 모든 업무에 포함되어 있다고 할 수 있죠.

건축주에게 통쾌한 한방을 날리고 멋지게 나오는 김도진과 임태산 〈신사의 품격〉

얼마 전 방영되었던 TV 드라마 〈신사의 품격〉에는 이런 에피소드가 나옵니다. 건축사무소에 악심을 품은 건축주가 설계비도 주지 않고, 다른 프로젝트에 민원을 제기해서 건축가들을 곤란하게 합니다.

이에 건축가로 나오는 장동건과 김수로는 그 건축주가 가진 건물을 모조리 찾아내어 용적률 초과, 불법컨테이너 건축선 위반, 불법증축 등의 위법사항들을 수집하죠. 그리고 협상 테이블로 건축주를 불러내어 자신들의 카드를 보여주었고, 결국 못 받은 설계비를 돌려받는 것 뿐 아니라 민원에 대한 문제도 통쾌하게 해결합니다.

위의 에피소드처럼 건축가들이 협상이라는 것에 능해서 곤란한 상황을 잘 처리한다면, 더할 나위 없이 좋겠지만, 사실은 그렇지 못한 경우가 대부분일 것입니다. 한국인들이 협상에 약하다는 것은 차치하더라도 설계사무소를 다니다보면, 건축주나 발주처를 상대하면서 원하는 것을 얻기란 쉽지 않다는 것을 알게 되죠.

설계사무소가 발주처나 건축주에게 무조건 굽히고 들어가서 실패한 협상의 사례는 참 많습니다. 그 중 대표적인 것이 사업성검토입니다. 설계사무소를 다니면서 다들 사업성검토 한 두 번씩은 해봤을 거라 생각합니다. 사업성검토는 수주를 위해 대부분 경비를 받지 않고 건축주의 요구에 따라 건축규모와 평면 등의 대략의 디자인까지 해주는 일종의 관행입니다.

이렇게 용역비도 받지 못하고 사업성검토를 해준 후, 그 일을 수주하는 경우는 매우 드뭅니다. 건축주가 그 데이터를 바탕으로 여러 건축사사무소의 문을 두드려서 이전 사무소가 제시한 아이디어를 이용해 가장 입맛에 맞는 사무소를 결정하죠. 참 씁쓸한 일입니다.

그러나 누구 탓을 할 것 없이 '협상'을 잘못한 설계사무소의 책임이 가장 클 수밖에 없습니다. 용역비를 조금이라도 받아냈다면, 오히려 건축주는 그 돈이 아까워서라도 계약을 하지 않았을까요?

전략적 협상이 익숙하지 않아서인지, 간혹 협상의 순간들이 오면 곤혹스러울 때가 있습니다. 개인적인 성향이나 능력 탓도 있겠지만, 협상에 대한 무관심이 더 문제라고 생각합니다.

연차가 쌓이고, 직급이 올라가면 디자인만 잘해서는 살아남기 힘듭니다. 점점 더 중요한 협상의 주체가 될 것이고, 그 협상의 결과는 자기 자신 뿐 아니라 그 아래 여러 명의 직원들에게까지도 영향을 주게 되죠. 또한 영업을 통한 수주업무를 고려한다면,

협상에 좀 더 관심을 갖고 공부해야 합니다.

설계사무소에서의 협상은 크게 영업을 통한 수주와 건축주나 발주처의 요구에 대한 대처, 또 외주비와 관련한 경비에 대한 문제, 그리고 개인적인 연봉협상으로 나뉠 수 있을 것입니다.

발주처에서 말도 안 되는 요구를 하는 경우, 능력있는 상사는 협의를 통해 일의 양을 최소한으로 줄여서 아래 직원에게 뿌립니다. 반면에 발주처에서 요구하는 그대로 일을 다 받아오는 상사도 있죠. 더한 경우는 일을 만들어서 하기도 합니다. 상대가 요구한대로 다 해주는 것만이 능사가 아닙니다. 최소한의 작업으로 서로가 원하는 것을 얻는 것이 중요한데, 협상을 통하면 가능한 일이죠.

경기가 어려운 지금, 외주비를 줄여야 할 때에도 협상에 능하면 유리합니다. 회사에선 경비를 줄이라는 공고가 계속해서 나오고, 외주비를 줄이기 위해 팀장들은 항상 고민이 많죠. 그렇다고 함께 어려운 협력업체에 무조건 깎아달라고 생떼를 쓸 수도 없습니다. 이럴 때 협상을 통해서 서로가 가능한 선까지 외주비를 줄일 수 있는 방법을 모색할 수 있습니다.

개인적으로 가장 큰 협상은 연봉협상일 것입니다. 지금은 거의 대부분의 사무실에서 유명무실해졌겠지만, 협상에 대한 의지와 시도를 하는 사람들은 회사에서 주려고 정한 금액보다 단 돈 얼마라도 연봉을 높여서 계약을 하기도 하죠.

또 설계사무소에서 가장 많이 접하게 되는 협상은 협력업체와의 협의입니다. 협상의 성공과 실패에 따라 상대의 일이 우리에게 넘어오기도 하고, 반대로 우리의 일이 줄기도 하죠. 2012년의 마지막 프로젝트였던 [구의유수지 활용 공공기숙사]는 토목과의 협의가 무엇보다도 중요했습니다. 기존 유수지 아래에 저류조를 묻고 유수지 위에 공공기숙사를 건립하는 것으로, 모두들 처음 접해보는 프로젝트였죠. 지하층의 구조와 지상층의 건축구조를 통합 설계해야 해서 처음부터 토목과의 긴밀한 협조가 있었고, 계획은 순조로웠습니다. 문제는 보고서 작성에 있었죠. 토목과 건축의 보고서 스타일이 워낙에 다른 것은 알고 있었지만, 문제는 TK와는 다르게 두 분야의 페이지가 섞여야 한다는데 있었습니다. 이질적으로 보이면 안 된다는 생각 때문에 결과물 작업할 때 계속된 협의로 많이 지쳤었죠. 처음엔 쉽게 고집을 꺾지 않던 토목업체가 다행히도 여러 번의 수정을 진행해 주었습니다. 협상을 통해 서로 이해한 덕분에 토목업체의 일이 우리에게 넘어오는 불상사도 일어나지 않았고 보고서도 만족스러웠습니다.

협상에 능하면 상황을 자신에게 유리하게 할 수 있습니다. 누가 강자이고, 누가 약자인지는 중요하지 않습니다. 우리가 원하는 것을 조금이라도 더 얻기 위해서 협상을 어떻게 할 것인가를 고민한다면, 열악한 설계사무소에서 조금 더 나은 대우와 환경을 기대할 수 있지 않을까요?

다음은 스튜어트 다이아몬드의 〈어떻게 원하는 것을 얻는가〉에 나오는 '원하는 것을 가지기 위해 필요한 자세와 전략'의 일부입니다. 평행선을 긋는 소모적인 협상이나 무조건 끌려 다니기만 했던 협상에서, 이제 '윈윈할 수 있는 협상'을 위해 일상생활에서 조금씩 시도해볼 수 있는 팁이 될 수 있을 것입니다.

관심을 갖고 의식적으로 시도하다보면, 협상에서 억울한 일은 피할 수 있지 않을까 합니다.

1. 어떤 상황에서도 평정심을 유지하라.
   감정에 휘둘리면 협상을 망칠 뿐이다.
2. 주어진 시간이 단 5초밖에 없다 해도
   반드시 준비하고 말하라. 협상 전 자기
   생각을 정리하는 것은 상당히 중요하다.
3. 협상의 결정권을 쥐고 있는 의사결정자를
   찾아라. 예를 들어 규정을 따라야 하는
   매장점원보다는 지점장을 설득하는 게 낫다.

4. 누가 옳은지 따지지 말고 목표에 집중하라.

5. 인간적으로 소통하라.

   사람과의 관계는 협상의 성공 여부를 결정짓는 가장 큰 부분이다.

6. 상대가 가진 지위와 힘을 인정하고 이를 적극 활용하라.

   그러면 이따금씩 상대가 당신을 도와주는 경우가 생길 것이다.

-스튜어트 다이아몬드의 〈어떻게 원하는 것을 얻는가〉 에서

【 말하기와 듣기 】

다양한 분야에 몸담고 있는 여러 명사들이 나와서 자신의 이야기를 들려주는 〈이야기쇼 두드림〉 이라는 TV 프로그램이 있습니다. 얼마 전엔 '2018 평창 동계올림픽' 유치에 큰 공헌을 한 나승연씨가 멘토로 출연했었죠. 그녀는 2011년 7월 남아공 더반에서 IOC위원들의 공감을 이끌어낸 이야기와 함께 왕따와 인종차별과 같은 성장과정에서의 실패와 성공담을 담담히 들려줬습니다. 그리고 방송 말미에 이런 질문을 던졌습니다.

"당신은 남의 말에 얼마나 귀를 기울이십니까?"

현재 영어 프리젠테이션 컨설팅을 하고 있고, PT의 여왕이라고 불리는 그녀의 이 질문은 많은 의미를 내포하고 있다고 생각됩니다. 말하기를 할 때 무엇이 중요한가를 되짚어보게 하죠. 말하기 위해선 상대의 말에 귀를 기울여야 한다는 커뮤니케이션의 기본적인 부분을 상기시키고 있는 것입니다.

전 세계적으로 SNS를 통해 쌍방향 혹은 다방향 소통이 활발한 요즈음, 역설적이게도 대화의 부재, 소통의 부재에 대한 자성의 목소리 또한 높습니다. 시공간의 제한 없이 그 어느 때보다 자신의 의견을 말하고, 공감하는 데에 적극적인 것도 사실이지만, 그에 반해 바로 옆 사람과의 대화에는 서툴러진 것도 부인할 수 없죠. 자세히 살펴보면, 사람들은 대화하고 있는 것이 아니라 자기 말만 하기 바쁩니다. 서로의 말이 상대의 귀에 가서 꽂히지 않고 겉돌고 있는 것이죠.

협력사와의 협의과정이나, 잦은 회의와 발표 등 다양한 커뮤니케이션이 필요한 설계사무소에서도 말하기와 듣기의 중요성은 매우 큽니다. 하지만 여기서도 다른 사람의 말을 들으려 하지 않고, 각기 다른 의견을 내세우는 소모적인 회의가 많습니다. 누군가가 말을 하면, 공격할 거리만 찾는 하이에나들처럼 달려들죠. 주의 깊게 들어주고, 수긍하고, 공감해주는 자세가 매우 부족합니다. 세게 말하고, 남의 의견을 무시하고, 자신의 의견만을 내세우는 사람들 때문에 회의 분위기는 찬바람이 붑니다. 그런 분위기에선 어느 누구도 선뜻 자신의 의견을 말하기 힘들어지죠. 커뮤니케이션이 악순환되다가 결국엔 모두들 입을 다물어버리고 맙니다.

경쟁설계는 작은 회의에서부터 결과물 제출 후의 심사과정에서의 PT까지 커뮤니케이션과 매우 밀접하게 엮여 있죠. 디자인을 잘하고, 도면을 잘 그려서 좋은 설계안을 만드는 것만이 건축설계의 전부가 아닙니다. 좋은 아이디어를 갖고 있어도, 함께 일하는 사람들이 공감하지 않으면 발전할 수 없고, 설계안을 아무리 잘 만들어도 듣는 사람의 입장에 맞게 잘 설명하지 않으면 좋은 평가를 받을 수 없습니다. 힘들게 밤을 세워서 만든 설계안이 말하기의 실패로 제대로 된 평가를 받지 못하는 것만큼 억울한 것은 없겠죠. 설계안만 좋으면 되지 않느냐는 식의 사고는 위험합니다. 그것은 기본이기 때문이죠. 그 기본을 어떻게 잘 전달하고, 공감하게 하느냐가 관건입니다.

〈뜨거운 침묵〉에서 백지연씨가 말했죠. "콘텐츠만 좋으면, 가장 훌륭하게 말하는 사람이 될 수 있다." 라고. 경쟁설계에서도 발음이 정확하거나 목소리가 시원하다는 것과 같은 기술적으로 뛰어난 말하기가 아닌, 내실 있는 설계안이 무엇보다 중요한 것이 사실입니다. 여기에 한 가지만 덧붙이자면 이 설계안이 청자, 즉 듣는 이에 맞춤형이어야 한다는 것이죠. 좋은 설계안과 함께 건축주나 발주처, 혹은 심사위원들의 요구에 초점을 맞춰 설명할 수 있다면, 말하기의 실패는 없을 것입니다.

앞서 말했듯이, 말하기와 듣기의 기본은 상대의 말과 입장을 경청하는 것을 바탕으로 한 좋은 컨텐츠라고 할 수 있습니다. 이렇게 듣고, 말하는 선순환을 통해 커뮤니케이션의 본질인 '공감'에도 다가갈 수 있는 것이죠.

직급이 올라갈수록 회의나 중요한 발표 뿐 아니라, 직원들간의 의사소통에도 이 공감능력이 더욱 절실히 요구되는 것을 느낍니다. 때문에 더반에서 청중을 고려한 프리젠테이션으로 공감과 감동을 이끌어낸 나승연씨의 "청중을 알아야 좋은 프리젠테이션을 할 수 있다."는 말과 함께, 그녀가 던진 화두에 답한 노홍철씨의 말을 오랫동안 기억해야 할 것 같습니다.

"우선수위가 정해져 있는 것은 아니지만, 말하기와 듣기의 순서를 정한다면, 듣기가 먼저인 것 같아요. 많이 들어야 그나마 조금 이야기할 수 있더라구요. 또 많이 들어야 내가 더 맛있게, 신나게, 즐겁게 이야기할 수 있었어요."

[잘 들어야, 잘 말할 수 있습니다.]

팀 회의 시간에
듣기의 중요성을 생각하며
그린 스케치입니다.

【 좌절금지, 그리고 감사하기 】

"그때는 몰랐지만 애플에서 해고당한 것은 내 인생 최고의 사건이었다. 애플에서 나오면서 성공에 대한 중압감을 다시 시작할 수 있다는 가벼움으로 대체할 수 있었다. 그 시기는 내 인생에서 가장 창조적인 시간이었다. 애플에서 쫓겨난 경험은 매우 쓴 약이었지만, 어떤 면에서는 환자였던 내게 정말로 필요한 약이었다."

-스티브 잡스-

시련 없는 인생을 살아가고 있는 사람은 없을 것입니다. 고통 없는 인생을, 후회 없는 인생을, 한 번도 좌절해본 적 없는 인생을 살아가고 있는 사람은 결코 없을 것입니다. 우리는 다들 저마다 조금씩은 아픈 기억이 있고, 상처가 있는 삶을 살아가고 있습니다.

제 짧은 인생에서도 많은 굴곡과 몇 가지 큰 시련들이 있었습니다. 조금은 창피하겠지만, 그 중에서 잊지 못할 사건 두 가지만 얘기해 보도록 하겠습니다.

대학 때, 저는 대학원까지 진학을 하고 군대문제는 그 이후에 해결하기로 마음을 먹었습니다. 99년도에 서울의 OO대학원에 입학지원을 했고, 다행이 제가 바라는 대로 합격을 하게 됐습니다. 하지만 당시 집안 형편이 그리 넉넉하지 못한 상태였고, 그 외의 여러 가지 문제들로 인해 입학등록금 납입 날짜가 다 되도록 등록금을 구하지 못한 저는, 결국 대학원을 포기해야만 했습니다. 왜 이런 시련을 겪어야 하는 것인지… 대학입학 때도 비슷한 상황을 겪었던 저는 당시 주변 탓도 많이 하고, 스스로를 탓하기도 하면서 밀려드는 좌절감과 우울함에 울다, 울다 더 이상 울 힘이 없을 때까지 한참을 울었던 기억이 있습니다. 그때 우는 것도 울 힘이 있어야 오래 울 수 있다는 사실을 알았더라면, 적어도 그렇게 어리석게 울지는 않았을 텐데 말이죠.

그 후 00년도 여름 군에 입대하는 날. 집 앞에서 작별인사를 하고 걸어가는 제 뒷모습을 보며, "아들… 엄마가 미안해."라고 말씀하시는 어머니의 모습을 차마 눈물이 날까봐 돌아볼 수가 없어서, 그냥 앞만 보고 먼 길을 떠난 기억이 아직도 제 뇌리에 생생합니다.

그렇게 시간이 흘러서 군대 제대하기 얼마 전부터 전 다시 대학원에 들어갈 준비를 했죠. 그러나 제대 후 제 주변상황은 달라진 게 아무것도 없었고 현실을 직시해야만 하는 저는, 결국 취업준비를 하면서 한동안 또다시 좌절의 늪에서 헤어 나올 수가 없었습니다.

몇 해 전에 있었던 사건 중에는 아직도 마음의 상처가 남아있는 사건이 하나 있습니다. 토문건축에 입사한지 1년쯤 됐을 겁니다. 당시 저는 원주혁신 공동주택 프로젝트를 수행하고 있었죠. 프로젝트는 작품 활동도 많이 하고, 대학교수 생활도 했었고, 건축에 종사하는 사람들이라면 이름만 들으면 다 아는 분이 운영하는 설계사무실과 조인하여 진행하고 있었습니다. 프로젝트가 한창 진행 중이었던 어느 늦은 밤. 계획안 회의에 참석해야한다는 얘기를 듣고는 전 아무생각 없이 회의에 참석하게 됐습니다. 당시 저의 주 업무는 입면계획이었으나, 초반에는 배치계획을 하고 있었죠. PM은 계획안을 설명하던 도중 배치계획에 대한 설명을 저보고 하라고 했습니다. 아무생각 없이 앉아 있다가 갑작스레 안을 설명해야하는 상황이 벌어진 거죠. 그런데 정말 머릿속이 하얘지면서 무슨 말부터 해야 할지 생각이 안 나다보니, 막상 말을 시작하는 목소리가 사시나무 떨듯 마구 떨렸습니다. 그렇게 몇 분간을 얘기하게 된 건지…

잠깐의 해프닝으로 끝났으면 얼마나 좋았을까요? 그냥 한번 창피한 걸로. 그럼 그나마 나았을 텐데…

개인적으로 너무 큰 충격이어서 전 그 사건 이후 얼마간은 말도 잘 하지 못했습니다. 팀 회의에서 한마디 하는 것조차도 너무너무 힘들었죠. 이제껏 단 한 번도 남 앞에

원주혁신지구 공동주택 현상설계 배치도

서서 그런 적이 없었는데… 항상 모르는 게 있어도 당당하게 참 말 잘했는데… 생각이 거듭될수록 인생의 패배자가 된 것 같은 좌절감은 스스로를 도저히 용서할 수 없게 만들었습니다. 결국 그때 이후 제겐 트라우마가 생겼죠. 동료들은 잘 모를 것입니다. 그 이후에 팀 동료들과 얘기하는 간단한 회의 자리에서도 제가 얼마나 많은 연습을 하고 말하는지를. 하지만 그럼에도 불구하고, 말할 때마다 느껴지는 가슴속 답답한 증상들은 쉽게 사라지지가 않았습니다. 그 때문에 지금도 심적으로 고생을 하고 있습니다만, 다시 원래의 모습을 찾으려고, 아니 그보다 더 좋은 모습을 만들기 위해 꾸준히 노력하고 있는 중입니다.

"Everything happens for a reason!"

와이프가 제게 자주 들려주는 말인데, 저는 이 말을 참 좋아합니다.

모든 일들은 나름의 이유가 있는 것이겠지요. 대학원에 진학하고 싶어서 정말 열심히 준비를 했고 합격도 했는데, 어쩔 수 없이 포기해야 했던 상황. 하지만 그랬기에 동기들보다 조금은 빨리 사회생활을 할 수 있었던 것. 남들보다 조금은 일찍 건축사를 딸 수 있었던 것. 지금의 와이프를 만날 수 있었던 것. 사회생활을 하면서 현재 알고 지내는 많은 좋은 인연을 만날 수 있었던 것… 만약 그때 대학원을 어떻게든 들어갔더라면, 지금껏 제게 왔던 많은 기회들과 소중한 인연들은 만나지 못했을 수도 있었을 것입니다.

또한 제가 토문에서 그런 일을 겪었기에, 몇 번을 주체하지 못할 만큼 창피도 해봤기에, 이제는 같은 상황이 반복된다 하더라도 더 이상 두려울 것도 창피스러울 것도 없게 된 것. 당시 일에 대한 자신감이 자만감으로 가득했던 제가 그 날 이후 다시금 스스스로를 긴장시키며 준비라는 걸 하게 된 것. 연습이라는 걸 하게 된 것… 만약 토문에 와서 이런저런 시련을 경험하지 않았더라면, 그래서 아무런 준비도 연습도 없이 계속해서 자만하고 있었더라면, 언젠가는 더 큰 시련을 맛보게 됐을지도 모를 일입니다. 그랬다면 이 책도 쓰여 지지 않았을 수도 있었겠네요. 지금까지 제게 일어났던 모든 일들에는 이렇듯 그 나름의 이유가 있었기에, 저는 앞으로 어떤 시련을 겪게 된다할지라도 좌절하지 않고 끝내 감사함으로 승리해 보려합니다.

여러분도 자신에게 일어나는 시련들 때문에 좌절한 적 많으시지요? 뜻대로 되는 게 하나도 없어서, 직장에서 인정받지 못해서, 인생의 패배자가 된 것 같아서 오늘도 혹시 남몰래 울고 계시진 않으신지…

그러나 하루하루를 좌절하며 패배자로 주저앉아 있기에는 우리에게 허락된 남겨진 시간이 너무도 아깝지 않을까요?

1,000만 관객을 돌파한 윤제균 감독의 영화 〈해운대〉

2009년 화제가 됐던 영화 〈해운대〉를 만든 윤제균 감독은 지난날 영화 몇 편의 실패를 경험하고, 사정없이 쏟아지는 비난과 악성 댓글을 겪어야만 했습니다. 그가 다 포기하고 싶은 패배자 된 그늘에서 시련과 눈물을 이겨내고 다시 준비하지 않았더라면, 영화 〈해운대〉는 아마 탄생하지 못했을 것입니다.

스티브 잡스가 애플에서 쫓겨난 후 실패에 대한 좌절감을 딛고 다시 시작하지 않았더라면, 아이팟과 아이패드, 아이폰은 이 세상에 태어나지도 않았겠죠.

좌절금지! 그리고 오늘 자신이 처한 모든 현실에 감사하며 살아가기. 여러분, '참된 재능은 인내'라는 말이 있듯이, 모든 것이 스스로가 좀 더 나아지기 위해 겪는 일이라 생각하며 지금 자신에게 일어나는 어려운 현실들을 참고 인내해봅시다. 어떠한 상황에서라도 낙심하지 말며, 언제나 어떤 식으로든 길이 있다고 믿고 또 그 믿음대로 노력해봅시다. 그리고 그런 삶속에서 오늘보다 나은 내일이, 내일보다 나은 모레가 되길 희망하며 다시금 허락되는 오늘 하루에 감사함을 잊지 않는다면… 우리는 머지않아 정말로 매일매일 감사하는 삶을 살아갈 수 있을 거라 생각해봅니다.

누구에게나 먹구름은 밀려오기 마련입니다. 그러면 어느 순간 비가 내리겠지요. 하지만 그 비가 그치고 난 후에는, 반듯이 맑게 게인 하늘과 더욱 눈부시게 빛나는 햇살이 우리에게 모습을 드러낼 것이라는 사실을 꼭 잊지 않았으면 좋겠습니다.

EPILOGUE

#1 EPILOGUE
비전을 가진 건축 디자이너

조 지 형

제가 사회에서 처음 설계실무를 익히게 된 곳은 '(주)디자인그룹 금성'입니다. 대부분의 선배들이 '첫 회사를 잘 들어가야 해~'라는 말을 종종 하곤 하죠. 그런 의미에서 금성건축은 제게 꽤 의미 있는 공간이었습니다. 지금껏 설계실무를 하면서 필요한 많은 것들을 3년이라는 짧은 기간 동안 대부분 경험한 곳이라 할 수 있으니까요. 물론 그만큼 힘들었던 시기이기도 했습니다.

제가 첫 직장을 얻기 위해 이력서를 보낸 곳 만해도, 족히 50군데는 넘을 것입니다. 취업을 하기위해 서울에 올라와서는 당시 신입사원을 모집하고 있던, 이름만 들으면 알만한 설계사무실을 찾아다니며 입사지원을 했었죠. 그런데 20곳이 넘는 설계사무실 중에 단 한 곳도 1차 서류전형을 통과하지 못했습니다. 그렇게 시험에 제대로 응시조차도 못하는 상황이 벌어지자 자격지심마저 들기도 했습니다.

'아~ 중고등학교 때 조금 덜 놀았어야 했나…'

그때부터 전 홈페이지가 있는 설계사무실들을 인터넷으로 찾기 시작했고, 채용공고가 있든 없든 간에 닥치는 대로 이력서를 보냈습니다. 자필로 쓴 장문의 편지와 함께… 편지의 내용은 대략 이렇습니다. "그간 몇몇 설계사무실에 입사지원서를 냈지만 지방대출신 때문인지 시험에 응시할 기회조차 오질 않았습니다. 저에게 시험에 응시할 기회를 허락해 주시면 감사하겠습니다." 구질구질하게 뭐 이렇게 까지 해야 하나 생각이 들면서도, 그만큼 취업에 대한 절실함이 있었기에 그런 행동을 서슴없이 했던 것 같습니다. 그렇게 어렵게 어렵게 입사한 곳이 바로 '(주)디자인그룹 금성'입니다. 그래서 당시 제게 기회를 주고 입사를 허락하신 정해상 사장님과 오종열 상무님께 자주 연락은 드리지 못하고 있지만, 지금도 여전히 감사하고 있습니다.

이후에 저는 좀 더 큰 규모의 다양한 프로젝트를 경험하고자 2~3년 기간으로 사무실을 옮겨 다니게 됐습니다. 원양건축, SWY건축, 그리고 현재 토문건축에 이르기까지… 돌아보니 각각의 설계사무실 생활을 하면서 연차가 조금씩 쌓이다보니 기간별로 제 삶을 형용하던 대표적인 단어들이 생각납니다. 금성건축에서는 두려움, 설레임, 노력. 원양건축에서는 열정, 당참, 거만함. SWY건축에서는 도전, 또 도전, 그러나 절망. 토문건축에서는 침묵, 좌절, 그럼에도 감사…

끊임없이 야근철야를 반복하면서도 건축설계를 업으로 지금껏 열정과 에너지를 지속시킬 수 있었던 것은 저 나름의 비전이 있었기 때문이라 생각합니다. 그런데 생각해보니 늘 비전 있는 삶을 꿈꾸고 또 그런 삶을 희망하면서도 막상 현실의 생활 속에서 다른 요인들로 인해 조금씩 스스로를 잃어버리고 있다는 생각이 들더군요. 그래서 지금부터라도 다시 그간 바랐던 비전 있는 삶을 찾아 앞으로의 날은 항상 비전과 꿈이 저를 대표하는 삶을 살고자 노력해 보려합니다.

MY VISION

1. 세계 각국에 1곳 이상의 교회, 사회봉사시설 짓기
2. 세계적인 디자인 전략가 (DESIGN STRATEGIST)
3. 300만원 이상의 십일조 내기
4. 300명의 직원이 있는 건축기업 CEO
5. 대학에서 강의하기

이중에서 무엇은 이룰 것이고, 무엇은 시도조차 못할 수도 있습니다. 시간이 지나면서 현실의 상황과 맞지 않아 저의 비전과 꿈이 수정될 수도 있겠죠. 괜찮습니다. 그래도 지금 스스로가 간직하고 있는 무엇인가가 있다는 것. 그리고 그 무엇을 향해 열심히 도전하고 있다는 것이 제겐 중요하니까요.

"연기만 생각하는 사람이 진정한 배우로 남듯이, 커피만 생각하는 사람들이 진정한 커피를 남깁니다."

고현정씨를 모델로 했던 맥심 아라비카100 커피광고 카피입니다. 이 카피문구는 처음 접할 때부터 지금까지도 제게 많은 생각과 고민을 안겨주고 있습니다. 진심으로 건축설계를 좋아하는 건축인들 중에는 많은 시간 건축을 생각하지 않는, 진정한 건축가가 되기 위해서 최선을 다해 노력하지 않는 건축인은 없을 것입니다. 그런데 정말 많은 시간을 건축만 생각하는 저는 과연 진정한 건축가가 되어 좋은 건축물들을 이 땅에 남길 수 있을까요?

얼마 전 후배가 했던 말이 떠오릅니다.

"남을 도와줄 마음이 있으면, 정말 열심히 살아야 할 것 같아요."

내가 잘 되고, 내가 잘 살아야만 남을 도와줄 수 있다는 가끔 주변에서 듣는 말하고는 조금은 다른 의미 같았습니다.

결국 인생의 방향을 '어려운 사람들을 좀 더 좋은 환경에서 생활할 수 있도록 돕는 것'에 둔 저는, 좋은 디자인으로 좋은 건축물을 남기고 단순히 남들이 인정하는 잘나가는 건축가가 되기보다는, 이러한 제 인생의 방향을 위해 정말 열심히 살아가는… 그런 비전을 가진 진정한 건축가로 성장하기 위해서 최선을 다해 보려합니다.

"오랫동안 꿈을 그리는 사람은 마침내 그 꿈을 닮아간다."

-앙드레 말로(Andre Georges Malraux)-

책을 많이 보는 습관을 아직 갖추지 못해서 그런지, 졸저를 마감하기까지 글을 쓰다 중단하기를 여러 번 반복하며 거의 3년이라는 시간이 걸렸습니다. 이제 책을 마무리 하려하니 부족한 제 모습을 드러내는 것 같아서 한편으로는 부끄럽기도 하지만, 또 한편으로는 포기하지 않고 끝까지 달려온 스스로의 모습이 대견스럽기도 합니다.

저는 성공한 건축가로도, 사회에서 인정받는 디자이너로도 아직 성장하지 못했습니다. 다만 이런 제가 감히 책을 통해 전하고자 한 것은 그간의 경험을 들려주며 프롤로그에서 얘기한 것처럼 '경쟁설계를 즐겨라'라는 것도 있지만, 부족한 제가 졸저를 내듯이 결국 무엇인가를 계획하고, 꿈꾸고, 간절히 바라면 그것에 가까이 다가가 있을 거라는 말을 전하고 싶었습니다. 무엇보다 저 스스로에게 몇 번이고 다시 들려주고 싶은 말이기도 했구요.

그리고 프로젝트를 수행하면서 하나둘씩 그려냈던 많은 스케치들을 책 속에 담아내며, 그간의 작업들을 정리해보고 스스로의 열정과 고민의 흔적들을 한번 되짚어보고 싶기도 했습니다. 수많은 프로젝트를 수행하면서 현상설계나 턴키설계에 당선됐을 때, 단 한 번도 제 스스로가 잘해서 얻어진 결과라고는 생각해 본 적이 없었습니다. 항상 부족했었고, 이 책의 주제가 '경쟁설계 즐기기' 인데, 사실은 부끄럽게도 저 자신은 그렇게 행동을 못했던 적도 참 많았습니다. 하지만 항상 그때그때마다 기도를 했습니다. "시작한 일이니 다른 팀원들에게 피해를 주지 않기를…, 맡은바 책임을 다할 수 있기를…, 정말 좋은 디자인을 능히 해낼 수 있기를 허락하소서."

그리고 졸저를 써내려가는 동안에는 매일매일 이렇게 기도했습니다.

"보여주기 위한 글을 쓰지 않기를…, 내용 채워나가기에 너무 급급해 하지 않기를…, 조금은 오래 걸리더라도 이 책을 읽는 사람들을 위한 진심어린 글을 쓸 수 있기를…, 그들의 인생에, 그들의 비전과 꿈에 조금이라도 도움이 되는 글을 쓸 수 있기를 허락해주소서."

그동안 나름 머리에 쥐나도록 써내려간 책의 내용들을 다시 읽어보니, 수정하고 싶은 부분도 많았고 비슷한 이야기도 한두 군데가 아닌 듯했습니다. 하지만 글이라는 것은 원래 쓰고 있는 당시의 스스로의 상황과 태도에 따라서 많이 달라진다고 하더군요. 이 얘기에 힘입어 제가 하나하나의 주제에 대해 써내려간 당시의 상황들에 충실했다는 말로 이 책의 부족한 부분들을 대신하려합니다.

책의 내용은 사회생활을 시작하면서 지금까지 프로젝트를 수행하며 틈틈이 적어놓은 기록들과 지난 기억들을 바탕으로 구성했으며, 또한 이해를 돕기 위해 많은 글과 그림들을 인용하였습니다. 그 과정에서 출처를 확실하게 하기위해 노력하였으나, 혹시 문제의 소지가 있다면 부디 너그러이 용서를 바랍니다. 그리고 이 책에 나오는 모든 생각과 견해는 어디까지나 필자 개인의 주관적 견해임을 밝혀드립니다.

마지막으로 제게 설계를 가르쳐주신 이승용 교수님, 우재식 교수님, 비전 있는 삶을 꿈꾸게 한 장용호 소장님, 주인이형, 첫사랑의 아이콘 배수지양의 사촌오빠 상범이, 이 책을 읽고 추천의 글을 흔쾌히 적어 주셔서 다시 한 번 감사의 마음을 전합니다.

또한 늘 듬직하게 저와 같은 방향을 향해가고 있는 창배형, 현관이형, 윤석이, 하섭이, 영주, 동주, 정우, 정혜. 그리고 금성건축, 원양건축, SWY건축, 토문건축에서 저와 크고 작은 프로젝트를 같이 했던 모든 분들에게 감사의 말을 전합니다. 책의 취지에 동감하며 출판을 흔쾌히 허락해준 시공문화사 김기현 사장님과 박종호 이사님, 임직원분들께도 감사의 말을 전합니다.

모난 제 성격을 사랑으로 감싸주며 늘 제 삶을 응원하는 아내 선례와 사랑하는 딸 예린이, 항상 기도와 믿음으로 격려해 주시는 부모님께 이 책을 빌어 고마움과 감사의 마음을 전합니다.

그리고 믿음을 핑계로 어려운 상황이 닥쳐올 때만 주님을 찾는 이기적인 존재임에도 불구하고, 항상 저와 함께해주시며 하루하루의 생활을 허락하시고, 불확실하기만 한 제 현실의 삶속에 어떤 삶을 살아야하는지 비전을 제시해 주시는 하나님께 깊이 감사드리며 이 책을 마칩니다.

#2 EPILOGUE
비전을 바탕으로 한 노력

최혜선

학교를 졸업하고 첫 회사로 토문건축에 입사한 뒤로, 쉴 틈 없이 경쟁설계를 하면서 5년이 흘렀습니다. 난다, 긴다하는 능력자들 사이에서 좌절도 숱하게 하고, 밤낮 없는 철야의 연속에 건축에 대한 회의감마저 들기도 했죠. 돌아보면 짧고 보잘 것 없는 실무경험이지만, 여러 프로젝트를 해오면서 많은 고민과 생각이 있었습니다. 그러한 생각들이 담긴 일기는 하나 둘 늘어났고, 프로젝트에 대한 자료들도 쌓여갔죠. 그러나 그것으로 무엇을 해볼 생각은 없었습니다. 그저 적어놓지 않으면 모든 것이 휘발될 것만 같아서 모으는 데에만 열심이었습니다.

'경쟁불패'. 갑작스러운 제안이었습니다.

책을 쓴다는 것은 언젠가는 도전해보고 싶다는 막연한 생각만 있었을 뿐, 구체적인 계획은 세워볼 엄두조차 내지 못했던 일이었으니까요. 책을 보면 가슴이 두근거리고, 서점에만 가도 행복해지긴 하지만, 독서광도 아닐뿐더러 책을 쓰는 것은 특별한 사람만이 할 수 있는 일이라 생각했습니다.

그런데 무슨 용기로 덜컥 하겠다고 했는지 모를 일입니다. 당시 건축설계 실무 5년차에 접어드는 시점에서, 자신감보다는 자괴감이, 안정감보다는 불안감이 더 큰 마음에 새로운 분야에 대한 도전을 용감하게 시작했던 것 같습니다. 또 한편으론, 지쳐가는 일상에 새로운 활력소가 되어 줄 수 있을 것이라는 기대감도 있었죠. 이렇게 가벼운 마음으로 시작한 일이었지만, 결코 가볍지 않은 작업이었습니다.

'경쟁불패'를 막 시작할 즈음해서 다큐멘터리영화 한편을 보게 되었습니다. 故 정기용 건축가를 담은 〈말하는 건축가〉입니다. 건축을 하는 이들 뿐 아니라 보통의 사람들에게도 큰 울림을 준 영화였죠. 영화 속에서 故 정기용 건축가는 말합니다. "나이가 들수록 철학을 공부해야 한다. 어떻게 살 것인지, 인생이란 무엇인지, 어떻게 죽음을 준비할 것인지…." 저도 스스로에게 자문해 보았습니다. 나는 어떻게 살 것인가…, 어떤 기준을 갖고 살 것인가….

직장생활의 고비라는 실무 '5년차'와 나이에서 앞의 숫자가 '2'에서 '3'으로 바뀌는 시점에서, '경쟁불패'는 삶의 기준과 계획을 새롭게 고민해 볼 수 있는 좋은 기회였죠. 힘들었던 과정을 뒤로하고, 결과적으로는 토문건축에서 쉼 없이 경쟁설계를 진행한 5년을 되돌아볼 수 있었던 값진 시간이었습니다.

사실 저는 경쟁을 그리 좋아하지 않습니다. 이기기 위해 누군가의 비교대상이 되어야 하는 압박감은 아무래도 익숙해질 것 같지가 않죠. 경쟁설계를 즐기라는 이 책의 취지와는 어울리지 않는 사람으로서, 딱히 조언해줄 입장이 아닐지도 모릅니다. 그러나 누구나 그렇듯 선택의 여지없이 경쟁에 내몰려 살아온 저도 나름의 경험을 바탕으로 다른 사람과 공유할 수 있는 것이 있지 않을까 합니다.

학교 다닐 때는 성적표로, 대입과 취업으로, 그리고 현재는 인사평가로…. 끊임없이 경쟁하고, 평가되는 인생에서 이만큼 버텨낸 것도 어쩌면 경쟁에서 살아남기 위해 발버둥친 덕분이라는 생각도 문득 듭니다.

"참된 재능은 인내다."

-프랑스 작가, 플로베르(Gustave Flaubert)-

예술이 아니라고 하지만, 예술을 하는 것만큼의 재능이 중요한 건축설계를 하면서, 특별한 재능이랄 것이 없는 제가 용기를 얻고 있는 말입니다. 건축 뿐 아니라 인생에서 가장 중요한 것은 성실이고, 노력이고, 인내라고 생각합니다.

건축도, 경쟁도 인내와의 싸움이죠. 나에게 기회가 올 때까지 인내해야 하고, 야근·철야의 폭풍 속에서도 인내해야 하고, 좋은 아이디어가 떠오르거나 정리될 때까지 인내해야 합니다. 인내해야 살아남을 수 있는 것입니다. 여기에 하나를 더하자면, 비전을 갖고 인내해야 하는 것이죠. 무조건적인 인내는 어떻게 보면, 바보 같은 짓일 수 있습니다. '어떤 건축을 하고 싶다', '어떤 건축가가 되고 싶다'라는 목적과 그 목적을 이루기 위한 구체적인 계획을 바탕으로 한 인내여야 합니다.

"지치면 지는 겁니다. 미치면 이기는 겁니다."

-12.03.04 〈유앤아이〉에 출연한 싸이-

열정적인 싸이의 말에 저를 돌아보게 됩니다. 자주 지치고, 건축에 미쳤다고 자신있게 말 할 수도 없는 저는, 그동안 이런저런 핑계로 목표와 비전에 대한 고민 또한 깊게 하지 못했던 것이 사실입니다. 부끄럽지만 하루를 살기에 급급했었죠. 그래서 이 책을 쓰는 것이 저에겐 심적으로 매우 버거운 일이었습니다.

'경쟁불패'를 처음 시작할 때, 생각하면 할수록 저는 자격이 없다는 생각에 자신감을 잃기도 했습니다. 항상 부족한 면만을 끙끙거리며 고민해왔던 제가 과연 누군가에게 조언해주고, 경험을 말해줄 자격이 있을까…하는 생각에 힘들기도 했었죠. 하지만 그럼에도 불구하고 주변 사람들의 따뜻한 격려를 발판삼아 끝맺음할 수 있었습니다. 여전히 세상에 내놓기 부끄럽고 아쉽기만한 글이지만, 최선을 다했다는 것에 위안을 삼으며 무거운 마음을 그만 내려놓습니다.

힘들다고 온갖 투정 부려도 영원한 지원군이 되어줄 저의 가족들과 항상 용기를 주는 친구들, 그리고 많은 것을 함께했고, 또 함께할 가족 같은 토문건축 동료들에게 깊은 감사드립니다. 마지막으로 지치고, 포기하고 싶을 때마다 마음을 다잡게 도와주신 조지형 선배님께 감사드립니다.

| 참고문헌 |

공병호 〈성공을 꿈꾸는 10대들의 위대한 준비〉 랜덤하우스코리아, 2005

〈공병호의 초콜릿〉 21세기북스, 2006

김광희 〈이수일은 심순애를 어떻게 꼬셨나?〉 넥서스북스, 2004

김동영 〈너도 떠나보면 나를 알게 될 거야〉 달, 2007

김영익 〈프로로 산다는 것〉 스마트비즈니스, 2006

김종원 〈전략기획자로 승부하라〉 도서출판 넥서스, 2010

다니엘핑크 〈새로운 미래가 온다〉 한국경제신문, 2007

류시화 〈지금 알고 있는 걸 그때도 알았더라면〉 열림원, 1998

류춘수 〈흐르는 歲月, 변하는 場所〉 현대건축사, 1999

〈개구리가 바다를 알려면〉 현대건축사, 1999

리즈 와이즈먼, 그렉 맥커운 〈멀티플라이어〉 한국경제신문, 2012

마이클 포터 〈마이클 포터의 경쟁전략〉 21세기북스, 2008

말콤 글래드웰 〈아웃라이어〉 김영사, 2009

박영택 〈예술가로 산다는 것〉 마음산책, 2001

박지다 〈메타포밍 이론의 디자인 적용과 활용에 관한 탐색적 연구〉 덕성여자대학교 논문, 2010

〈창의적 디자인 교육을 위한 메타포밍 사례연구〉 덕성여자대학교 논문, 2011

배상범 〈젊은 건축가 배상범의 건축에 묻고 건축에 말하다〉 대가, 2010

백지연 〈뜨거운 침묵〉 중앙북스, 2010

새무얼 스마일즈 〈새무얼 스마일즈의 자조론〉 21세기 북스, 2006

서영아 〈당신은 스토리다〉 소담출판사, 2009

스튜어트 다이아몬드 〈어떻게 원하는 것을 얻는가〉 8.0, 2001

시오노 나나미 〈로마인 이야기〉 한길사

알랭 드 보통 〈여행의 기술〉 이레, 2004

안철수 〈안철수의 생각〉 김영사, 2012

이경훈 〈서울은 도시가 아니다〉 푸른숲, 2011

이영직 〈란체스터의 법칙〉 청년정신, 2002

이지성 〈꿈꾸는 다락방〉 국일미디어, 2008

임헌우 〈상상력에 엔진을 달아라〉 나남, 2008

장용호 〈자유를 꿈꾸는 이들을 위한 건축설계탐사〉 도서출판 발언, 2005

지그 지글러 〈정상에서 만납시다〉 홍신문화사, 2009

차동엽 〈무지개원리〉 위즈앤비즈, 2008

카잔차키스 〈그리스인 조르바〉 열린책들, 2009

탁정언 〈기획의 99%는 컨셉이다〉 원앤원북스, 2009

토드 사일러 〈천재처럼 생각하기〉 한언, 2002

파울로 코엘료 〈연금술사〉 문학동네, 2001

한 휘 〈화술의 달인〉 이너북, 2010

황 검 〈피노키오 이노베이션〉 21세기북스, 2007

www.daum.net

www.naver.com 지식백과, 지식in

www.law.go.kr

www.mltm.go.kr

www.mudeungsancc.com

www.lakesidecc.co.kr

cafe.naver.com/duplexhome

www.kunsthalle.com